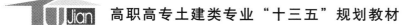

高职高专土建类专业"十三五"规划教材

建筑 工程测量

JIANZHU GONGCHENG CELIANG

● 主编 史 华 王前林 刘延生

郑州大学出版社

郑 州

图书在版编目(CIP)数据

建筑工程测量/史华,王前林,刘延生主编. —郑州:郑州
大学出版社,2016.9
高职高专土建类专业引入工程实例系列教材　河南省
"十二五"规划教材
ISBN 978-7-5645-1732-8

Ⅰ.①建…　Ⅱ.①史…②王…③刘…　Ⅲ.①建筑测
量-高等职业教育-教材　Ⅳ.①TU198

中国版本图书馆 CIP 数据核字(2016)第 215654 号

郑州大学出版社出版发行

郑州市大学路 40 号　　　　　　　邮政编码:450052
出版人:张功员　　　　　　　　　发行电话:0371-66966070
全国新华书店经销
郑州龙洋印务有限公司印制
开本:787 mm×1 092 mm　1/16
印张:18
字数:426 千字
版次:2016 年 9 月第 1 版　　　　印次:2016 年 9 月第 1 次印刷

书号:ISBN 978-7-5645-1732-8　　　定价:36.00 元
本书如有印装质量问题,请向本社调换

编写指导委员会

顾　问　赵　研

主　任　王付全

委　员　（以姓氏笔画为序）

丁宪良　王　锋　史　华　冯桂云

刘青宜　关　罡　许国武　李　倩

李海涛　张占伟　张志学　张建新

赵东梅　郝卫增　徐广民　高树才

崔青峰　彭春山　雷　霆

秘　书　刘　开

本书作者

主　　编　史　华　王前林　刘延生
编　　委　范兰军　王圣翔

前言

  建筑工程测量是高职高专院校土建类相关专业的重要专业基础课程，重点讲述建筑工程测量的基础知识，常用测量仪器的构造与使用，角度、距离和高程的测量方法，地形图的测绘和使用，常见民用及工业建筑物施工测量方法以及变形观测等内容。

  本教材结合河南省施工和教学实际，以就业为指导，以能力培养为根本，突出基于工作过程导向，遵循科学性、先进性和教与学实用性的原则进行编写。

  本教材编写依据全国高职高专教育土建类专业教学指导委员会土建施工类专业指导分委员会编制的《高等职业教育建筑工程技术专业教学基本要求》；课程内容与《建筑与市政工程施工现场专业人员职业标准》（JGJ/T 250—2011）的要求对接；以项目的形式结合工程实例编写教材。

  随着近年来工程测绘技术的迅速发展，全站仪、数字水准仪等电子仪器在工程测量工作中发挥出越来越重要的作用，测量数据的自动采集、利用计算机软件的数字化成图也逐步成为常规的工程测量方法。这些新仪器、新技术、新方法的广泛使用，不仅要求学生应具有更高的学习目标和能力目标，也要求本教材的内容能更好地反映当前高职高专教育教学工作需要。

  本教材修订后共包括建筑工程测量基本知识、高程测量、角度测量、距离测量与直线定向、控制测量、场地测量、建筑工程施工测量、线路与桥梁工程测量、建筑物变形观测与竣工平面图编绘等 9 个项目。本课程经认真讨论，建议为 60 个学时。

  本教材由史华、王前林、刘延生担任主编。其中项目一、八由商丘职业技术学院史华编写，项目三由郑州大学基建处刘延生编写，项目七、九由郑州第一建筑安装工程有限公司王前林编写，项目二、四由商丘职业技术学院范兰军编写、项目五、六由商丘职业技术学院王圣翔编写。本教材在编写过程中，参阅了国内同行多部著作，在此表示衷心的感谢。

限于编者的学识及专业水平和实践经验,教材仍难免有疏漏或不妥之
处,恳请广大读者指正。

编者

2016 年 5 月

目 录

项目一 建筑工程测量的基本知识

知识目标 了解建筑工程测量的目的和任务,平面坐标系和高程系的建立过程,测量工作的基本原则,基本要求和工作特点,测量误差的来源和衡量精度的指标。

能力目标 会确定地面点位置和测量误差的分类。

任务一 建筑工程测量的目的和任务

一、测量学的定义、研究内容与作用

测量学是研究地球的形状、大小以及确定地面点空间位置的科学。它包括测定和测设两部分。测定是指使用测量仪器和工具,通过测量和计算,得到一系列测量数据,再把地球表面的形状缩绘成地形图,供经济建设、国防建设及科学研究使用。测设(放样)是指用一定的测量方法和精度,把图纸上规划设计好的建(构)筑物的位置标定在实地上,作为施工的依据。

测量学是一门历史悠久的科学。早在几千年前,由于当时社会生产发展的需要,中国、埃及和希腊等国家的劳动人民就开始创造与运用测量工具进行测量了。我国在古代就发明了指南针、浑天仪等测量仪器,为天文、航海及测绘地图做出了重要的贡献。随着人类社会的需求和近代科学技术的发展,测量技术已由常规的大地测量发展到空间卫星大地测量,由航空摄影测量发展到应用航天遥感技术测量;测量对象由地球表面扩展到空间星球,由静态发展到动态;测量仪器已广泛趋向于精密化、电子化和自动化。新中国成立以来,我国测绘事业取得了蓬勃发展,在天文大地测量、人造卫星大地测量、航空摄影与遥感、精密工程测量、近代平差计算、测量仪器研制、地球南北极科学考察以及测绘人才培养等方面,都取得了令人鼓舞的成就。我国的测绘科学技术已跃居世界先进行列。

测量技术是了解自然、改造自然的重要手段,也是国民经济建设中一项基础性、前期和超前期的信息性工作。在当前信息社会中,测绘资料是重要的基础信息之一,测绘成果也是信息产业的重要内容。测量技术及成果的应用面很广,对于国民经济建设、国防建设和科学研究有着十分重要的作用。国民经济建设发展的总体规划,城市建设与改造,工矿企业建设,公路、铁路的修建,各种水利工程和输电线路的兴建,农业规划和管理,森林资源的保护和利用,以及矿产资源的勘探和开采等都需要测量资料。在国防建设中,测量技术对国防工程建设、作战战役部署和现代化诸兵种协同作战都起着重要的作用。测量技术对于空间技术研究、地壳形变、地震预报及地球动力学等科学研究方面都是不可缺少的工具。

二、测量学的分类

测量学按照研究对象及采用技术的不同,分为多个学科分支,如大地测量学、摄影(遥感)测量学、普通测量学、海洋测量学、工程测量学及地图制图学等。

(1)大地测量学是研究地球的形状和大小,解决大范围控制测量和地球重力场问题。近年来,随着空间技术的发展,大地测量正在向空间大地测量和卫星大地测量方向发展和普及。

(2)摄影测量学是研究利用摄影或遥感技术获取被测物体的信息,以确定物体的形状、大小和空间位置的理论和方法。由于获得照片的方式不同,摄影测量又分为航空摄影测量、水下摄影测量、地面摄影测量和航空遥感测量等。

(3)普通测量学是研究小范围地球表面形状的测量问题,是不考虑地球曲率的影响,把地球局部表面当作平面看待来解决测量问题的理论方法。

(4)海洋测量学是以海洋和陆地水域为研究对象,研究港口、码头、航道及水下地形测量的理论和方法。

(5)工程测量学是研究各种工程在规划设计、施工放样、竣工验收和运营中测量的理论和方法。

(6)地图制图学是研究各种地图的制作理论、原理、工艺技术和应用的学科。研究内容主要包括地图编制、地图投影学、地图整饰及印刷等。现代地图制图学已发展到了制图自动化、电子地图制作以及地理信息系统(GIS)阶段。

三、建筑工程测量的任务和作用

建筑工程测量属于工程测量学的范畴,是工程测量学在建筑工程建设领域中的具体表现,对象主要是民用建筑、工业建筑和高层建筑,也包括道路、管道和桥梁等配套工程。建筑工程测量的主要任务与内容如下。

(一)大比例尺地形图测绘

在规划设计阶段,应测绘建筑工程所在地区的大比例尺地形图,以便详细地表达地物和地貌的形状,为规划设计提供依据。在施工阶段,有时需要测绘更详细的局部地形图,或者根据施工现场变化的需要,测绘反映某施工阶段现状的地形图,作为施工组织管理和土方等工程量预结算的依据。在竣工验收阶段,应测绘编制全面反映工程竣工时所有建筑物、道路、管线和园林绿化等方面现状的地形图,为验收以及今后的运营管理工作提供依据。

(二)施工测量

在施工阶段,不管是基础工程、主体工程还是装饰工程,都要先进行放样测量,确定建(构)筑物不同部位的实际位置,并用桩点或线条标定出来,才能进行施工。例如,基础工程的基槽(坑)开挖施工前,先将图纸上设计好的建(构)筑物的轴线标定在地面上,并引测到开挖范围以外保护起来,再放样出开挖边线和±0.000的设计标高线,才能进行开挖;主体工程的墙砌体施工前,先将墙轴线和边线在建(构)筑物(地)面上弹出来,并立好高度标志(皮数杆),才能进行砌筑;装饰工程的墙(地)面砖施工前,先将纵横分缝线和水平标高线弹出来,才能进行铺装。每道工序施工完成后,还要及时对施工各部位的尺寸、位置和标高进行检核测量,作为检查、验收和竣工资料的依据。

(三)变形观测

对一些大型的、重要的或位于不良地基上的建(构)筑物,在施工阶段中和运营管理期间,要定期进行变形观测,以监测其稳定性。建(构)筑物的变形一般有沉降、水平位移、倾斜、裂缝等,通过测量掌握这些变形的出现、发展和变化规律,对保证建筑物的安全有重要作用。

通过本课程的学习要达到以下基本要求:

(1)掌握建筑工程测量的基本理论、基本知识和基本技能。

(2)了解常用测量仪器的一般构造与组成,重点掌握仪器的使用与基本操作方法。正确掌握水准测量、角度测量、距离测量的方法。

(3)掌握建筑工程测量的主要内容和方法,并具有完成施工放样测量工作的实际能力。

(4)掌握大比例尺地形图的基本知识及其在建筑工程中的应用。

任务二　建筑工程测量中地面点的表示方法

一、测量工作的基准面

地球表面是一个不规则的旋转椭球体,其表面错综复杂,有陆地、海洋,有高山、低谷,所以地球表面不是一个单一的规则面。地球表面约71%的面积被海洋覆盖,陆地面积仅占地球总面积的29%左右。为了表示所测地面点位的高低位置,应在施测场地确定一个统一的起算面,这个面称为基准面。

(一)水准面和水平面

人们设想以一个静止不动的海水面延伸穿越陆地,形成一个闭合的曲面包围整个地球,这个闭合曲面称为水准面。

水准面的特点是水准面上任意一点的铅垂线都垂直于该点的曲面。与水准面相切的平面,称为水平面。

（二）大地水准面

水准面有无数个，其中与平均海水面相吻合的水准面称为大地水准面，它是测量工作的基准面。大地水准面是水准面中特殊的一个，且具有唯一性。

由大地水准面所包围的形体，称为大地体。

（三）铅垂线

重力的方向线称为铅垂线，它是测量工作的基准线。在测量工作中，取得铅垂线的方法如图 1-1 所示。

大地水准面、水平面、铅垂线是测量的基准面和基准线。

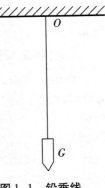

图 1-1 铅垂线

二、确定地面点位的方法

地球表面上的点称为地面点，不同位置的地面点有不同的点位。测量工作的实质就是确定地面点的点位。如图 1-2 所示，设想地面上不在同一高度上的 A、B、C 三点，分别沿着铅垂线投影到大地水准面 P' 上，得到相应的投影点 a'、b'、c'，这些点分别表示地面点在地球面上的相对位置。

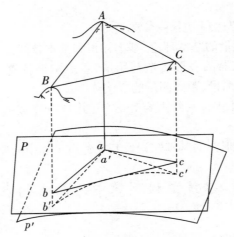

图 1-2 地面点位的确定

如果在测区中央内作大地水准面 P' 的相切平面，A、B、C 三点的铅垂线与水平面分别相交于 a、b、c，这些点表示地面点在水平面上的相对位置。

由此可见，地面点的相对位置可以用点在水准面或者水平面上的位置以及点到大地水准面的铅垂距离来确定。

三、地面点的高程

地面点的高程是指地面点到基准面的铅垂距离。由于选用的基准面不同而有不同的高程系统。

（一）绝对高程

地面点到大地水准面的铅垂距离称为该点的绝对高程,用 H 表示。如图 1-3 所示,H_A、H_B 分别表示地面点 A、B 的高程。

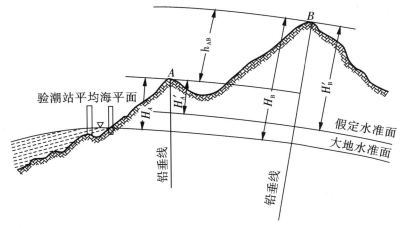

图 1-3　高程与高差

目前,我国以 1953—1977 年青岛验潮站资料确定的平均海水面作为绝对高程基准面,称为"1985 年国家高程基准"。并在青岛建立了国家水准原点,其高程为 72.260 m。

（二）相对高程

局部地区采用国家高程基准有困难时,可以采用假定水准面作为高程起算面。相对高程又称为"假定高程",是以假定的某一水准面为基准面,地面点到假定水准面的铅垂距离称为相对高程。在图 1-3 中,H'_A、H'_B 分别表示 A、B 两点的相对高程。

地面两点的高程之差称为高差,用 h 表示。A、B 两点间的高差为

$$h_{AB} = H_B - H_A \tag{1-1}$$

或

$$h_{AB} = H'_B - H'_A \tag{1-2}$$

当 h_{AB} 为正时,B 点高于 A 点;当 h_{AB} 为负时,B 点低于 A 点。

B、A 两点间的高差为

$$h_{BA} = H_A - H_B \tag{1-3}$$

或

$$h_{BA} = H'_A - H'_B \tag{1-4}$$

由此可见,A、B 的高差与 B、A 的高差绝对值相等,符号相反,即 $h_{AB} = - h_{BA}$。

四、地面点的坐标

地面点的坐标常用地理坐标或者平面直角坐标来表示。

（一）地理坐标

地理坐标是指用经度(λ)和纬度(φ)表示地面点位置的球面坐标,如图 1-4 所示。

经度是从本初子午线(即指通过格林尼治天文台的子午线)起算,分为东经(向东 0°～180°)和西经(向西 0°～180°)。纬度是从赤道起算,分北纬(向北 0°～90°)和南纬(向南0°～90°)。

我国位于地球的东半球和北半球,所以各地的地理坐标都是东经和北纬,例如北京的地理坐标为东经 116°28′,北纬 39°54′。地理坐标常用于大地问题的解算,研究地球形状和大小,编制地图、火箭和卫星发射及军事方面的定位及运算等。

(二)平面直角坐标

地理坐标是球面坐标,在实际工程建设规划、施工中若利用地理坐标会带来诸多不便。为此,须将球面坐标按着一定的数学法则归算到平面上,即测量工作中所成的投影。我国采用的是高斯投影法。

1. 高斯平面直角坐标

利用高斯投影法建立的平面直角坐标系,称为高斯平面直角坐标系。在广大区域内确定点的平面位置,一般采用高斯平面直角坐标。

高斯投影法是将地球按着 6°的经差分为 60 个带,从首子午线开始自西向东编号,东经0°～6°为第一带,6°～12°为第二带,以此类推,如图 1-5 所示。

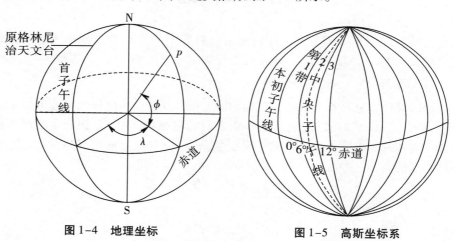

图 1-4 地理坐标   图 1-5 高斯坐标系

位于每一带中央的子午线称为中央子午线,第一带中央子午线的经度为 3°,则任一带中央子午线的经度 λ_0 与带号 N 的关系为

$$\lambda_0 = 6°N - 3° \tag{1-5}$$

为了方便理解,把地球看作球体,并设想把投影平面卷成圆柱体套在地球上,使圆柱体面与某 6°带的中央子午线相切,如图 1-6(a)所示。在球面图形与柱面图形保持等角的条件下将球面图形投影到圆柱面上,然后将圆柱体沿着通过南北极的母线剪开,并展成平面。展开后的平面称为高斯投影面,其投影如图 1-6(b)所示。投影后,中央子午线为一直线,且长度保持不变,其他子午线和纬线均成为曲线。选取中央子午线为坐标纵轴 x,取与中央子午线垂直的赤道作为坐标横轴 y,两轴交点为坐标原点 O,从而构成使用于这一带的高斯平面直角坐标系,规定 x 轴向北为正,y 轴向东为正,坐标象限按顺时针

编号。

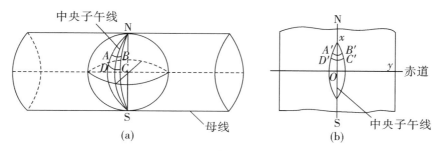

图 1-6　高斯投影面

在高斯投影中,除了中央子午线以外,球面上其余的曲线,投影后都会发生变形。离中央子午线越远,长度变形越大,因此,当要求投影变形更小时,可采用 3°带。3°带是从东经 1°30′起,每隔经度 3°划分 1 个带,整个地球划分 120 个带,如图 1-7 所示。每带中央子午线经度 λ_0' 与带号 n 的关系为

$$\lambda_0' = 3n \qquad\qquad (1-6)$$

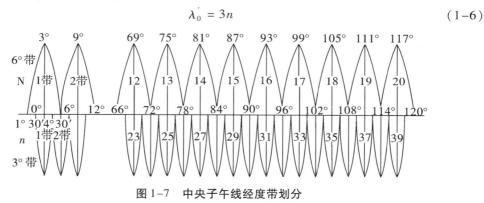

图 1-7　中央子午线经度带划分

由于我国位于北半球,所以在我国范围内,所有点的 x 坐标均为正值,而 y 坐标则有正有负,如图 1-8 所示。为了使 y 坐标不出现负值,将每带的坐标原点西移 500 km。为了确定某点所在的带号区域,规定在横坐标之前冠以带号。例如,纵轴西移前,y_A = +136 780 m,y_B = −272 440 m;纵轴西移后 y_A = (50 000+136 780) m = 636 780 m,y_B = (50 000−272 440) m = 222 560 m。设 A、B 位于第 20 带中,则 y_A = 20 636 780 m,y_B = 20 222 560 m,分别表示离 20 带中央子午线向东 136.780 km 和向西 272.440 km 处。

目前,我国以陕西径阳县永乐镇为坐标原点进行定位,称为"1980 年国家大地坐标系"。

2. 独立平面直角坐标

当测区范围较小时,可以不考虑地球曲率的影响,而将大地水准面看作水平面,并在平面上建立独立直角坐标系。这样,地面点在大地水准面上的投影位置就可以用平面直角坐标来确定,如图 1-9 所示。

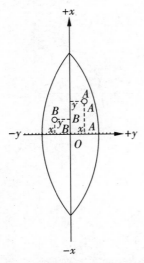

图 1-8　高斯平面直角坐标

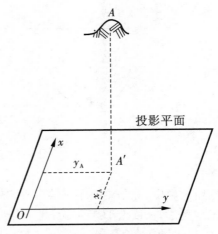

图 1-9　独立平面直角坐标

测量上选用的独立平面坐标系,规定纵坐标轴为 x 轴,向北为正方向;横坐标为 y 轴,向东为正方向,坐标原点一般选在测区的西南角,避免任意点的坐标均为正值。坐标象限按顺时针标注,如图 1-10 所示。

(三)空间直角坐标系

目前,随着卫星大地测量技术的发展,采用空间直角坐标系来表示空间点位,已在多个领域中得到应用。空间直角坐标系是将地球的中心作为原点 O, x 轴指向格林尼治子午面与地球赤道的交点, z 轴指向地球北极,过 O 点与 xOz 面垂直,按右手法则确定 y 轴方向,如图 1-11 所示。

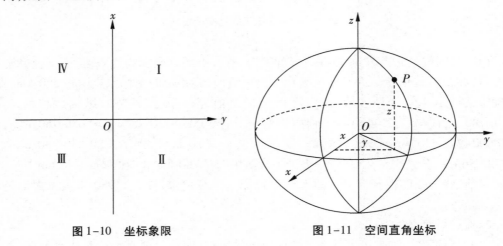

图 1-10　坐标象限　　　　　　　　　　　图 1-11　空间直角坐标

五、用水平面代替水准面的范围

当测区范围小,用水平面取代水准面所产生的误差不超过测量容许误差范围时,可以用水平面取代水准面。但是在多大面积范围内才容许这种取代,有必要加以讨论。假定大地水准面为圆球面,下面将讨论用水平面取代大地水准面对距离、角度和高程测量的影响。

(一)对水平距离的影响

如图 1-12 所示,设地面上 A、B、C 三点在大地水准面上的投影分别是 a、b、c 三点,过点 a 作大地水准面的切平面,地面点 A、B、C 在水平面上的投影分别为 a'、b'、c'。设 ab 的弧长为 D,ab' 的长度为 D',球面半径为 R,D 所对应的圆心角为 θ,则用水平长度 D' 取代弧长 D 所产生的误差为

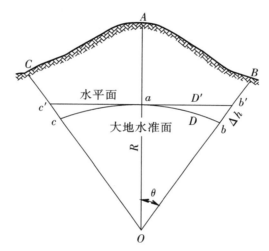

图 1-12 水平距离与球面距离差

$$\Delta D = D' - D = R\tan\theta - R\theta = R(\tan\theta - \theta) \tag{1-7}$$

在小范围测区内 θ 角很小。$\tan\theta$ 可用级数展开,得

$$\tan\theta = \theta + \frac{1}{3}\theta^3 + \frac{5}{12}\theta^5 + \cdots$$

因 D 比 R 小得多,θ 角又很小,只取级数前两项代入式(1-7)中,得

$$\Delta D = R\left(\theta + \frac{1}{3}\theta^3 - \theta\right) = \frac{R}{3}\theta^3$$

将 $\theta = \dfrac{D}{R}$ 代入上式中,得

$$\frac{\Delta D}{D} = \frac{D^2}{3R^2} \tag{1-8}$$

地球平均半径 $R = 6\ 371\ \text{km}$,用不同的 D 值代入式(1-8)中得到表 1-1 的结果。

表 1-1

D/km	ΔD/cm	$\Delta D/D$	D/km	ΔD/cm	$\Delta D/D$
1	0.00	—	15	2.77	1/541 000
5	0.10	1/4 871 000	20	6.57	1/304 000
10	0.82	1/1 218 000	50	102.65	1/48 700

　　计算表明两点相距 10 km 时,用水平面代替大地水准面产生的误差为 0.82 m,相对误差为 1/1 218 000,相当于精密量距精度的 1/1 100 000。所以在半径为 10 km 测区内,可以用水平面取代大地水准面,其产生的距离投影误差可以忽略不计。

　　(二)对水平角测量的影响

　　如图 1-13 所示,球面上为一个三角形 ABC,设球面多边形面积为 P,地球半径为 R,通过对其测量可知,球面上多边形内角之和比平面上多边形内角之和多一个球面角超 ε。其值可用多边形面积求得

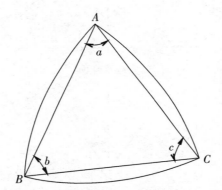

图 1-13　球面三角形与平面三角形角度差

$$\varepsilon = \rho \frac{P}{R^2} \tag{1-9}$$

　　其中,$\rho = 206\ 265''$

　　球面多边形面积 P 取不同的值,球面角超 ε 得到相应的结果,见表 1-2。

表 1-2

P/km^2	10	50	100	300
ε/($''$)	0.05	0.25	0.51	1.52

　　当测区面积为 100 km^2 时,用水平面取代大地水准面,对角度影响最大值为 0.51$''$,对于土木工程测量而言在这样的测区内可以忽略不计。

（三）对高程的影响

如图 1-12 所示，以大地水准面为基准面的 B 点绝对高程 $H_B = Bb$，用水平面代替大地水准面时，B 点的高程 $H'_B = Bb'$，两者之差 Δh 就是对点 B 高程的影响，也称地球曲率的影响。在 $\text{Rt} \triangle Oab'$ 中，得知

$$(R + \Delta h)^2 = R^2 + D'^2 \tag{1-10}$$

推导可得

$$\Delta h = \frac{D'^2}{2R + \Delta h} \tag{1-11}$$

D 与 D' 相差很小，可以用 D 代替 D'，Δh 相对于 $2R$ 很小，可以忽略不计。则

$$\Delta h = \frac{D^2}{2R} \tag{1-12}$$

对于不同的 D 值产生的高差误差见表 1-3。

表 1-3

D/km^2	0.05	0.1	0.2	1	10
$\Delta h/\text{mm}$	0.2	0.8	3.1	78.5	7 850

计算表明，地球曲率对高差影响较大，即使在不长的距离如 200 m，也会产生 3.1 mm 的高程误差，所以高程测量中应考虑地球曲率的影响。

任务三　建筑工程测量工作的基本原则和程序

一、测量的基本工作

地面点位可以用它在投影面上的坐标和高程来确定。地面点的坐标和高程一般并非直接测定的，而是间接测定的，或者说是传递来的。首先在测区内或测区附近要有已知坐标和高程的点，然后测出已知点和待定点之间的几何位置关系，继而推算出待定点的坐标和高程。

如图 1-14 所示，设 A、B 为已知点，C 点为待定点，A、B、C 三点在平面上的投影分别为 a、b、c 三点。在 $\triangle abc$ 中，ab 是已知边，只要测得一条未知的边长和一个水平角（或者两个水平角，或者两个未知边的边长），即可推算出 C 点的坐标。由此可见，测定地面点的坐标主要是测量水平距离和水平角。

欲求 C 点的高程，只要测出 h_{AC} 或 h_{BC}，根据已知点 A 或 B 就可推算出 C 点的高程，所以测定地面点的高程主要是测量两点间的高差。

因此，水平距离、水平角和高差是确定地面点位的三个基本要素。距离测量、角度测量和高程测量是测量的三项基本工作。

测量工作按其性质可分为外业（野外作业）和内业（室内作业）两种。外业工作的内

容包括应用测量仪器和工具在测区内进行测定和测设工作。内业工作是将外业观测成果或按照图纸的要求的放样数据加以整理、计算、绘图等以便使用。

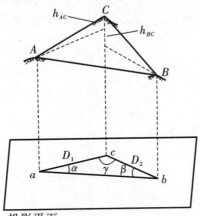

图 1-14　水平面代替水准面高程影响

二、测量工作的基本原则

(一)程序

测量中,仪器要经过多次迁移才能完成测量任务。为了使测量成果坐标一致,减小累积误差,应先在测区内选择若干有控制作用的点组成控制网。先确定这些点的坐标(称为控制测量,所确定的点为控制点),再以控制点坐标为依据,在控制点上安置仪器进行地物、地貌测量(称为碎部测量)。控制点测量精度高,又经过统一的严密数据处理,在测量中起着控制误差积累的作用。有了控制点,就可以将大范围的测区工作进行分幅、分组测量。测量工作的程序是"先控制后碎部",即先做控制测量,再在控制点上进行碎部测量。

(二)原则

为了保证测量工作的质量,必须遵守以下原则。

(1)在布局上——"从整体到局部"。在进行测量前制订方案时,必须站在整体和全局的角度,科学分析实际情况,制订切实可行的施测方案。

(2)在精度上——"由高级到低级"。测图工作是根据控制点进行的,控制点测量的精度必须符合使用的要求。为保证测量成果的质量,等级高、控制范围大的控制点的精度必须更高。只有当处于施工放样时,才会出现放样碎部点的精度有时更高的情况。

(3)在程序上——"先控制后碎部"。由上述可知,违反程序进行的测量不仅误差难以控制,还会使工作量加大、效率降低,甚至会使成果失去价值,造成返工现象。

(4)在管理上——"严格检核"。测量中要严格进行检核工作,即对测量的每项成果必须检核,保证前一步工作无误后,方可进行下一步工作,以确保成果的正确性。

测量的原则和程序是测量工作质量的保证。

"从整体到局部,先控制后碎部,由高精度到低精度"是测量工作应遵循的基本原则之一。施工测量首先应对施测场地布设整体控制网,用较高的精度控制全区域,在其控制的基础上,再进行各局部碎部点的定位测设。这种方法不但可以减少碎部点测量误差积累,而且可以同时在各个控制点上进行碎部测量,从而提高测量工作效率。

施工测量还必须遵守"重检查,重复核"的原则。在控制测量或碎部测量中都有可能发生错误,小错误会影响工程质量,大错误则会造成返工浪费,甚至导致无法挽回的损失,因而在实际操作与计算中均应步步设防采取校核手段,检查已进行的工作有无错误,从而找出错误并加以改正,保证各个工作环节可靠,以确保工程质量。

任务四　建筑工程测量误差基本知识

从测量工作的实践中可以看出,对于某一量进行多次观测时,无论测量仪器和工具多么精密和先进,观测人员多么认真细致,其测量结果之间总是存在着差异。这说明观测中不可避免地存在测量误差。

一、测量误差产生的原因

测量误差产生的原因有许多方面,概括起来主要有以下三个方面。

(一)仪器误差

使用的仪器在构造及制造工艺诸方面不十分完善,尽管经过了检验和校正,但还可能存在残留误差,因此不可避免地会给观测值带来影响。

(二)观测误差

由于观测者的感觉器官鉴别能力的限制,在进行测量时都有可能产生一定的误差。同时观测者操作技术、工作态度也会对观测值产生影响。

(三)外界条件的影响

由于测量时外界自然条件(如温度、湿度、风力等)的变化,也会给观测值带来误差。观测者、测量仪器和观测时的外界条件是引起观测误差的主要因素,通常称为观测条件。观测条件相同的各次观测称为等精度观测,观测条件不同的各次观测称为非等精度观测。在工程测量中多采用等精度观测。

综上所述,任何一个观测值都有误差。为此,必须对误差作进一步的了解和研究,以便对不同的误差采取不同的措施,达到消除或减少误差的目的。

二、测量误差分类

测量误差按其观测结果影响性质的不同,可分为系统误差和偶然误差两大类。

(一)系统误差

在相同的观测条件下,对某量进行一系列观测,如果观测误差在大小和符号上均相同,或者按照一定规律变化,这种误差称为系统误差。例如,将 30 m 的钢尺与标准尺比较,其尺长误差 3 mm,用该钢尺丈量 30 m 的距离,最大会有 3 mm 的误差,若丈量 60 m,最大会有 6 mm 的误差。就一段而言,其误差为固定的常数,就全长而言,其误差与丈量的长度成正比。

系统误差具有积累性,对测量成果影响甚大,但它的符号和大小又具有一定的规律性。一般可采用观测值加改正数或者选择适当的观测方法来消除或者减少其影响。

(二)偶然误差

在相同的观测条件下,对某量进行一系列观测,如果观测误差在大小和符号上都不一致,从其表面上看没有任何规律性,这种误差称为偶然误差。例如读数时,估计的数值比正确数值可能大一点,或者小一点,因而产生读数误差;照准目标时可能偏离目标的左侧或右侧而产生照准误差。这类误差在观测前无法预测,也不能用观测方法消除,它的产生是由于许多偶然因素的综合影响。

在测量工作中,由于观测者粗心大意,可能发生错误,如看错目标,读错数字,记错、算错等,统称为粗差。粗差在观测中是不允许出现的,为了避免粗差,及时发现错误,除测量人员要细心工作外,还必须采用适当的方法进行检核,以保证观测结果的正确性。

在观测成果中,系统误差和偶然误差同时存在,由于系统误差可用计算改正或采取适当的观测方法消除,所以观测成果中主要是偶然误差的影响。因此误差理论主要针对不可避免的偶然误差而言,为此需要对偶然误差的性质作进一步探讨。

(三)偶然误差的特性

偶然误差从表面上看没有任何规律性,但是随着对同一量观测次数的增多,大量的偶然误差就会显现出一定的统计规律性,观测次数越多,其规律性就越明显。例如,在相同条件下,观测了 162 个三角形的全部内角,由于观测值中存在偶然误差,三角形内角观测值 l 不等于真值 X(三角形内角和的真值为 180°),真值与观测值之差,称为真误差 Δ。即

$$\Delta = X - l \tag{1-13}$$

由式(1-13)算出 162 个真误差,再按照误差的绝对值大小划分范围,排列于表 1-4 中。

表 1-4

误差区间	正误差个数	负误差个数	总数
0″.0 ~ 0″.2	20	20	40
0″.2 ~ 0″.4	18	18	36
0″.4 ~ 0″.6	16	13	29
0″.6 ~ 0″.8	10	12	22
0″.8 ~ 1″.0	9	8	17
1″.0 ~ 1″.2	5	6	11
1″.2 ~ 1″.4	1	3	4
1″.4 ~ 1″.6	1	2	3
1″.6 以上	0	0	0
总和	80	82	162

在其他测量结果中也显示出上述同样的规律,通过大量实验统计,结果表明,偶然误差存在着以下特性。

(1)在一定的观测条件下,偶然误差的绝对值不会超过一定的限值。

(2)绝对值小的误差比绝对值大的误差出现的可能性大。

(3)绝对值相等的正误差与负误差出现的概率相等。

(4)偶然误差的平均值随观测次数的增加而趋近于零,即

$$\lim_{n\to\infty}\frac{[\Delta]}{n}=0$$

式中,n——观测次数。

$$[\Delta]=\Delta_1+\Delta_2+\cdots+\Delta_n$$

由偶然误差的特性可知,但对某量有足够的观测次数时,其偶然误差的正负误差可以相互抵消。因此,可以采用多次观测取其结果的算术平均值作为最终的结果。

三、衡量精度的标准

精度又称精密度,是指对某一个量的多次观测中,其误差分布的密集或离散的程度。

在一定的观测条件下进行一组观测,若观测值非常集中,则精度高;反之,则精度低。例如,有两组对于同一个三角形的内角各作 10 次观测,其真误差列于表 1-5 中。从表中不难看出,第一组的真误差分布相对密集,第二组的真误差分布较为离散,所以第一组的观测精度比第二组的观测精度要高。但在实际工作中,这种方法麻烦又不便应用,为了易于正确比较各观测值的精度,通常用下列几种指标,作为衡量精度的标准。

表 1-5

	第一组					第二组			
次数	观°	测′	值″	真误差 Δ″	次数	观°	测′	值″	真误差 Δ″
1	179	59	57	+3	1	180	00	00	0
2	180	00	02	−2	2	180	00	01	−1
3	180	00	04	−4	3	180	00	07	−7
4	179	59	58	+2	4	179	59	58	+2
5	180	00	00	0	5	179	59	59	+1
6	180	00	04	−4	6	179	59	59	+1
7	179	59	57	+3	7	180	00	08	−8
8	179	59	58	+2	8	180	00	00	0
9	180	00	03	−3	9	179	59	57	+3
10	180	00	01	−1	10	180	00	01	−1

(一)中误差

在相同的观测条件下,对某未知量进行 n 次观测,其观测值为 $\Delta_1,\Delta_2,\cdots,\Delta_n$,相应的

真误差为 $\Delta_1, \Delta_2, \cdots, \Delta_n,$。则中误差为

$$m = \pm \sqrt{\frac{[\Delta\Delta]}{n}} \qquad (1-14)$$

式中,$[\Delta\Delta] = \Delta_1^2 + \Delta_2^2 + \cdots + \Delta_n^2$;

$\qquad m$——观测值的中误差,又称为标准差。

由式(1-14)中可以看出中误差与真误差之间的关系。中误差不等于真误差,它仅是一组真误差的代表值,中误差 m 值的大小反映了这组观测值精度的高低。因此,一般都采用中误差作为衡量观测质量的标准。

例 试根据表 1-5 中所列数据,分别计算各组观测值的中误差。

解:第一组观测值的中误差为

$$m_1 = \pm \sqrt{\frac{3^2 + (-2)^2 + (-4)^2 + 2^2 + 0^2 + (-4)^2 + 3^2 + 2^2 + (-3)^2 + (-1)^2}{10}} = \pm 2.7''$$

第二组观测值的中误差为

$$m_2 = \pm \sqrt{\frac{0^2 + (-1)^2 + (-7)^2 + 2^2 + 1^2 + 1^2 + (-8)^2 + 0^2 + 3^2 + (-1)^2}{10}} = \pm 6.6''$$

$m_1 < m_2$,说明第一组的精度高于第二组的精度。

(二)容许误差

在一定观测条件下,偶然误差的绝对值不应超过的限值,称为容许误差,又称为限差或极限误差。根据误差理论和实践证明,在一组大量的等精度观测中,绝对值大于两倍中误差的偶然误差出现的概率为 5%;而绝对值大于三倍中误差的偶然误差出现的概率仅为 0.3%。例如表 1-6 中列出的 40 个三角形各自内角和对应的真误差。根据真误差可以算出观测值的中误差为

表 1-6

三角形编号	真误差 Δ ''	三角形编号	真误差 Δ ''	三角形编号	真误差 Δ ''	三角形编号	真误差 Δ ''
1	+1.5	11	−13.0	21	−1.5	31	−5.8
2	−0.2	12	−5.6	22	−5.0	32	+9.5
3	−11.5	13	+5.0	23	+0.2	33	−15.5
4	−6.6	14	−5.0	24	−2.5	34	+11.2
5	+11.8	15	+8.2	25	−7.2	35	−6.6
6	+6.7	16	−12.9	26	−12.8	36	+2.5
7	−2.8	17	+1.5	27	+14.5	37	+6.5
8	−1.7	18	−9.1	28	−0.5	38	−2.2
9	−5.2	19	+7.1	29	−24.2	39	+16.5
10	−8.3	20	−12.7	30	+9.8	40	+1.7

$$m = \pm \sqrt{\frac{[\Delta\Delta]}{n}} = \pm \sqrt{\frac{3\ 252.68}{40}} = \pm 9.0''$$

从表 1-6 中可以看出,偶然误差的绝对值大于中误差 9″ 的有 14 个,占总数的 35%;绝对值大于两倍中误差 18″ 的仅有 1 个,仅占 2.5%,而绝对值大于三倍中误差的没有出现。因此,在观测次数不多的情况下,可以认为大于三倍中误差的偶然误差实际上是不可能出现的。所以通常以三倍中误差作为偶然误差的容许误差,即

$$\Delta_{容} = 3m \tag{1-15}$$

如一观测值的偶然误差超过三倍中误差时,可以认为此观测值中含有粗差,不符合精度要求,应予舍去并重测。

当测量精度要求较高时,往往以两倍中误差作为容许误差,即

$$\Delta_{容} = 2m \tag{1-16}$$

(三)相对中误差

真误差、中误差和容许误差,仅仅是表示误差本身的大小,都是绝对误差。衡量测量成果的精度,在某些情况下,利用绝对误差评定观测值的精度并不能准确地反映观测的质量。例如,丈量两段距离,一段是 $D_1 = 200$ m,中误差 $m_1 = \pm 1$ cm,$D_2 = 30$ m,中误差 $m_2 = \pm 1$ cm,尽管 $m_1 = m_2$,但不能说明这两段丈量精度相同,显然,前段精度远高于后段丈量精度,这时就应采用相对中误差 K 来作为衡量精度的标准。

相对中误差 K 就是绝对误差的绝对值与相应测量结果,并以分子为 1 的分数形式表示,即

$$K = \frac{|m|}{D} = \frac{1}{D/|m|} \tag{1-17}$$

在上例中

$$K_1 = \frac{0.01}{200} = \frac{1}{20\ 000}$$

$$K_2 = \frac{0.01}{30} = \frac{1}{3\ 000}$$

显然,前者精度远高于后者,所以相对中误差能确切地评定距离测量的精度。

在实际工程中有些量不能直接观测,而是与直接观测量构成一定的函数关系计算出来。这种观测值中误差与观测值函数中误差之间关系的定律为误差传播定律,它主要包括一般函数的误差传播和线性函数的误差传播。因误差传播定律及利用改正数求得观测中误差平差的方法在实际工程应用较小,难度也较大,故本项目将不再赘述。

■ 项目小结

本项目讲述的主要内容包括建筑工程测量的任务、地面点位的确定方法、测量工作的一般概念和测量误差的原因、分类及评定精度的标准等。

在学习建筑工程测量的任务中,要理解测量学的定义和建筑工程测量的三项任务。对于测量工作的基准面、绝对高程、相对高程、高差、经度、纬度、平面直角坐标系等测量学

的基本词汇应理解并牢记。能够掌握地面点位确定的原理和方法。而对地理坐标、高斯平面直角坐标系、空间直角坐标系只做一般性了解即可。

要熟悉测量的三要素,即水平距离、水平角和高差;掌握测量的三项基本工作,即距离测量、角度测量和高程测量。在此基础上要领会测量工作的基本原则。

明确测量误差的存在和产生的主要原因。明晰系统误差、偶然误差、粗差的界定,牢记真误差、中误差、容许误差和相对中误差的定义及应用,能够区别正确与错误的界限,掌握精度评定的方法和标准,为后续项目学习和实践打下基础。

思考题

(1)测量学的概念是什么? 建筑工程测量的任务是什么?

(2)测量的基准面有哪些? 各有什么用途?

(3)测量学中的平面直角坐标系与数学中的平面直角坐标系有何不同?

(4)如何确定地面点的位置?

(5)什么是水平面? 用水平面代替水准面,对水平距离、水平角和高程分别有何影响?

(6)什么是绝对高程? 什么是相对高程? 什么是高差?

(7)测量的基本工作是什么? 测量工作的基本原则是什么?

(8)误差的产生原因、表示方法及其分类是什么?

(9)系统误差和偶然误差有什么不同? 在测量工作中对这两种误差应如何处理?

(10)衡量观测结果精度的标准有哪几种? 各有什么特点?

习 题

(1)已知某点位于高斯投影 6°带第 20 号带,若该点在该投影带高斯平面直角坐标系中的横坐标 $y = -306\,579.210$ m,写出该点不包含负值且含有带号的横坐标 y 及该带的中央子午线经度 L_0。

(2)某宾馆首层室内地面 ±0.000 的绝对高程为 45.300 m,室外地面设计标高为 -1.500 m,女儿墙设计标高为 +88.200 m,则室外地面和女儿墙的绝对高程分别为多少?

高程测量

知识目标　　　理解水准测量的原理、高程的计算方法；掌握普通水准测量的外业观测和内业计算方法；了解三、四等水准测量和三角高程测量的观测与计算方法。

能力目标　　　能根据实物或图片说出水准仪的基本构造及其各部件的功能；能正确操作和使用微倾式水准仪和自动安平水准仪；能利用所学知识解决工程中所遇到的水准测量工作。

任务一　水准测量原理

测量地面点高程的工作称为高程测量。它是测定地面点的位置三项基本工作之一，根据所用仪器、施测方法和要求的精度不同，高程测量可分为水准测量、三角高程测量、气压高程测量、GPS 高程测量等。其中水准测量精度最高，也最为常用。在水准测量中，国家统一高程控制网的国家水准测量按精度要求不同又分为一、二、三、四等。

为了满足工程建设和地形测图的需要，还应以国家水准测量的三、四等水准点为起始点，进行工程水准测量和图根水准测量，通常统称为普通水准测量，也称为等外水准测量。建筑工程测量、园林测量都属于普通水准测量。

一、水准测量原理

水准测量原理是利用水准仪提供一条水平视线，配合两根水准尺，在水准尺上读数，通过计算求出两点间的高差，然后根据已知点高程推算出未知点高程。

如图 2-1 中，已知地面点 A 高程 H_A，欲求 B 点高程。首先要测定 AB 两点之间的高差 h_{AB}，为了求出 A、B 两点的高差 h_{AB}，在 A、B 两个点上竖立水准尺，在 A、B 两点之间安置水准仪。当视线水平时，根据视线在水准尺上的位置，先后在 A、B 两个点的水准尺上分

别读得读数 a 和 b。按测量的前进方向，A 尺在后，A 尺读数 a 称为后视读数，B 尺在前，B 尺读数 b 称为前视读数，则 A、B 两点的高差等于后视读数减去前视读数。即

$$h_{AB} = a - b \tag{2-1}$$

高差 h_{AB} 的值可能是正，也可能是负，h_{AB} 正值表示 B 点高于 A 点；h_{AB} 负值表示 B 点低于 A 点。此外，高差的正负号又与测量进行的方向有关，如图 2-1 中测量由 A 向 B 进行，高差用 h_{AB} 表示，其值为正；反之由 B 向 A 进行，则高差用 h_{BA} 表示，其值为负。所以计算高差时必须标明高差的正负号，同时要说明测量进行的方向。

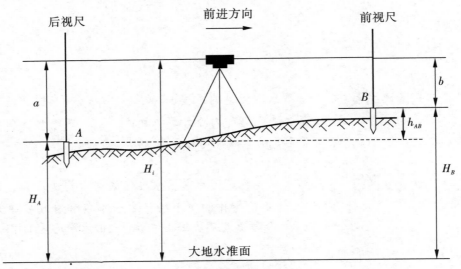

图 2-1 水准测量原理

二、高程的计算方法

(一)高差法

如果 A 为已知高程的点，B 为待求高程的点，则 B 点的高程为

$$H_B = H_A + h_{AB} \tag{2-2}$$

利用两点间高差求高程的方法叫高差法，此法适用于由一个已知高程点求另一个未知高程点的情况，适用于路线水准测量。

(二)视线高法

由图 2-1 可以看出，B 点高程还可以通过仪器的视线高程 H_i 来计算，即

$$H_i = H_A + a \tag{2-3}$$

$$H_B = H_i - b \tag{2-4}$$

这种方法称仪高法或视线高法。这种方法适用于安置一次仪器求出若干个前视点的高程，这种方法在实际工作中应用较多，如建筑工程中场地平整测量，园林工程中的施工放样测量，该方法适用于块状地的水准测量。

任务二　水准测量的仪器与工具

水准测量所使用的仪器为水准仪,它能够提供水平视线。水准测量的工具有水准尺和尺垫。水准仪的种类很多,水准仪按其精度可分为两大类:一类为精密水准仪,如 $DS_{0.5}$ 型和 DS_1 型,精密水准仪适用于国家一、二等水准测量;另一类为普通水准仪,如 DS_3 型和 DS_{10} 型,普通水准仪适用于国家三、四等水准测量和一般工程测量,在建筑工程和园林工程中一般适用普通的 DS_3 型水准仪。

水准仪型号的 D 和 S 分别为“大地测量”和“水准仪”汉语拼音的第一个字母,下标数字“0.5”“1”“3”等表示水准仪的精度,即每千米往、返测高差中数的中误差,单位以毫米计。

水准仪按构造不同可分为微倾式水准仪、自动安平水准仪、电子水准仪等。

一、微倾式水准仪

如图 2-2 所示, DS_3 型微倾式水准仪主要由望远镜、水准器与基座三部分构成。

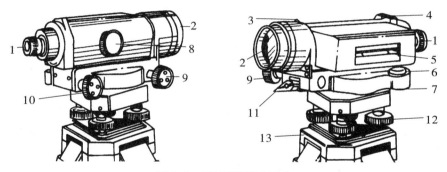

图 2-2　DS_3 型微倾水准仪

1-目镜;2-物镜;3-准星;4-照门(缺口);5-管水准器;6-圆水准器;7-圆水准器校正螺钉;
8-对光螺旋;9-微动螺旋;10-微倾螺旋;11-制动扳钮(螺旋);12-脚螺旋;13-三脚架

(一)望远镜

望远镜用来瞄准目标进行读数,它和水准管连在一起。转动微倾螺旋,可以调节水准管连同望远镜一起做微小的倾斜,以便使水准管气泡居中,视线水平。望远镜可绕其旋转轴做水平旋转,望远镜旋转轴的几何中心线称为竖轴。制动和微动螺旋用来控制望远镜在水平方向上的转动,拧紧制动螺旋,旋转微动螺旋能使望远镜做微小的转动。

如图 2-3(a)所示,望远镜主要由物镜、目镜、对光透镜和十字丝分划板等组成。物镜的作用是和调焦透镜一起使远处的目标在十字丝分划板上形成缩小的实相。转动物镜调焦螺旋,可使不同距离的目标的成像清晰地落在十字丝分划板上,称为物镜对光或调焦。目镜的作用是将物镜所成的实像与十字丝一起放大成虚像。转动目镜对光螺旋,可使十字丝影像清晰,称目镜对光。

十字丝分划板是一块刻有分划线的透明的薄平板玻璃片。如图2-3(b)所示,上面刻有两条互相垂直的长线,竖直的一条称为竖丝,横的一条称为中丝,是为了瞄准目标和读取读数用的。在中丝的上下还对称地刻有两条与中丝平行的短横线,是用来测定距离的,称为视距丝。十字丝分划板装在分划板座上,分划板座固定在望远镜筒上。

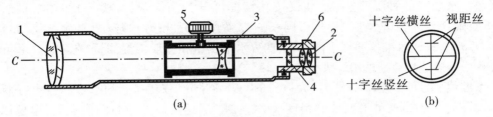

图2-3　望远镜的构造

十字丝交点与物镜光心的连线,称为视准轴,也叫视线。水准测量是在视准轴水平时,用十字丝的中丝读取水准尺上的读数。

从望远镜内所看到的目标影像的视角与肉眼直接观察该目标的视角之比,称为望远镜的放大率。DS₃级水准仪望远镜的放大率一般为28倍。

(二)水准器

水准器分管形和圆形两种。管形水准器又称水准管,它和望远镜固连在一起,用来判断视线是否水平;圆水准器安装在基座上,用来判断竖轴是否竖直,即仪器是否整平。

1.管水准器

管水准器是一管状玻璃管,其纵向内壁磨成一定半径的圆弧,管内装酒精和乙醚的混合液,加热融封冷却后留有一个气泡。如图2-4所示,由于重力作用,气泡永远处于管内最高位置。内壁圆弧的中心点,即最高点,称为水准管零点。通过零点与水准管圆弧相切的切线,称为水准管轴,如图2-4(a)中LL所示。当水准管的气泡中点与水准管零点重合时,称为气泡居中,气泡两端刻划线格数相等,如图2-4(b)所示,这时水准管轴处于水平位置,否则水准管轴不水平。

水准管的两端各刻有数条间隔2 mm的分划线,如图2-4(b)所示,水准管2 mm间隔的圆弧所对的圆心角称为水准管分划值,用"τ"表示。

$$\tau = \frac{2\rho}{R} \tag{2-5}$$

式中,ρ——弧度相对应的秒值;

　　R——水准管圆弧半径;

　　$\rho = 206\ 265''$。

安装在DS₃级水准仪上的水准管,其分划值不大于20″,计作20″/2 mm。由于水准管精度较高,因而用于仪器的精确整平。

为了提高水准管气泡居中的精度,DS₃型微倾式水准仪在水准管的上方安装了一组符合棱镜系统,如图2-5所示。通过符合棱镜的反射作用,使气泡两端的像反映在望远镜旁的符合气泡观察窗中。若气泡两端的半像吻合,就表示气泡居中;若气泡的半像错开,则表示气泡不居中,此时应转动微倾螺旋,使气泡的半像吻合,达到仪器的精确整平。

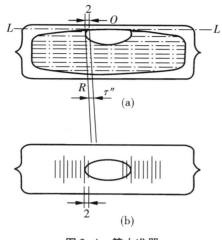

图 2-4 管水准器

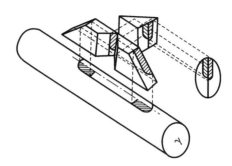

图 2-5 管水准器与符合棱镜

2. 圆水准器

圆水准器是一密闭的玻璃圆盒。圆水准器顶面的内壁是球面,同样,内装酒精和乙醚的混合物,经加热密封冷却,形成一气泡,如图 2-6 所示,球面最高点称为水准器的零点。通过零点和球心的连线称为圆水准器轴。当圆水准器气泡居中时,该轴线处于铅垂位置。在零点周围有圆形分划线,相邻两分划线的弧长也是 2 mm,其所对应的圆心角,称为圆水准器的分划值,DS₃ 型圆水准器分划值一般为 8′/2 ~ 10′/2 mm,由于它的精度较低,故圆水准器只用于仪器的粗略整平。

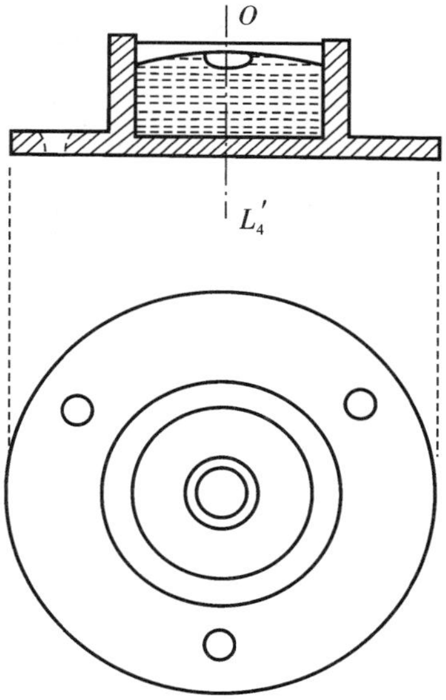

(三)基座

基座部分有 3 个脚螺旋,配合圆水准器,用以粗略整平仪器。在基座下部有连接板,利用连接板中央的螺孔和中心螺旋,可使仪器与三脚架相连。

图 2-6 圆水准器

二、水准尺和尺垫

(一)水准尺

水准尺是水准测量时使用的标尺。其质量好坏直接影响水准测量的精度。因此,水准尺需用不易变形的优质材料制成,如优质木材、玻璃钢、铝合金等。水准尺要求尺长稳定,分划准确。水准尺样式很多,有折尺、双面尺、塔尺等。

塔尺多用于等外水准测量,如图 2-7(a)所示,其长度有 3 m 和 5 m 两种,一般由两节或三节套接在一起,可以伸缩。尺的底部为零点,尺上黑白格相间,每格宽度为 1 cm,有的为 0.5 cm,米和分米处均有注记。

双面水准尺多用于三、四等水准测量。其长度有 2 m 和 3 m,两根尺为一对。如图 2-7(b)所示,尺的两面均有刻划,一面为黑白相间,称黑面尺,也称主尺;另一面为红白相间,称红面尺,也称辅尺;两面的最小刻划均为 1 cm,并在分米处注字。两根尺的黑面均由零开始;而红面,一根尺由 4.687 m 开始,另一根尺由 4.787 m 开始,其目的是避免观测时的读数错误,便于校核读数。同时用红黑两面读数求得高差,可进行测站校核计算。

(二)尺垫

尺垫是在转点处放置水准尺用的,如图 2-7(c)所示,它用生铁铸成,一般为三角形,中央有一突起的半球体,下方有三个支脚。用时将支脚牢固地踩入土中,以防下沉,上方突起的半球形顶点作为竖立水准尺和标志转点之用。

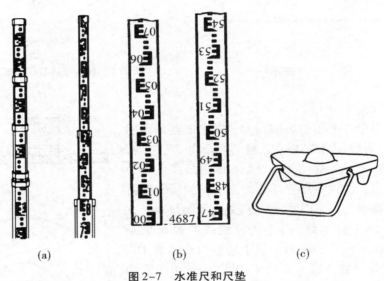

(a)   (b)   (c)

图 2-7 水准尺和尺垫

三、DS₃ 微倾式水准仪的使用

微倾式水准仪的使用基本操作步骤为安置仪器、粗略整平、瞄准水准尺、精平和读数等。

(一)安置仪器

在测站先松开脚架的伸缩螺旋,调节好架腿的长度,然后拧紧伸缩螺旋;再打开三脚架并使高度适中,目估使架头大致水平,检查脚架腿是否安置稳固,然后打开仪器箱取出水准仪,置于三脚架头上用连接螺旋将仪器牢固地固定在三脚架上。在坡地上操作时,应使三脚架的两脚在坡下,一脚在坡上,然后把水准仪用中心连接螺旋连接到三脚架上。地面松软时,要将三脚架尖踩入土中,并注意使圆水准器的气泡大致居中。取水准仪时必须握住仪器的坚固部位,并确认已牢固地连接在三脚架上之后才可放手。

（二）仪器的粗略整平

仪器的粗略整平是用脚螺旋使圆水准器的气泡居中，从而使仪器竖轴竖直。具体操作步骤如下。

（1）如图2-8（a）所示，气泡未居中，不论圆水准器在任何位置，先调节任意两个脚螺旋，使气泡移动到这两个脚螺旋连线中间的垂直方向上，如图2-8（a）所示中气泡自（a）移到（b），先调节①②，按箭头所指方向用两手相对转动脚螺旋，使气泡移动到①②连线的铅垂线位置，如此可使仪器在这两个脚螺旋连线的方向处于水平位置。

（2）然后旋转第3个脚螺旋③，使气泡居中，如图2-8（b）（c）。

（3）若气泡仍没有居中，需重复上述两步操作从而使整个仪器置平。如仍有偏差可重复进行。

整平时必须记住操作要领：先旋转两个脚螺旋，然后旋转第三个脚螺旋；旋转两个脚螺旋时必须做相对地转动，即旋转方向应相反；气泡移动的方向始终和左手大拇指移动的方向一致。

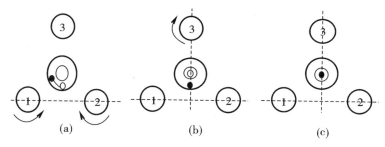

图2-8　圆水准器的整平

（三）瞄准目标

瞄准目标就是用望远镜对准水准尺，清晰地看到目标和十字丝成像，以便准确地进行水准尺读数。具体内容包括以下几点。

（1）目镜调焦　把望远镜对向白亮的背景或照准目标，调节目镜对光螺旋，使十字丝清晰。

（2）粗略瞄准　松开望远镜制动螺旋，转动望远镜，用望远镜上的照门和准星瞄准目标，固定制动螺旋。

（3）物镜调焦　旋转物镜对光螺旋，使水准尺成像清晰。

（4）精确瞄准　旋转水平微动螺旋使十字丝竖丝照准水准尺，为了便于读数，可使竖丝稍偏离水准尺一些，或与尺的某个边重合。如目标不清晰，需重新调整物镜调焦螺旋才能使尺像清晰。

（5）消除视差　注意在照准目标时由于调焦不精确，目标的成像与十字丝分划板不重合，这时观测者的眼睛在目镜端上下移动时，会发现十字丝与水准尺影像存在上下移动，这种现象称为视差［图2-9（b）］。由于存在视差，不可能得出准确的读数。因此，瞄准目标时，如果存在视差，必须消除。消除视差的方法是一面稍微旋转调焦螺旋，一面仔细观察,直到不再出现尺像和十字丝有相对移动为止,即尺像与十字丝在同一平面上,如图2-9(a)所示。

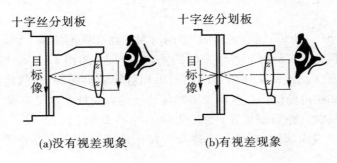

(a)没有视差现象　　　　　(b)有视差现象

图2-9　视差

(四)精平

精平即精确整平,由于圆水准器的灵敏度较低,所以用圆水准器只能使水准仪粗略地整平。因此在每次读数前还必须调节微倾螺旋,使气泡影像符合,从而使水准管气泡居中,视准轴精确水平。由于微倾螺旋旋转时,经常在改变望远镜和竖轴的关系,当望远镜由一个方向转变到另一个方向时,水准管气泡一般不再符合。所以望远镜每次变动方向后,也就是在每次读数前,都需要用微倾螺旋重新调平。调节微倾螺旋的一般规律是向前旋转为抬高目镜端,向后旋转为降低目镜端。

(五)读数

精平后,用十字丝中间的横丝读取水准尺的读数。望远镜无论是正像还是倒像,读数时,应由小数向大数读,从尺上可直接读出米、分米和厘米数,并估读出毫米数,所以每个读数必须有四位数。如果某一位数是零,也必须读出并记录。如图2-10读数为1.608 m和6.295 m,注意,读数前应先认清水准尺的分划特点,特别应注意与注字相对应的分米分划线的位置。为了保证得出正确的水平视线读数,在读数前和读数后都应该检查水准管气泡是否居中。

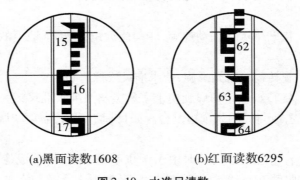

(a)黑面读数1608　　　　　(b)红面读数6295

图2-10　水准尺读数

四、自动安平水准仪

（一）自动安平水准仪的特点

自动安平水准仪与普通水准仪相比，其特点是：没有水准管和微倾螺旋，望远镜和支架连成一体；观测时，只需根据圆水准器将仪器粗平，尽管望远镜的视准轴还有微小的倾斜，但可借助一种补偿装置使十字丝读出相当于视准轴水平时的水准尺读数。因此，自动安平水准仪的操作比较方便，有利于提高观测的速度和精度。

（二）自动安平水准仪的基本原理

自动安平水准仪的望远镜光路系统中，设置利用地球重力作用的补偿器，以改变光路，使视准轴有倾斜时在十字丝中心仍能接受到水平光线。自动安平水准仪原理如图 2-11 所示。当视准轴水平时，设在水准尺上的正确度数为 a，因没有水准管和微倾螺旋，依据圆水准器将仪器粗平后，视准轴与水平线有微小的倾斜角 α。如没有补偿器，此时水准尺上的读数为 a'，在设置补偿器后，进入到十字丝分划板的光线全部偏转 β 角，从而读出视线水平时的正确读数 a。

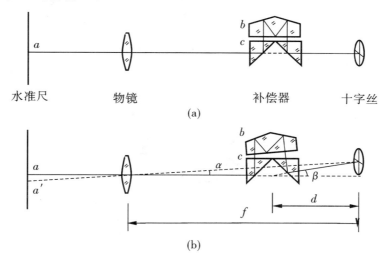

图 2-11　自动安平水准仪的基本原理

为了使补偿器达到补偿目的，补偿器应使其满足的几何条件为

$$f\alpha = d\beta \tag{2-6}$$

式中，f——物镜焦距；

　　　d——补偿器中心至十字丝的距离。

因此，自动安平水准仪的工作原理是通过圆水准气泡居中，使视准轴大致水平。通过补偿器，使瞄准水准尺的视线严格水平。

（三）自动安平水准仪的使用

自动安平水准仪的使用方法与微倾水准仪基本相同，不同之处是自动安平水准仪不需要"精平"这项操作。这种水准仪的圆水准器的灵敏度为 $8'/2 \sim 10'/2$ mm,其补偿器的作用范围约为 $\pm 15'$,因此,整平圆水准器气泡后,补偿器能自动将视线调整到水平,即可对水准尺进行读数。

图 2-12 所示为 DSZ 型自动安平水准仪。使用时,转动脚螺旋,使圆水准的气泡居中;用瞄准器将仪器对准水准尺;转动目镜调焦螺旋,使十字丝最清晰;转动物镜调焦螺旋,使水准尺分划影像最清晰,检查视差;用水平微动螺旋使十字丝纵丝靠近尺上读数分划;然后检查补偿器功能是否正常,方法就是按动自动安平水准仪目镜下方的补偿控制按钮,查看"补偿器"工作是否正常,在自动安平水准仪粗平后,也就是概略置平的情况下,按动一次按钮,如果目标影响在视场中晃动,说明"补偿器"工作正常,视线便可自动调整到水平位置。然后根据横丝在水准尺上读数。

注意:与普通水准仪相比,自动安平水准仪在使用前应进行检校——即进行一项补偿器的检验,转动脚螺旋,看警告指示窗是否出现红色,以此来检查补偿器是否失灵。望远镜内观察警告指示窗若全部呈绿色,方可读数。

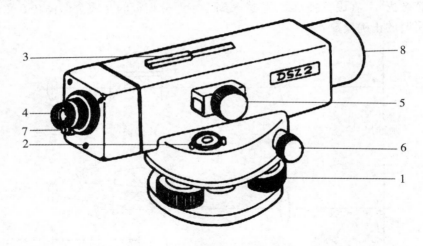

图 2-12 DSZ 型自动安平水准仪

1-脚螺旋;2-圆水准器;3-瞄准器;4-目镜调焦螺旋;5-物镜调焦螺旋;6-微动螺旋;7-补偿检查按钮;8-物镜

五、精密水准仪

精密水准仪主要用于国家一二等水准测量和高精度的工程测量中,如建筑物的变形观测、大型建筑物的施工及大型精密设备的安装等测量工作。精密水准仪与 DS_3 水准仪比较,构造基本相同,也是由望远镜、水准器和基座三个主要部件组成。

(一)精密水准仪的特点

精密水准仪的特点是能够精密地整平视线和精确地读取读数。为此,精密水准仪必须满足下列几点要求。

(1)高质量的望远镜 为了获得水准标尺的清晰影像,望远镜放大倍率大,分辨率高,规范要求 DS_1 不小于 38 倍,$DS_{0.5}$ 不小于 40 倍,物镜的孔径应大于 50 mm。

(2)高灵敏的管水准器　水准器应具有较高的灵敏度,如 DS_1 水准仪的管水准器 τ 值为 $10''/2$ mm。

(3)高精度的测微器装置　精密水准仪必须有光学测微器装置,以测定小于水准尺最小分划线间隔的尾数,光学测微器可直读 0.1 mm,估读到 0.01 mm。

(4)坚固、稳定的仪器结构　为了稳定视准轴与水准轴之间的关系,精密水准仪的主要构件均采用特殊的钢瓦合金钢制成。

(5)高性能的补偿器结构

(6)配备精密水准尺　精密水准仪必须配有精密水准尺。这种尺一般是在木质尺身的槽内,安有一根钢瓦合金带。带上标有刻划,数字注在木尺上。精密水准尺须与精密水准仪配套使用。

精密水准尺上的分划注记形式一般有两种。

一种是尺身上刻有左右两排分划,右边为基本分划,左边为辅助分划。基本分划的注记从零开始,辅助分划的注记从某一常数 K 开始,K 称为基辅差。

另一种是尺身上两排均为基本分划,其最小分划为 10 mm,但彼此错开 5 mm。尺身一侧注记米数,另一侧注记分米数。尺身标有大、小三角形,小三角形表示半分米处,大三角形表示分米的起始线。这种水准尺上的注记数字比实际长度增大了 1 倍,即 5 cm 注记为 1 dm。因此,使用这种水准尺进行测量时,要将观测高差除以 2 才是实际高差。

(二)精密水准仪的操作方法

精密水准仪的操作方法与 DS_3 水准仪基本相同,不同之处是精密水准仪采用光学测微器读数。工作时,转动微倾螺旋,使符合水准管气泡两端的影像符合,完成水准仪的精确整平,如图 2-13 所示新 N3 望远镜视场。在水准仪精平后,十字丝中丝往往不恰好对准水准尺上某一整分划线,这时就要转动测微轮使视线上、下平行移动,十字丝的楔形丝正好夹住一个整分划线,被夹住的分划线读数为 m、dm、cm,图 2-13 中为 148 cm 分划。再从测微器读数窗中读出测微尺读数 cm,图中为 0.655 cm。水准尺的最后读数值等于分划丝整分划值读数与测微尺读数之和,即 148 cm+0.655 cm=1.486 55 m。

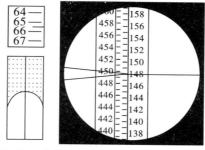

测微尺与管水准气泡　　　　望远镜视场
观察窗视场

图 2-13　新 N3 望远镜视场

六、电子水准仪简介

电子水准仪又称数字水准仪,它是以自动安平水准仪为基础,利用影像处理技术,实现数据采集、处理和记录自动化的水准测量仪器。

电子水准仪与光学水准仪相比较,它具有速度快、精度高、自动读数、使用方便、能减轻作业劳动强度、可自动记录存储测量数据、易于实现水准测量内外业一体化的优点。

(一)电子水准仪的构造

电子水准仪的构造主要包括光学系统、机械系统和电子信息处理系统。其光学系统和机械系统两部分与普通水准仪基本相同。如图 2-14 为瑞士徕卡数字水准仪,其主要由望远镜、水准器、自动补偿系统、计算存储系统、显示窗、操作键和基座等组成。

与电子水准仪配套使用的水准尺为条形编码尺,通常由玻璃纤维或铟钢制成。

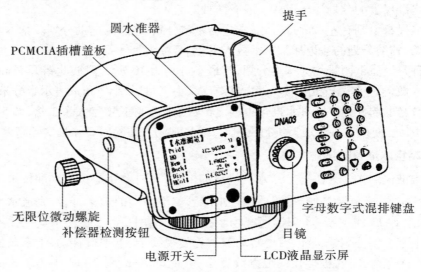

图 2-14　徕卡 DNA03 数字水准仪

(二)电子水准仪的测量原理

测量原理是在电子水准仪中装置有传感器,它可识别水准标尺上的条形编码,电子水准仪摄入条形编码后,经处理器转变为相应的数字,再通过信号转换和数据化,在显示屏上直接显示中丝读数和视距。

(三)电子水准仪的使用

电子水准仪的使用与其他水准仪相似,观测时,电子水准仪在完成安置与粗平、瞄准目标(条形编码水准尺)后,选择操作模式,操作模式分为高差测量模式和高程测量模式两种,然后进行具体的测量工作,如标尺读数、高差或高程的计算等,按下测量键后 3 ~ 4 s 即显示出测量结果。其测量结果可储存在电子水准仪内或通过电缆连接存入机内记录器中。

任务三 水准路线测量

一、水准路线的布设

（一）埋设水准点

国家为了科学研究、工程建设以及测绘地形图的需要,在全国范围内按不同等级布设了统一的高程控制网,组成这些高程控制网的点,称为高程控制点。由于这些控制点的高程是用水准测量方法测定的,所以这些控制点称为水准点,一般用 BM(bench mark) 表示。国家等级的水准点按要求需埋设永久性固定标志;不需永久保存的则在地面上打入木桩,或在地面,建筑物上设置固定标志,并标注记号和编号,如图 2-15 所示。水准点设置好后,为方便以后的使用和查找,需要绘制点位平面图,称为"点之记",如图 2-16 所示。

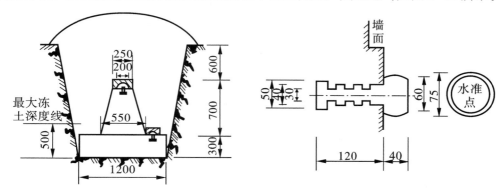

图 2-15 水准点

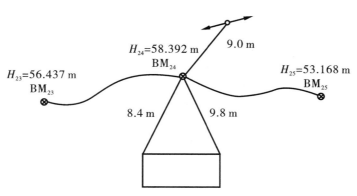

图 2-16 水准点的"点之记"

(二)拟定水准路线

水准路线是指水准测量施测过程中所经过的路线。根据测区的自然地理状况和已知水准点的数量及分布情况,水准路线的布设形式有以下三种。

(1)附合水准路线 如图2-17(a)所示,从一个已知高程的水准点开始,沿各个待定高程的点进行水准测量,最后附合到另一已知高程的水准点上,这种形式的水准路线,称为附合水准路线。

(2)闭合水准路线 如图2-17(b)所示,从一个已知高程的水准点开始,沿各个待定高程的点进行水准测量,最后回到原水准点上,这种形式的水准路线,称为闭合水准路线。

(3)支水准路线 如图2-17(c)所示,从一个已知高程的水准点开始,沿各个待定高程的点进行水准测量,最后既不附合到另外已知的水准点上,也不闭合,这种水准路线,称为支水准路线。

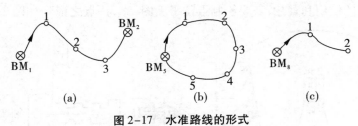

图2-17 水准路线的形式

二、水准测量的实施

水准测量根据精度要求和测量方法的不同,分为两种情况:一种是普通水准测量,如附合水准测量;另一种是测量精度要求较高的水准测量,如三、四等水准测量。

(一)普通水准测量

水准点布设好以后,即可按拟定的水准路线进行水准测量,当已知水准点距离待测点较远或高差较大时,安置一次仪器不能测得两点间的高差,则需要连续多次安置仪器才能测定两点间的高差,以便推算待测点高程。这时需要在两点间加设若干个立尺点,加设的这些立尺点并不需要测定其高程,它们只起传递高程的作用,故称之为转点,一般用 TP(turning point)或 ZD 表示。如图2-18所示,已知水准点 BM_A 的高程为54.353 m,测量待定点 B 高程,三个转点 TP_1、TP_2、TP_3 将 AB 分成四个测站,根据水准测量的原理,逐站测出高差,最后将各站高差求和,即可得出 AB 两点高差,然后根据 A 点高程求出 B 点高程,这种水准测量称为附合水准测量。

(1)普通水准测量的观测方法

1)在已知水准点 A 上竖立水准尺,作为后视尺;在水准路线前进方向上,距离 A 点适当距离安置水准仪,另一立尺员在水准仪前进方向上,选择与后视距大致相等的位置处,设置转点 TP_1,放上尺垫,用脚踩实并放上水准尺,作为前视尺。

2)观测员将水准仪粗略整平后,先照准起始点 BM_A 上的水准尺,转动微倾螺旋使十字丝的上丝(或下丝)切准标尺上某一整分划值,直接读取后视距(标尺上每1 cm对应的就是 1 m);继续转动微倾螺旋,使附合水准气泡居中,用中丝读取后视读数 a_1 为 1.632 m,并记入水准测量记录表,格式见表 2-1。填写时应注意把各个读数正确地填写在相应的行和列内。

3)旋转照准部,瞄准前视点 TP_1 上的水准尺,按与观测后视尺的方法读取前视距和中丝读数,TP_1 点的前视读数 b_1 为 1.271 m,记入表中相应位置。每次读取中丝读数时,都必须转动微倾螺旋,使附合水准气泡居中,至此,第一站的观测工作结束。

4)将仪器迁至第二站,距离 TP_1 点适当位置安置水准仪,此时在转点 TP_1 处的水准尺不动,仅把尺面转向前进方向。在 BM_A 点的水准尺向前转移到与后视距大致相等的转点 TP_2 上,按在第一站同样的步骤和方法观测,读取后视距、后视读数 a_2 和前视距、前视读数 b_2,这样就完成了第二站高差的观测工作。

5)用同样的方法观测,一直测到待求高程点 B,整个路线的观测工作才算结束。

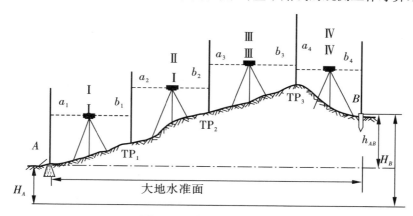

图 2-18 水准测量的实施

(2)计算高程 普通水准测量的记录、计算方法见表 2-1 水准测量记录表。
各测站高差为:$h_{A1} = a_1 - b_1$ $h_{12} = a_2 - b_2$ $h_{23} = a_3 - b_3$ $h_{3B} = a_4 - b_4$
则 AB 两点间高差为

$$h_{AB} = \sum h = \sum a - \sum b \qquad (2\text{-}7)$$

根据水准测量原理,B 点高程为

$$H_B = H_A + \sum h$$

表 2-1 水准测量记录表

测站	点号	后视读数	前视读数	高差/m +	高差/m −	高程/m	备注
I	A	1.632		0.361		54.353	已知
	TP$_1$		1.271				
II	TP$_1$	1.862			0.910		
	TP$_2$		0.952				
III	TP$_2$	1.346			0.094		
	TP$_3$		1.252				
IV	TP$_3$	0.931		0.547			
	B		1.478			55.171	
Σ		5.771	4.953	1.365	0.547		
校核计算		$\sum a - \sum b = 5.771 - 4.953 = 0.818$ $\sum h = 1.365 - 0.547 = 0.818$					

(二)三、四等水准测量

1.三、四等水准测量的观测方法

采用水准仪和双面木质标尺进行测量,每站的观测顺序为:

(1)照准后视标尺黑面,转动脚螺旋,使圆水准气泡居中,转动微倾螺旋,使附合水准气泡居中,读取下丝读数、上丝读数、中丝读数。分别记录表 2-2 中(1)(2)(3)。

(2)旋转照准部,照准前视标尺黑面,转动微倾螺旋,使附合水准气泡居中,读取下丝读数、上丝读数、中丝读数。分别记录表 2-2 中(4)(5)(6)。

(3)照准前视标尺红面,转动微倾螺旋,使附合水准气泡居中,读取红面中丝读数。记录表 2-2 中(7)。

(4)旋转照准部,照准后视标尺红面,转动微倾螺旋,使附合水准气泡居中,读取红面中丝读数。记录表 2-2 中(8)。

这种"后-前-前-后"即"黑-黑-红-红"的观测顺序,主要是为了抵消水准仪与水准尺下沉产生的误差。四等水准测量的观测顺序也可以为"后-后-前-前",即(黑-红-黑-红)。

表 2-2 三、四等水准测量手簿

测站编号	点号	后尺 下丝 上丝 后视距/m 视距差/m	前尺 下丝 上丝 前视距/m Σd	方向及尺号	标尺读数/m 黑面	标尺读数/m 红面	K+黑减红/mm	高差中数/m	备注
		(1)	(4)	后	(3)	(8)	(14)		
		(2)	(5)	前	(6)	(7)	(13)	(18)	
		(9)	(10)	后-前	(16)	(17)	(15)		
		(11)	(12)						
1	A− TP$_1$	1.614	0.774	后1	1.384	6.171	0		K$_1$ =4.787
		1.156	0.326	前2	0.551	5.239	−1	+0.832 5	
		45.8	44.8	后-前	+0.833	+0.932	+1		
		+1.0	+1.0						
2	TP$_1$ −TP$_2$	2.188	2.252	后2	1.934	6.622	−1		
		1.682	1.758	前1	2.008	6.796	−1	−0.074 0	
		50.6	49.4	后-前	−0.074	−0.174	0		
		+1.2	+2.2						
3	TP$_2$ −TP$_3$	1.922	2.066	后1	1.726	6.512	+1		K$_2$ =4.687
		1.529	1.668	前2	1.866	6.554	−1	−0.141 0	
		39.3	39.8	后-前	−0.140	−0.042	+2		
		−0.5	+1.7						
4	TP$_3$ −B	2.041	2.220	后2	1.832	6.520	−1		
		1.622	1.790	前1	2.007	6.793	+1	−0.174 0	
		41.9	43.0	后-前	−0.175	−0.273	−2		
		−1.1	+0.6						
校核		Σ(9)=177.6　　Σ(3)=6.876　　Σ(8)=25.825 Σ(10)177.0　　Σ(6)=6.432　　Σ(7)=25.382 Σd=Σ(9)−Σ(10)=+0.6 ΣD=Σ(9)+Σ(10)=354.6 Σ(16)=Σ(3)−Σ(6)=+0.444 Σ(17)=Σ(8)−Σ(7)=+0.443 Σ(18)=[Σ(16)+Σ(17)]/2=+0.443 5						Σ(18) =0.443 5	

2. 计算与检核

（1）视距计算

后视距离$(9)=[(1)-(2)]\times 100$

前视距离$(10)=[(4)-(5)]\times 100$

前后视距差$(11)=(9)-(10)$，三等水准测量不得超过± 3 m，四等水准测量不得超过± 5 m。

前后视距累积差，本站$(12)=$前站$(12)+$本站(11)，三等水准测量不得超过± 6 m，四等水准测量不得超过± 10 m。

（2）黑、红面读数差

后视尺$(13)=(3)+K_1-(8)$

前视尺$(14)=(4)+K_2-(7)$

K_1、K_2分别为两水准尺的红黑面常数差，又称尺常数。同一水准尺红、黑面中丝读数之差，应等于该尺红、黑面的常数差。一号水准尺常数为$K_1(4.787)$，二号水准尺常数为$K_2(4.687)$。两水准尺交替前进，因此，下一站要交换K_1和K_2在公式中的位置。三等水准测量，读数差不得超过2 mm，四等水准测量，读数差不得超过3 mm。

（3）高差计算

黑面高差$(16)=(3)-(6)$

红面高差$(17)=(8)-(7)$

检核计算$(15)=(13)-(14)=[(16)-((17)\pm 0.100)]$

其绝对值三等水准测量不得超过3 mm，四等水准测量不得超过5 mm。

高差中数$(18)=\dfrac{1}{2}[(16)+((17)\pm 0.100)]$

上述各项记录、计算见表2-2 三、四等水准测量手簿，观测时，若发现本测站某项限差超限，应立即重测本测站。只有各项限差均检查无误后，方可搬站。

（4）每页计算的总检核 在每测站检核的基础上，应进行每页计算的检核。

$\Sigma(16)=\Sigma(3)-\Sigma(6)$

$\Sigma(17)=\Sigma(8)-\Sigma(7)$

$\Sigma(9)-\Sigma(10)=$本页末站$(12)-$前页末站(12)

$\Sigma(18)=\dfrac{1}{2}[\Sigma(16)+\Sigma(17)]$，测站为偶数；

$\Sigma(18)=\dfrac{1}{2}[\Sigma(16)+\Sigma(17)\pm 0.100]$，测站为奇数。

（5）成果整理 根据四等水准测量高差闭合差的限差要求，参见表2-3，利用普通水准测量的闭合差调整及高程计算方法，计算各水准点的高程。

表 2-3　三、四等水准测量主要技术要求

等级	水准仪器类型	视线长度/m	前后视距差/m	前后视距累计差/m	基、辅分化（黑、红面）读数差/m	基、辅分化（黑、红面）两次高差的差/m
三等	DS₁	100	2.0	6.0	1.0	1.5
	DS₃	75			2.0	3.0
四等	DS₃	100	3.0	10.0	3.0	5.0
图根	DS₁₀	≤100				

三、水准测量的检核

在这个过程中，首先要检查外业观测的数据是否正确，为了保证观测精度，在水准测量过程中，必须对测量过程中观测的数据及计算结果进行检核。经检核无误，则根据外业观测高差计算闭合差，若高差闭合差符合规定的精度要求，则调整闭合差，最后计算各点的高程。检核常采用的方法有测站检核、计算检核等，检查无误，再进行数据整理。

（一）测站检核

为了保证每一站观测和记录的正确性，提高其精度，应对每一站观测的高差进行检核，称为测站检核。测站检核常采用双面尺法和改变仪器高法。

（1）双面尺法　在同一测站上保持仪器高度不变，用双面水准尺的黑、红面读数，分别求出高差，将两次高差结果相比较，如果误差不超限，取两次高差的平均值，作为高差最后值。

方法步骤如下：首先，读出后尺和前尺的黑面读数，求得两点高差；其次，读出前尺和后尺的红面读数，求得两点高差；最后，求出黑面高差与红面高差之差。

注意：用尺的黑面测得的高差与红面测得的高差应相等。如果不等，其差数在四等水准测量时不得超过 5 mm；普通水准测量时不得超过 6 mm。如果观测误差在容许范围内，取其平均值作为观测结果；若超限，则应重测。

（2）改变仪器高法　改变仪器高法就是在水准测量时，第一次测出高差之后，通过将水准仪升高或降低 10 cm 左右，改变水准仪高度，然后再观测一次，两次测得的高差之差，在四等水准测量时不得超过 5 mm；在普通水准测量时不得超过 6 mm。如果观测误差在容许范围内，取其平均值作为观测结果；若超限，则应重测。

（二）计算检核

为了预防计算高差时出现错误，计算高差时要进行检核。即两点之间的高差等于各转点之间高差的代数和，也等于后视读数之和减去前视读数之和。

检核公式是　　　　　　　　　　　　$\sum a - \sum b = \sum h$　　　　　　　　　　　（2-8）

如表 2-1 中，$\sum a - \sum b = 5.771 - 4.953 = 0.818$　　$\sum h = 1.365 - 0.547 = 0.818$

因此，此式可用来作为计算的检核。

（三）水准测量结果的精度检核

测站检核只能检核一个测站上是否存在错误或误差超限，计算检核只能确保计算无误。由于水准仪、水准尺本身的仪器误差，观测过程中存在瞄准误差、估读误差等观测误差以及温度、风力、大气折光、尺垫下沉和仪器下沉等外界观测条件的影响，随着测站数的增多，观测过程中会存在误差积累，整个水准路线有可能出现超过规定的限差。因此，应对整个水准路线观测结果进行成果的精度检核。在水准测量中，用高差闭合差对水准路线观测结果进行精度检核。高差闭合差等于水准路线中高差的观测值与其理论值的差，一般用 f_h 表示，即

$$f_h = \Sigma h_{测} - \Sigma h_{理} \tag{2-9}$$

高程闭合差的大小在一定程度上反映了测量成果的精度大小。由于水准路线不同，高差闭合差的计算公式也不同。

（1）附合水准路线

$$f_h = \Sigma h_{测} - \Sigma h_{理} = \Sigma h_{测} - (H_{终} - H_{始}) \tag{2-10}$$

（2）闭合水准路线

$$f_h = \Sigma h_{测} - \Sigma h_{理} = \Sigma h_{测} \tag{2-11}$$

（3）支水准路线 支水准路线需要往返观测，往、返高差的和理论上应等于零，但由于测量误差的影响，两者之和不等于零，这个值称为支水准路线的高差闭合差。即

$$f_h = \Sigma h_{往} - \Sigma h_{返} \tag{2-12}$$

以上各种路线的高差闭合差不应超过高差闭合差的允许值，否则应进行重测。高差闭合差允许值的大小与水准测量的等级有关，在普通水准测量中，高差闭合差的允许值为：

$$f_{h容} = \pm 40\sqrt{L} \cdots\cdots 适用于平原区 \tag{2-13}$$

$$f_{h容} = \pm 12\sqrt{n} \cdots\cdots 适用于山区 \tag{2-14}$$

式中，$f_{h容}$——高差闭合差限差，单位：mm；

L——水准路线总长度，单位：km；

n——水准路线总测站数。

四、水准路线的高程计算

（一）附合水准路线的高程计算

例题：如图 2-19 为一普通附合水准路线，BM_A 和 BM_B 为已知高程的水准点，图中箭头表示水准测量前进方向，路线上方的数字为测得的两点间的高差，路线下方数字为该段路线的长度，试计算待定点 1、2、3 点的高程。

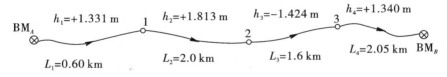

图 2-19　附合水准路线图

首先把图 2-19 中的点号、距离、观测高差分别填入表 2-4 中，然后按以下步骤计算。

表 2-4　附合水准测量计算表

点号	路线长度 L/km	观测高差 h_i/m	高差改正数 v_{h_i}/m	改正后高差 $H_{i'}$/m	高程 H/m	备注
BM_A					56.543	已知
1	0.6	+1.331	−0.002	+1.329	57.872	
2	2.0	+1.813	−0.008	+1.805	59.677	
3	1.6	−1.424	−0.007	−1.431	58.246	
BM_B	2.05	+1.340	−0.008	+1.332	59.578	已知
Σ	6.25	+3.06	−0.025	+3.035		
计算校核						

计算校核：

$$f_h = \sum h_{测} - (H_B - H_A) = +25 \text{ mm} \qquad f_{h容} = \pm 40\sqrt{L} = \pm 100 \text{ mm}$$

$$v_{1km} = -\frac{f_h}{\sum L} = -\frac{+25}{6.25} = -4 \text{ mm/km} \qquad \sum v_{h_i} = -25 \text{ mm} = -f_h$$

（1）计算高差闭合差

$$f_h = \sum h_{测} - (H_B - H_A) = 3.060 - (59.578 - 56.543) = +25 \text{ mm}$$

（2）计算高差闭合差允许值

$$L = 6.25 \qquad f_{h容} = 40\sqrt{L} = \pm 100 \text{ mm}$$

因高差闭合差为 +25 mm，小于允许值 100 mm，说明符合精度要求，可进行高差闭合差的调整。

（3）调整高差闭合差

1）计算高差改正数 当实际的高差闭合差在容许值以内时，可把闭合差分配到各测段的高差上。显然，高程测量的误差是随水准路线的长度或测站数的增加而增加，所以分配的原则是把闭合差以相反的符号并与路线的长度或测站数成正比例分配到各测段的高差上。故各测段高差的改正数 v_i 按下式计算

$$v_i = -\frac{f_h}{\sum L} \cdot L_i \tag{2-15}$$

每段改正数为

$$v_{h_i} = -\frac{f_h}{L} \times L_i$$

$$v_1 = -0.002 \qquad v_2 = -0.008 \qquad v_3 = -0.007 \qquad v_4 = -0.008$$

观测高差的改正数之和应与闭合差的符号相反，绝对值相等。即

$$\sum v = -f_h \tag{2-16}$$

经检查无误。

2）计算改正后的高差

$$h_i' = h_i + v_i \tag{2-17}$$

$$h_1' = h_1 + v_1 = 1.331 + (-0.002) = 1.329$$

$$h_2' = h_2 + v_2 = 1.813 + (-0.008) = 1.805$$

$$h_3' = h_3 + v_3 = -1.424 + (-0.007) = -1.431$$

$$h_4' = h_4 + v_4 = 1.340 + (-0.008) = 1.332$$

高差改正之后应检查改正后高差的总和是否与理论值相等，相等则计算正确无误。

$$\sum h' = H_B - H_A = 3.035$$

（4）计算待定点高程 根据 A 点高程，然后依次推算各点的高程。以最后一个已知点的高程作检查，以保证计算正确无误。

各点的高程计算公式为

$$H_i = H_{i-1} + h_i \tag{2-18}$$

$$H_1 = H_A + h_1' = 56.543 + 1.329 = 57.872$$

$$H_2 = H_1 + h_2' = 57.872 + 1.805 = 59.677$$

$$H_3 = H_2 + h_3' = 59.677 + (-1.431) = 58.246$$

$$H_B = H_3 + h_4' = 58.246 + 1.332 = 59.578（检核）$$

（二）闭合水准路线的高程计算

例题：如图 2-20 所示为一普通闭合水准路线，已知水准点 BM_A 的高程为 50.265 m，各测段高差观测值及其测站数已标注于图上，试计算 1、2、3 三个待测点的高程。

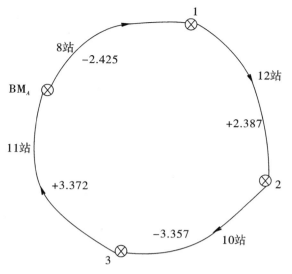

图 2-20　闭合水准路线图

闭合水准路线的内业计算步骤与附合水准路线基本相同。首先根据图 2-20 将观测数据填入表 2-5 中，然后按步骤计算。

（1）计算高差闭合差

$$f_h = \sum h_测 - \sum h_理 = \sum h_测 = -0.023 \text{ m} = -23 \text{ mm}$$

（2）计算容许误差

$$f_{h容} = \pm 12\sqrt{n} = \pm 12\sqrt{41} = \pm 77 \text{ mm}$$

（3）计算高差改正数

由

$$v_i = -\frac{f_h}{\sum n} \cdot n_i \tag{2-19}$$

可知 $v_1 = -\dfrac{f_h}{\sum n} \times n_1 = -\dfrac{-0.023}{41} \times 8 = +0.004 \text{ m}$

同理可算出 $v_2 = +0.007$，$v_3 = +0.006$，$v_4 = +0.006$，经检核 $\sum v = +0.023 = -f_h$ 无误。

（4）计算改正后高差

$$h'_i = h_i + v_i$$

$h'_1 = h_1 + v_1 = -2.425 + 0.004 = -2.421 \text{ m}$，同理可以计算出 $h'_2 = +2.394$，$h'_3 = -3.351$，$h'_4 = +3.378$　检核　$\sum h' = 0$

（5）计算待定点高程

$$H_1 = H_A + h'_1 = 50.265 + (-2.421) = 47.844$$

同理计算出 $H_2 = 50.238$，$H_3 = 46.887$，检核 $H_A = H_3 + h'_3 = 50.265$

表 2-5　闭合水准测量计算表

点号	测站数/个	高差 观测值/m	高差 改正数/m	改正后 高差/m	高程/m	备注
BM$_A$					50.265	已知
1	8	−2.425	+0.004	−2.421	47.844	
2	12	+2.387	+0.007	+2.394	50.238	
3	10	−3.357	+0.006	−3.351	46.887	
BM$_A$	11	+3.372	+0.006	+3.378	50.265	已知
Σ	41	−0.023	+0.023	0		

计算校核

$$f_h = \sum h_测 - \sum h_理 = \sum h_测 = -0.023\ \text{m} = -23\ \text{mm},$$

$$f_{h容} = \pm 12\sqrt{n} = \pm 12\sqrt{41} = \pm 77\ \text{mm}, \qquad \sum v_{h_i} = 23\ \text{mm} = -f_h$$

（三）支水准路线

支水准路线必须在起、终点间用往、返观测进行检核。理论上往、返观测所得高差的绝对值应相等,符号相反,或者是往、返观测高差的代数和应等于零。如果往、返观测高差的代数和不等于零,其值即为支水准路线的高程闭合差。即 $f_h = \sum h_往 + \sum h_返$。

如图 2-21 所示为一支水准路线,已知水准点 A 的高程为 49.265 m,往、返测站共 16 站,求 B 点高程。

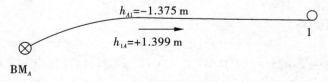

图 2-21　支水准路线图

1.计算高差闭合差

$$f_h = \sum h_往 + \sum h_返 = 0.024\ \text{m} = 24\ \text{mm}$$

2.计算容许误差

$$f_{h容} = \pm 12 \sqrt{16} = \pm 48 \text{ mm}$$

3.计算高差平均值

对于支水准路线,当观测结果达到精度要求后,取往、返高差的平均值作为该测段的最终高差值,高差值的符号以往测为准。即

$$h_{均} = \frac{1}{2} \left[h_{往} + (- h_{返}) \right] \tag{2-20}$$

$$h_{均} = \frac{1}{2} \left[h_{往} + (- h_{返}) \right] = \frac{1}{2} \left[- 1.375 + (- 1.399) \right] = - 1.387 \text{ m}$$

4.计算待定点高程

$$H_1 = H_A + h_{A1} = 49.265 + (- 1.387) = 47.878 \text{ m}$$

任务四　水准仪的检验与校正

水准仪能提供水平视线取决于仪器本身的构造特点。如图 2-22 所示,微倾式水准仪有四条主要轴线,即望远镜的视准轴 CC、水准管轴 LL、圆水准器轴 $L'L'$ 以及仪器竖轴 VV。它们之间应满足以下几何关系:

(1)圆水准器轴 $L'L'$ 应平行于仪器的竖轴 VV。

(2)十字丝的中丝应垂直于仪器的竖轴 VV。

(3)水准管轴 LL 应平行于视准轴 CC。

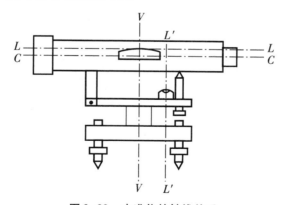

图 2-22　水准仪的轴线关系

一、圆水准器的检验与校正

(1)检校目的　当圆水准器气泡居中时,仪器的竖轴处于铅垂位置,$L'L' /\!/ VV$。

(2)检验方法　首先旋转脚螺旋使圆水准器气泡居中,此时圆水准器轴 $L'L'$ 处于竖直的位置。然后将仪器绕竖轴旋转180°,如果圆水准器气泡仍居中,则表示圆水准器轴平行于仪器竖轴;如果气泡不居中,说明圆水准器轴不平行于仪器竖轴,则需进行校正。

如图 2-23 所示,当圆水准器气泡居中时,圆水准器处于铅垂位置,若圆水准器轴与仪器竖轴不平行,两轴线夹角为 δ,此时竖轴与铅垂线夹角也为 δ,如图 2-23(a)所示。当仪器绕竖轴旋转 180°后,此时圆水准器轴与铅垂线夹角为 2δ,即气泡偏离格值为 2δ,实际误差仅为 δ,如图 2-23(b)所示。

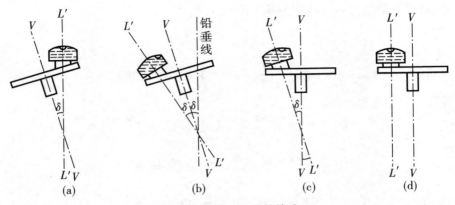

图 2-23　圆水准器的检验

(3)校正方法　用脚螺旋使气泡向中央方向移动偏离量的一半,这时竖轴处于铅垂位置,如图 2-23(c)所示,然后用校正针拨圆水准器下的校正螺钉,如图 2-24 所示,使圆水准器气泡居中。竖轴与圆水准器轴同时处于竖直位置,如图 2-23(d)所示。校正工作需要反复进行,直到仪器旋转到任何位置气泡都能居中为止,最后旋紧固定螺钉。

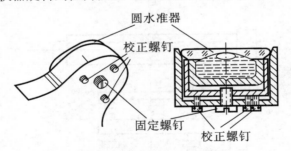

图 2-24　圆水准器的校正

二、望远镜十字丝的检验与校正

(1)检校目的　当仪器整平后,十字丝横丝垂直于仪器的竖轴,即竖轴处于铅垂位置时,横丝应处于水平位置。

(2)检验方法　仪器整平后,先用十字丝横丝的一端照准一固定的目标 P,如图 2-25(a)所示。然后固定制动螺旋,用微动螺旋转动望远镜,用横丝的另一端观测同一目标或读数。如果目标点 P 沿横丝移动,如图 2-25(b)所示,说明横丝与竖轴垂直,不需要校正。若目标偏离了横丝,如图 2-25(c)(d)所示,则说明横丝与竖轴没有垂直,则需校正。

(3)校正方法　由于十字丝装置的形式不同,校正方法也不尽相同。如图 2-25(e)

(f)所示的形式，应先卸下十字丝分划板的护罩，可见到三个或四个分划板的固定螺丝。用螺丝刀松开这些固定螺丝，用手转动十字丝分划板座，反复试验使横丝的两端都能与目标重合，则校正完成。最后旋紧所有固定螺丝。

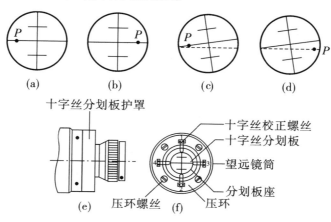

图2-25 十字丝的检验与校正

十字丝横丝垂直于仪器的竖轴对水准仪来说是一项次要条件，如果误差不是特别明显，一般不必校正，在观测时用横丝的十字丝交点进行读数，就可减少这项误差的影响。

三、水准管轴的检验与校正

（1）检校目的　使水准管轴平行于望远镜的视准轴。

（2）检验方法　如图2-26所示，在平坦地面 C 点处安置水准仪，从仪器向两侧各量出 40～50 m，使 $S_1 = S_2$，定出 A、B 两点，在两点打入木桩或设置尺垫，竖立水准尺。

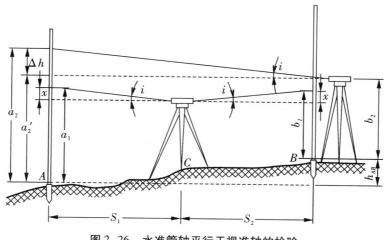

图2-26 水准管轴平行于视准轴的检验

如果视准轴与水准管轴不平行，其夹角为 i，此时，由于仪器至 A、B 两点的距离相等，因此在两尺读数所产生的误差 x 也相等,所以 $h_{AB}=(a_1+x)-(b_1+x)=a_1-b_1$,求高差时 x 抵消了,所得的 h_{AB} 是 A、B 两点的正确高差。

然后把水准仪移到靠近 B 点 2 m 处,精平仪器后,读取 A、B 两点水准尺的读数为 a_2、b_2,再求 A、B 两点的高差 $h'_{AB}=a_2-b_2$,如果 $h_{AB}'=h_{AB}$,则说明视准轴与水准管轴平行;如果 $h'_{AB}\neq h_{AB}$,则说明视准轴与水准管轴不平行,即 i 角存在,i 角的大小为

$$i=\frac{|h'_{AB}-h_{AB}|}{D_{AB}}\rho \tag{2-21}$$

如果 i 角大于 $20''$,则需要校正。

(3)校正方法 水准仪不动,先根据正确高差求出 A 尺的正确读数 $a'_2=b_2+h_{AB}$。

当 $a_2>a'_2$ 说明视准轴向上倾斜;$a_2<a'_2$,说明视准轴向下倾斜。瞄准 A 尺,转动微倾螺旋,使十字丝的横丝切于 A 尺的正确读数 a'_2 处,此时视准轴由倾斜位置改变到水平位置,但水准管气泡不再居中。用校正针拨动水准管一端的校正螺丝使气泡符合,则水准管轴也处于水平位置从而使水准管轴平行于视准轴。校正时先松动左右两校正螺丝,如图 2-27 所示,然后拨上下两校正螺丝使气泡符合。拨动上下校正螺丝时,应先松一个再紧另一个逐渐改正,当最后校正完毕时,所有校正螺丝都应适度旋紧。

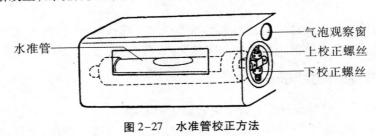

图 2-27 水准管校正方法

任务五 水准测量误差分析

水准测量的误差包括仪器误差、观测误差、外界条件的影响三个方面。在水准测量过程中,应根据误差产生的原因,采取相应措施,尽量减弱或消除其影响。

一、仪器误差

水准仪在使用前应进行严格地检验,但由于检验不完善或其他方面的影响,使仪器存在残余误差。而这种误差大多是系统性的,可以在测量中采取一定的方法加以减弱和消除。例如水准管轴与视准轴不平行的残余误差,可采用前、后等距离观测加以消除。此外水准尺误差如尺长、弯曲、零点误差等,可采用前后视交替放置尺子,凑成偶数站等方法加以消除。

二、观测误差

(1)水准管气泡的居中误差 水准测量时视线的水平是根据水准管气泡居中来实现

的。如果水准管气泡居中存在误差,会造成视线不水平,从而导致读数不准确。水准管居中误差主要与水准管分划值及人眼的分辨率有关。采用附合水准器后,居中精度约提高1倍。消除此项误差的方法是:每次读数时,使水准管气泡严格居中。对于自动安平水准仪的补偿器要经常检查是否起作用。

(2)读数误差 读数的误差与人眼的分辨能力、望远镜放大率、视线长度有关。因此,在水准测量中,应遵循不同等级的水准测量,对望远镜的放大率和最大视线长度的规定,以保证读数的精度。

(3)水准尺倾斜误差 由于水准尺倾斜,将使读数变大。要消除这种误差,扶尺必须认真,使尺子稳且直,有圆水准器的尺子,扶尺时应使气泡居中。

(4)视差对读数的影响 由于水准尺影像与十字丝分划板平面不重合而产生视差,眼睛位置不同,读出的数据不同,会给观测结果带来较大的误差。因此,在观测时,应仔细调节对光螺旋,严格消除视差。

三、外界环境的影响

(1)仪器下沉 仪器安置在土质松软的地面,容易引起仪器下沉,导致视线降低,后、前视读数不在同一水平线上,由后视转为前视时,前视读数变小,引起高差变大,采用"后-前-前-后"的观测顺序可减小其影响。因此水准仪应放在坚实地面上,并将三脚架踩实。

(2)尺垫下沉 观测时如果尺垫下沉,引起下一站后视读数变大,从而引起高差误差,可用往返观测方法,取结果的平均值来减弱其影响。因此,在水准测量时,转点应选在坚实的地面上,并踏实尺垫。

(3)地球曲率的影响 如图 2-28 所示,在水准测量时,用水平面代替大地水准面在水准尺上读数而产生误差,也就是地球曲率对测量高差产生的影响,常用 c 表示,即

$$c = \frac{D^2}{2R} \tag{2-22}$$

式中,D——水准仪到水准尺的距离;

R——地球的半径,取 6 371 km。

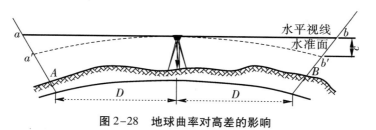

图 2-28 地球曲率对高差的影响

在水准测量中,如果前、后视距离相等,通过高差计算可以消除该项误差的影响。

(4)大气折光的影响 由于地面大气密度的不均匀,视线通过大气时会产生折射,使得水平视线成为一条向下弯曲的曲线,两者之差称为大气折光差,用 r 表示,在稳定的气象条件下,大气折光差约为地球曲率差的1/7,即

$$r = \frac{D^2}{2 \times 7R} \tag{2-23}$$

此项误差对高差的影响,也可以采用前、后视距离相等的方法加以消除。

地球曲率和大气折光是共同存在的,二者对测量高差的共同影响可以用下式计算

$$f = c - r = 0.43 \frac{D^2}{R} \tag{2-24}$$

(5)温度及风力的影响　温度的变化会引起大气折光的变化,以及水准管气泡的不稳定,从而产生气泡居中误差。另外大风容易造成扶尺不稳,水准仪亦难以置平。因此,精密水准测量时必须撑伞,精密水准仪从箱中拿出来后要静置半小时后再开始工作,避免日光直接照射水准管,并避免在大风天气里工作。

四、注意事项

(1)水准测量前,应对水准仪按照要求进行检验和校正。

(2)水准测量过程中应尽量保持前、后视距相等。

(3)水准仪应安置在土质坚实的地方,脚架要踩牢。

(4)每次读数前要仔细对光,消除视差,只有当附合水准管气泡居中后才能读数,读数要迅速、果断、准确,尤其应认真估读毫米数。读完以后,再检查气泡是否居中。

(5)作业时应选择适当观测时间,晴天仪器应打伞防晒,限制视线长度和高度来减少折光的影响。

(6)检定水准尺,检查塔尺相接处是否严密,消除尺底泥土。

(7)扶尺者要双手扶尺,保证扶尺竖直,注意尺上圆气泡居中。

(8)转点应选择在土质坚实处,尺垫应踩实。

(9)记录员应认真记录,边记录边回报数字,防止听错,严禁伪造和传抄。

(10)记录数据时字体要端正、清楚,不得涂改原始记录,有误或记错的数据应划去,再将正确数据写在上方。

(11)每一站观测完后,应当场计算,合格后方能搬站,搬站时应注意仪器和转点的保护。

任务六　三角高程测量

在地形起伏较大的山区,以及高层建筑上的控制点,用水准测量的方法测定其高程较为困难,通常采用三角高程测量的方法。这种方法虽然精度低于水准测量,但不受地面高差的限制,且效率高,所以应用甚广。随着电磁波测距仪的出现与普及,电磁波测距三角高程测量得到广泛应用,其精度可达到四等水准测量的要求。电磁波测距三角高程测量技术要求见表2-6。

表 2-6　电磁波测距三角高程测量的主要技术要求

等级	仪器	测回数		指标差较差/″	垂直角较差/″	对向观测高差较差/mm	附合或环形闭合差/mm
		三丝法	中丝法				
四等	DJ_2	—	3	≤7	≤7	$40\sqrt{D}$	$20\sqrt{\Sigma D}$
五等	DJ_2	1	2	≤10	≤10	$60\sqrt{D}$	$30\sqrt{\Sigma D}$

注:D 为电磁波测距边长度(km)

一、三角高程的测量原理

三角高程测量是根据已知点高程及两点间的竖直角和距离,通过利用三角函数公式计算两点间高差,进而求出未知点高程。

如图 2-29 所示,已知 A 点高程 H_A,欲测定 B 点高程 H_B,在 A 点安置经纬仪,在 B 点竖立觇标或棱镜,用望远镜中丝瞄准觇标的顶部,测得竖直角 α,量取仪器高 i 和觇标高 v,根据 A、B 两点间的距离 D,即可算出两点间的高差: $h_{AB} = D\tan\alpha + i - v$。

若用测距仪测得 A、B 两点斜距 S,则 $h_{AB} = S\sin\alpha + i - v$

B 点高程

$$H_B = H_A + h_{AB} = H_A + D\tan\alpha + i - v \qquad (2-25)$$

或

$$H_B = H_A + h_{AB} = H_A + S\sin\alpha + i - v \qquad (2-26)$$

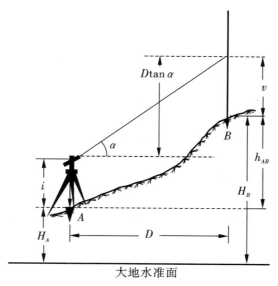

图 2-29　三角高程的测量原理

当 A、B 两点距离大于 300 m 时,应考虑地球曲率和大气折光的影响,也称为两差改正或球气差改正。用 f 表示,其值为

$$f = 0.43 \frac{D^2}{R} \tag{2-27}$$

式中, D——两点间水平距离;

R —— 6 371 km。

加球气差改正数的高程计算公式: $H_B = H_A + h_{AB} + f = H_A + D\tan\alpha + i - v + f$

为了提高观测精度,三角高程测量一般进行往、返观测,即由 A 向 B ,再由 B 向 A 观测,这种观测称为对向观测,采用对向观测后取平均的方法,可以抵消球气差的影响。

二、观测与计算

1.观测与记录

(1)安置经纬仪于测站 A 上,量取仪器高和目标高。

(2)用盘左、盘右读取竖直度盘读数,测出竖直角。

(3)用电磁波测距仪测出斜距 S 。

(4)仪器搬到 B 点,瞄准 A 点,同法进行返测。

2.计算

(1)计算高差:参见表2-7。

表2-7 三角高程测量计算表

测站	A		B	
觇点	B		C	
往返测	往	返	往	返
斜距 S	593. 391 m	593. 400 m	491. 360 m	491. 301 m
竖直角	+11°32′49″	-11°33′06″	+6°41′48″	-6°42′04″
仪器高 I	1.440 m	1.491 m	1.491 m	1.502 m
目标高 V	1.502 m	1.400 m	1.522 m	1.441 m
两差改正数	0.022 m	0.022 m	0.016 m	0.016 m
单项高差	+118. 740 m	-118. 716 m	+57. 284 m	-57. 253 m
往返平均高差	+118. 728 m		+57. 268 m	

(2)计算高程。已知 A 点高程为 150. 00 m,则 B 点高程为 150. 00 + 118. 728 = 268. 728 m,

C 点高程为 268. 728+57. 268 = 325. 996 m。

项目小结

本项目主要介绍了水准测量的原理、微倾式水准仪的构造与使用、水准测量施测方法、水准测量成果计算、微倾式水准仪的检验与校正、水准测量误差及注意事项,自动安平水准仪的基本原理和使用方法、精密水准仪、数字水准仪等水准仪的简介。

在认识微倾式水准仪的基础上,重点掌握其使用方法,即水准仪的粗平、瞄准、精平和读数,这是水准测量必备的基本能力,也是学习其他水准仪的基础。

普通水准测量的观测及结果计算与整理是水准测量的核心内容。水准测量的观测步骤、数据记录及计算校核是基本功,结果整理是关键。

思考题

(1)水准仪是根据什么原理测定两点间的高差的?

(2)水准仪的圆水准器和管水准器在水准测量中各有什么作用?

(3)在水准测量中哪些立尺点能放置尺垫,哪些立尺点上不能放置尺垫,为什么?

(4)水准测量时,为什么要将仪器安置在前、后视距离大致相等处,它可以减小或消除哪些误差?

(5)水准测量外业中有哪些测站校核和计算校核?

(6)水准仪应满足哪些条件,其中什么是主要条件?

(7)水准测量中产生误差的因素有哪些? 哪些误差可以通过适当的观测方法或经过计算加以减弱以致消除,哪些误差不能消除?

习 题

(1)已知 A 点的高程 $H_A=489.454$ m,A 点立尺读数为 1.446 m,B 点读数为 1.129 m,C 点读数为 2.331 m,求此时仪器视线高程是多少? H_B 和 H_C 各为多少?

(2)一附合水准路线,已知条件如表 2-8,计算各点的高程。

(3)将水准仪安置在离 A、B 两点等距离处,测得高差 $h=-0.350$ m,将仪器搬到前视点 B 附近时,后视读数 $a=0.995$ m,前视读数 $b=1.340$ m,试问水准管轴是否平行于视准轴? 如果不平行,当水准管气泡居中时,视准轴是向上倾斜还是向下倾斜? 如何校正?

表 2-8

点号	测站数 (n)	实测高差 /m	高差改正数/m	改正后高差/m	高程 /m	备注
A					54.886	已知
1	5	+1.940				
2	7	+2.892				
3	7	−4.498				
B	6	+3.254			58.428	已知
总和						

▌ 实训题

1. 水准仪的认识与使用

(1)目的要求:掌握水准仪的结构与使用方法。

(2)实训内容

1)熟悉 DS₃ 水准仪的一般构造,主要部件的名称、作用和使用方法。

2)练习水准仪的安置、瞄准、精平和读数及高差计算的方法。

(3)仪器及工具:DS₃ 水准仪 1 台,双面水准尺 1 对,尺垫 2 块,记录板 1 块;自备铅笔、小刀、记录表格和计算器等。

(4)方法提示

1)安置仪器于 A、B 两点之间,用脚螺旋粗略整平。

2)对照仪器,认出准星和照门、目镜调焦螺旋、对光螺旋、水准管、制动和微动螺旋、微倾螺旋,并了解它们的作用和使用方法。

3)转动目镜调焦螺旋,使十字丝清晰。

4)利用准星和照门粗瞄后视点 A 的水准尺。

5)转动对光螺旋看清水准尺,利用微动螺旋和十字丝精确照准水准尺,并消除视差。

6)转动微倾螺旋使水准管气泡居中,读取后视读数,并记录。

7)按 4)~6)项读取 B 点的前视读数。

(5)注意事项

1)水准尺应保持竖直,并以尺面正对仪器。

2)观测者读数时要注意水准管气泡是否精确居中,视差是否消除。中丝读数不要错用上丝或下丝。

（6）上交资料：每人上交水准仪的认识与使用实训记录表2-9一份。

表2-9

点　号	后视读数/m	前视读数/m	高　差		备　注
			+	-	
观 测 记 录					

2. 水准路线测量与成果整理

（1）实训目的：掌握水准路线测量的观测、记录方法和水准路线成果整理的方法。

（2）内容

1）每组施测一条4~6点的闭合水准路线，假定起点高程为50.00 m。

2）计算闭合水准路线的高差闭合差，并进行高差闭合差的调整和高程计算。

（3）仪器及工具：DS₃水准仪1台，双面水准尺1对，尺垫2块，记录板1块；自备计算器、铅笔、小刀、记录表格等。

（4）方法提示

1）由指导教师选定一条4~6点组成的闭合水准路线。

2）在起点（后视点）和转点1的等距离处安置水准仪，照准后视点上的水准尺，消除视差、精平后读取后视读数；瞄准前视点上的水准尺，同法读取前视读数，分别记录并计算其高差。

3）将水准仪搬至转点1与转点2的等距离处安置，同上法在转点1上读取后视读数、转点2上读取前视读数，分别记录并计算其高差。

4）同法继续进行，经过所有的待测点后回到起点。若相邻两点间的距离较短且高差不大时，可将水准尺直接立在待测点上而不设置转点。

5）检核计算。即计算后视读数总和减去前视读数总和是否等于高差的总和，若不相等，说明计算过程中有错，应重新计算。

6）把相邻点的总高差和总测站数记入水准路线计算表的相应栏中，若计算出的高差闭合差小于其容许误差，即可计算高差的改正数和改正后的高差，最后计算各待测点的高程。

（5）注意事项

1）读中丝读数时一律读四位数，即米、分米、厘米和毫米。

2）起点和待测点不能放置尺垫；观测前观测者一定要弄清水准尺分划和注记形式；读数时扶尺者将水准尺立直，观测者要注意精平和消除视差。

3）读完后视读数，仪器不能动；读完前视读数，前视尺垫不能动。

4）本实验最好在图根控制测量的导线点上进行,为导线点提供高程数据,供地形测量时使用。

（6）上交资料:每组上交水准测量记录表及水准路线成果计算表一份,见表2-10。

表2-10

日期:_____年___月___日　天气:_____　仪器型号:_____　组号:_____

观测者:_____　　记录者:_____　　立尺者:_____

测　点	水准尺读数/m		高　差 h/m		高　程 /m	备　注
	后视 a/m	前视 b/m	+	-		
						起点高程设 为 50.000 m
$\sum$						
计算校核			$\sum a - \sum b =$		$\sum h =$	

3.水准仪的检验与校正

(1)实训目的

1)了解 DS₃ 水准仪的主要轴线及它们之间应满足的几何条件。

2)基本掌握 DS₃ 水准仪的检验和校正方法。

(2)实训内容:每组完成 DS₃ 水准仪的圆水准器、十字丝横丝、水准管平行于视准轴(i 角)三项基本检验。

(3)仪器设备:每组 DS₃ 水准仪 1 台、水准尺 1 对、皮尺 1 把、记录板 1 个。

(4)实训要点及流程

1)要点:进行 i 角检验时,要仔细测量,保证精度,才能把仪器误差与观测误差区分开来。

2)流程:圆水准器检校——十字丝横丝检校——水准管平行于视准轴(i 角)检校。

(5)注意事项

1)各项检验和校正的顺序不能颠倒,在检校过程中同时填写实习报告。

2)学生只做检验不做校正,如若校正,应在教师指导下进行,校正过程中应当认真、细心。

(6)上交资料:每组上交下列资料一份。

1)圆水准器的检验。圆水准器气泡居中后,将望远镜旋转 180°后,气泡_____(填"居中"或"不居中")。

2)十字丝横丝检验。在墙上找一点,使其恰好位于水准仪望远镜十字丝左端的横丝上,旋转水平微动螺旋,用望远镜右端对准该点,观察该点_____(填"是"或"否")仍位于十字丝右端的横丝上。

3)水准管平行于视准轴(i 角)的检验。检验数据填入表 2-11。

表 2-11

仪器位置	立尺点	水准尺读数	高　差	平均高差	是否要校正
仪器在 *A*、*B* 点中间位置	A				
	B				
变更仪器高后	A				
	B				
仪器在离 *B* 点较近的位置	A				
	B				
变更仪器高后	A				
	B				

角度测量

角度测量是测量的三项基本工作之一。它分为水平角和竖直角观测。水平角观测用于确定地面点的位置，竖直角观测用于间接确定地面点的高程和点之间的距离。用于观测角度的仪器称为经纬仪，其种类很多，使用方法也不同；目前一般建筑工程施工中常用光学经纬仪，电子经纬仪、全站仪的应用也越来越广泛。

任务一　水平角和竖直角的观测原理

一、水平角的测量原理

（一）水平角的定义

地面上一点至任意两个目标的方向线垂直投影到水平面上所成的角称为水平角。它也是过两条方向线的铅垂面所夹的两面角。

如图 3-1 所示，A、O、B 是地面上位置不同的三个点，其沿铅垂线投影到水平面 P 上得到相应的三个投影点 A_1、O_1、B_1，则水平投影线 O_1A_1 与 O_1B_1 所构成的角 β 就是地面上从 O 点至 A、B 两点的方向线的水平角，同时还可看出它也是过 OA、OB 两方向线的铅垂面的两面角。

水平角的取值范围为 $0° \sim 360°$。

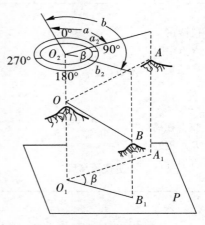

图 3-1　水平角测量原理

（二）水平角的测量原理

为测定水平角 β 的大小，可在过 O 点的铅垂线 OO_1 任意点位置上放置一个水平的、有刻度的、带注记的圆盘，即水平度盘，并使其圆心 O_2 过 OO_1，此时过 OA、OB 的铅垂面与水平度盘的交线为 O_2a_2、O_2b_2，则 $\angle a_2O_2b_2$ 即为 β。设两个铅垂面与顺时针分划的水平度盘的交线的读数分别为 a、b，则所求得水平角 β 为

$$\beta = b - a \tag{3-1}$$

二、竖直角的测量原理

（一）竖直角的定义

在测量学中将测站点至目标点的视线与同一竖直面内的水平线之间的夹角称为竖直角，也称为倾斜角或高度角。

竖直角有仰角和俯角之分。夹角在水平线以上称为仰角，角值为正，如图 3-2 中的 α_1；夹角在水平线以下称为俯角，角值为负，如图 3-2 中的 α_2。竖直角的取值范围为 $0° \sim \pm 90°$。

视线与测站点天顶方向之间的夹角称为天顶距。图 3-2 中以 Z 表示，其角值为 $0° \sim 180°$，均为正值。它与竖直角的关系如下

$$\alpha = 90° - Z \tag{3-2}$$

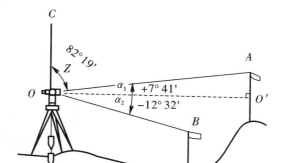

图 3-2　竖直角的测量原理

（二）竖直角的测量原理

为获得竖直角的大小，假想在过 O 点的铅垂线上安置一个竖直刻度竖盘，通过瞄准设备和读数设备可分别读出目标视线的读数 m 和水平视线的读数 n，则竖直角 α 为

$$\alpha = m - n \tag{3-3}$$

根据以上原理设计的经纬仪，就是可以完成观测水平角和竖直角的测角仪器。

任务二　经纬仪的使用

经纬仪的种类很多,但其基本构造大致相同。

我国生产的光学经纬仪按精度不同分为 DJ_{07}、DJ_1、DJ_2、DJ_6 和 DJ_{15} 等几个级别。其中"D""J"分别是"大地测量"和"经纬仪"汉语拼音的第一个字母大写,数字"07""1""2"等表示仪器的精度等级,即该仪器的一测回方向观测中误差的秒值。目前在建筑工程测量中常用的有 DJ_2 和 DJ_6 两种类型。

一、光学经纬仪的构造及读数

(一)光学经纬仪的构造

各种型号的光学经纬仪基本构造大致相同(图3-3、图3-4),主要由照准部、水平度盘和基座三部分组成。

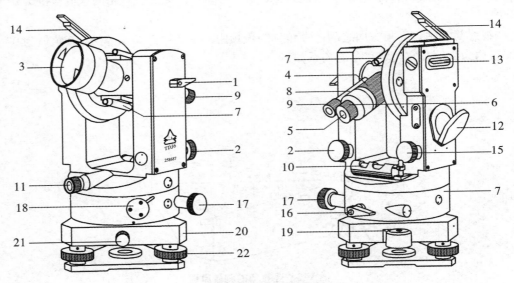

图3-3　DJ_6 光学经纬仪

1-望远镜制动螺旋;2-望远镜微动螺旋;3-物镜;4-物镜调焦螺旋;5-目镜;6-目镜调焦螺旋;7-光学瞄准器;8-度盘读数显微镜;9-度盘读数显微镜调焦螺旋;10-照准部管水准器;11-光学对中器目镜;12-度盘照明反光镜;13-竖盘指标管水准器;14-竖盘指标管水准器观察反射镜;15-竖盘指标管水准器微动螺旋;16-水平方向制动螺旋;17-水平方向微动螺旋;18-水平度盘变换螺旋与保护卡;19-基座圆水准器;20-基座;21-轴套固定螺旋;22-脚螺旋

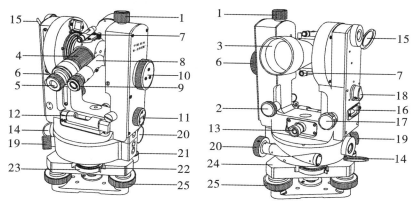

图 3-4   DJ₂ 光学经纬仪

1-望远镜制动螺旋；2-望远镜微动螺旋；3-物镜；4-物镜调焦螺旋；5-目镜；6-目镜调焦螺旋；7-光学瞄准器；8-度盘读数显微镜；9-度盘读数显微镜调焦螺旋；10-测微轮；11-水平度盘与竖直度盘换像手轮；12-照准部水准器；13-光学对中器；14-水平度盘照明镜；15-垂直度盘照明镜；16-竖盘指标管水准器进光窗口；17-竖盘指标管水准器微动螺旋；18-竖盘指标管水准气泡观察窗；19-水平制动螺旋；20-水平微动螺旋；21-基座圆水准器；22-水平度盘位置变换手轮；23-水平度盘位置变换手轮护盖；24-基座；25-脚螺旋

（1）照准部　照准部是仪器上部可转动部分的总称，是光学经纬仪的重要组成部分。照准部主要由望远镜、竖直度盘、照准部水准管、读数设备、旋转制动螺旋、支架和光学对中器等组成。

1）望远镜　经纬仪的望远镜是为了精确瞄准目标，为定位方便还专门设计了十字丝分划板，见图 3-5。

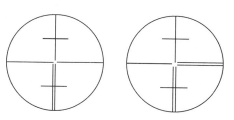

图 3-5　经纬仪的十字丝分划板

望远镜的旋转轴称为横轴，并通过其安装在支架上。通过调节望远镜制动螺旋和微动螺旋，可以控制望远镜在竖直面内的转动。

2）竖直度盘　竖直度盘一般由光学玻璃制成，用于观测竖直角。竖直度盘固定在横轴的一端，随望远镜仪器一起转动。不同型号的经纬仪，竖直度盘的分划注记也可能不同，可分为顺时针和逆时针两种形式。

3）照准部管水准器　照准部管水准器用于精确整平仪器。一般的经纬仪还装有圆水准器，用于配合整平仪器。

4）光学对中器　光学对中器用于使水平度盘的中心位于测站点的铅垂线上。

照准部的下部是一个插在轴座内的竖轴，整个照准部可在轴座内任意做水平方向的旋转。

（2）水平度盘　水平度盘一般也是由光学玻璃制成，装在竖轴上，在测角过程中和照准部分离，不随照准部一起转动，当望远镜照准不同方向的目标时，移动的读数指标线便可在固定不动的度盘上读得不同的度盘读数即方向值。如需变换度盘位置时,可利用仪器上的度盘变换手轮或复测扳手,把度盘变换到需要的读数上。

水平度盘的边缘上按顺时针方向均匀刻有 0°～360° 的分划线,相邻两分划线之间的格值为 1° 或 30′。

(3)基座 基座用于支撑整个仪器,并通过中心螺旋将经纬仪固定在三角架上。

基座上有三个脚螺旋用于整平仪器。

(二)光学经纬仪的读数装置与读数方法

光学经纬仪的水平度盘和竖直度盘的分划线通过一系列的棱镜和透镜,成像于读数显微镜内,观测者可以通过读数窗读取度盘读数。DJ$_6$光学经纬仪在读数窗中能同时看到竖直度盘和水平度盘两种影像,而 DJ$_2$光学经纬仪的读数窗内只能看到竖直度盘或水平度盘中的一种影像,读数时必须通过换像手轮选择所需的度盘影像。由于度盘尺寸有限,因此分划精度也有限,为实现精密测角,要借助光学测微技术。不同的测微技术读数方法也不一样,下面分别予以介绍。

(1)分微尺测微器及其读数方法 分微尺测微器结构简单,读数方便,目前大部分 DJ$_6$光学经纬仪都采用这种测微器。

如图 3-6 所示,在读数显微镜中可以看到注有"水平(或 H)"和"竖直(或 V)"的两个读数窗,每一读数窗上有一条刻有 60 小格的测微尺,每小格为 1′,全长为 1°,可估读到 0.1′。读数时,先读出位于分微尺 60 小格区间内的度盘分划线的度注记值,再以度盘分划线为指标,在分微尺上读出不足 1° 的分数,并估读秒数(秒数必须为 6″ 的倍数即0.1′ 的倍数)。图 3-6 所示的水平度盘的读数为214°54′42″,竖直度盘的读数为 79°05′30″。

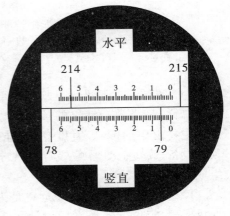

图 3-6 带分微尺测微器的读数窗

(2)对径符合读数装置及其读数 DJ$_2$光学经纬仪采用对径符合读数方法,即在水平度盘或竖直度盘的相差 180° 的位置取得两个度盘读数的平均值,由此可以消除度盘偏心误差的影响,以提高读数精度。

为使读数方便和不易出错,现在生产的 DJ$_2$级光学经纬仪,一般采用图 3-7 所示的读数窗。度盘对径分划像及度数和 10′ 的影像分别出现于两个窗口,另一窗口为测微器读数。当转动测微轮使对径上、下分划对齐以后,从度盘读数窗读取度数和 10′ 数,从测微器窗口读取分数和秒数(可估读至 0.1″)。如图 3-7 所示的读数分别为 $28°10′+4′24.2″=28°14′24.2″$,$123°40′+8′12.3″=123°48′12.3″$。

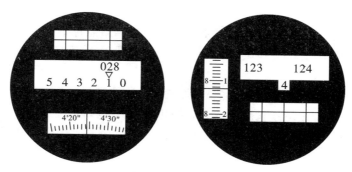

图 3-7　对径符合读数装置读数窗

（三）角度观测其他辅助工具

为精确进行角度观测,还需要其他的辅助工具。标杆、测钎和觇牌均为常用的照准工具,有时也可悬吊垂球用铅垂线作为瞄准标志(图 3-8)。一般测钎常用于测站较近的目标,标杆常用于较远的目标;觇牌远近均适合,但一般常与棱镜结合用于电子经纬仪或全站仪。

通常将标杆、测钎的尖端对准目标点的标志,并尽量竖直立好以方便瞄准。觇牌要连接在基座上并通过连接螺旋固定在三脚架上使用,并通过基座上的脚螺旋和光学对中器进行精确整平对中。

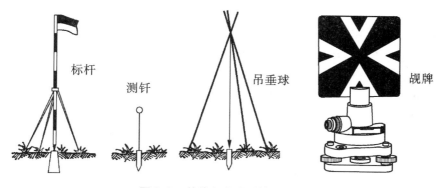

图 3-8　其他角度观测辅助工具

二、光学经纬仪的使用

经纬仪的使用主要包括安置经纬仪、照准目标、读数等操作步骤。

（一）安置经纬仪

进行角度观测时,首先要在测站上安置经纬仪,即进行对中和整平。对中是使仪器中心(准确说是水平度盘的中心)与测站点的标志中心位于同一铅垂线上;整平则是为了使水平度盘处于水平状态。对中和整平两个基本操作既相互影响又相互联系。

（1）对中　经纬仪的对中方式有以下两种。

1)垂球对中

①在测站点上打开三脚架,并目估使架顶中心与测站点标志中心大致对准。注意此时三脚架的高度要方便观察和读数,架头要大致水平,三个脚至测站点的距离要大致相等。

②打开仪器箱,将仪器放在架头上,并拧紧中心连接螺旋。

③挂上垂球,调整垂球线长度至标志点的高差为 2～3 mm。

④当垂球尖端距测站点稍远时,可平移三脚架或以一只脚为中心将另外两只脚抬起以前后推拉和左右旋转的方式使垂球尖大致对准测站点,然后将架脚尖踩入土中。

⑤松开中心连接螺旋,在架头上缓慢移动仪器使垂球尖精确对准测站点。

用垂球对中的误差一般可控制在 3 mm 以内,但误差仍相对较大,一般适用于初学者或精度要求不高的情况下。

2)光学对中器对中

①在测站点上打开三脚架,使架头高度适中,并目估使架头大致水平,而后用垂球或目估使架头中心与测站点标志中心大致对准。

②连接经纬仪,调整光学对中器使对中标志清晰及地面点成像清晰。

③通过光学对中器瞄准地面并轻提三脚架的两只脚,以另一只脚为中心移动,直至对中器分划板的对中标志中心与测站中心大致重合,而后放下三脚架并踩实。

④调节脚螺旋使测站点标志中心与对中器分划板的对中标志中心严格重合。

⑤调整三脚架的相应架腿使圆水准器气泡大致居中。整平仪器,使照准部管水准器在相互垂直的两个方向的气泡都居中。

⑥检查对中器标志中心与观测站标志中心是否重合。当偏移较小时,可稍微松开中心连接螺旋,在架头上平移(不得旋转)仪器,使之重合。重复⑤⑥步,直至仪器既对中又整平。

⑦当偏移较大时重复③④⑤⑥步。

用光学对中器对中的误差一般可控制在 1 mm 以内。目前的经纬仪一般均采用该种方法。

(2)整平

1)转动仪器使管水准器大致平行于其中任意两个脚螺旋的连线方向,如图 3-9(a)所示。

2)两只手同时相反或相对移动这两只脚螺旋,使管水准器气泡居中(左手大拇指的移动方向与气泡的移动方向一致)。

3)将照准部旋转 90°,如图 3-9(b)所示,然后转动第三只脚螺旋,使管水准器气泡居中。

4)重复上述步骤直至管水准器气泡在任意位置偏移均不超过一格为止。

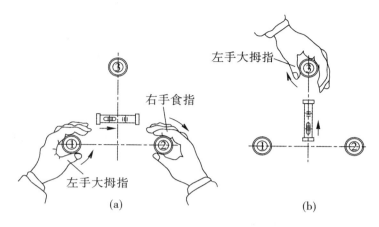

图 3-9 经纬仪整平

无论采用哪种对中方式,对中和整平均须反复操作直至仪器既对中又整平为止。

(二)照准目标

照准目标就是用望远镜十字丝分划板的竖丝对准观测标志。步骤如下。

(1)松开照准部和望远镜制动螺旋,将望远镜对准明亮背景,调整望远镜目镜调焦螺旋,使十字丝最清晰。

(2)利用望远镜上的瞄准器粗略对准目标,而后旋紧照准部水平制动螺旋和望远镜制动螺旋。

(3)调整望远镜物镜调焦螺旋,使观测标志影像清晰。同时要注意消除视差。所谓视差,就是当目镜、物镜对光不够精细时,目标的影像不在十字丝平面上,以致两者不能被同时看清。视差的存在会影响瞄准和读数精度,必须加以检查并消除。检查时用眼睛在目镜端上、下稍微移动,若十字丝和水准尺成像有相对移动现象,说明视差存在。消除视差的方法是仔细地进行目镜和物镜的调焦,直至眼睛上下移动读数不变为止。

(4)调整照准部水平微动螺旋和望远镜微动螺旋,使十字丝分划板的竖丝对准或夹住观测标志,如图 3-10 所示。注意要尽量瞄准观测标志的底部。

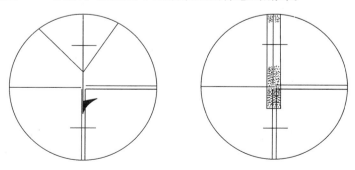

图 3-10 照准目标

(三)读数

打开度盘照明反光镜并调整方向,使读数窗亮度适中,再调整显微镜调焦螺旋使度盘影像分划清晰,而后根据仪器的读数装置按前述方法读取度盘读数。

另外,还可以利用水平度盘位置变换手轮使度盘读数置于预定的数值,即置数。

三、电子经纬仪

电子经纬仪是在光学经纬仪基础上发展起来的新一代的测角仪器,是利用电子测角原理,自动把度盘的角值以液晶方式显示在屏幕上。图 3-11 所示为南方测绘仪器公司生产的 ET-02 电子经纬仪的外观构造和部件名称。

与光学经纬仪相比,电子经纬仪有以下特点。

(1)采用电子测角系统,能自动显示测量结果,避免了观测误差,减少了外业劳动强度,提高了工作效率。

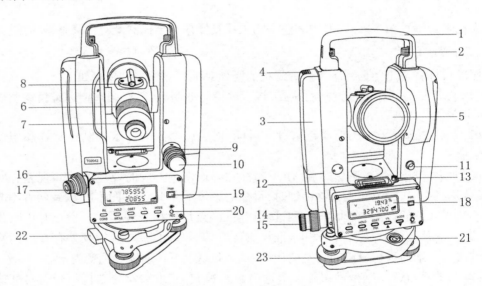

图 3-11　ET-02 电子经纬仪

1-提柄;2-提柄固定螺丝;3-机载电池;4-机载电池按钮;5-望远镜物镜;6-望远镜调焦螺旋;7-望远镜目镜;8-粗瞄准器;9-垂直微动手轮;10-垂直制动螺旋;11-测距仪数据接口;12-照准部水准管;13-照准部水准管校正螺丝;14-照准部水平微动螺旋;15-照准部水平制动螺旋;16-光学对中器调焦螺旋;17-光学对中器目镜;18-显示窗;19-电源开关键;20-照明开关;21-圆水准器;22-基座固定扳手;23-脚螺旋

(2)现代电子经纬仪具有三轴自动补偿功能,可以自动测定仪器的横轴误差、竖轴误差,并能自动对角度观测值警醒改正。

(3)电子经纬仪可以与其他的光电测距仪结合,组成全站型电子速测仪,配合适当的接口,实现测量、计算、成图的自动化和一体化。

电子经纬仪在结构上和外观上与光学经纬仪基本相同,使用方法与光学经纬仪也基本相同,除读数在屏幕上直接读取外,其他操作步骤与光学经纬仪完全相同,也是包括安置仪器、照准目标和读数三个步骤。

四、激光经纬仪

激光经纬仪是在普通经纬仪的基础上安装激光装置,将激光器发出的激光束导入经纬仪望远镜内,使之沿着视线方向射出一条可见的激光光束。激光经纬仪主要用于准直测量,准直测量就是定出一条标准的直线,作为土建安装等施工放样的基准线。

激光经纬仪除可以提供一条可见的激光光束外,还具有光学经纬仪的所有功能。该激光束射程远、直径变化小,是理想的定位基准线,既可用于一般的准直测量,又可用于竖向准直测量,可以广泛应用于高层建筑的轴线投测、隧道测量、大型管线的铺设、桥梁工程、大型船舶制造等领域。

图 3-12 所示为苏州一光仪器有限公司生产的 J_2-JDB 激光经纬仪。J_2-JDB 激光经纬仪是在 DJ_2 光学经纬仪上设置了一个半导体激光发射装置,将发射的激光导入望远镜的视准轴方向,从望远镜物镜端发射,当用于倾斜角很大的测量作业时,可以安装上随机附件弯管目镜,见图 3-12(a);为了使目标处的激光光斑更加清晰,以提高测量精度,可以使用随机附件激光觇牌,见图 3-12(c)。

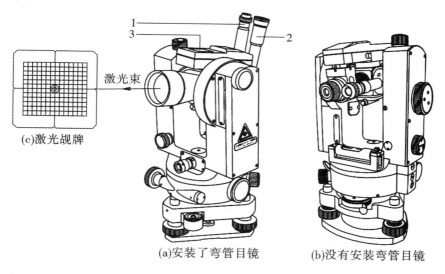

图 3-12 J_2-JDB 激光经纬仪

1-弯管显微镜;2-弯管目镜;3-半导体激光发射装置

使用激光经纬仪时,应注意以下事项。

(1)电源线的连接要正确,特别要注意正负极不要接反。使用前要预热半小时,以改善激光束的飘移。

(2)使用完毕,先关上电源开关,待指示灯熄灭,激光器停止工作后,再拉开电源。

(3)长期不使用仪器时,应每月通电一次,使激光器点亮半小时。仪器若发生故障,须由专业维修人员修理，不要轻易拆卸仪器零件。

五、全站仪

全站仪是全站型电子速测仪的简称，是由电子经纬仪、光电测距仪、微型计算机及其软件组合而成的智能型光电测量仪器，其结构如图3-13所示。世界上第一台商品化的全站仪是1968年西德OPTON公司生产的Reg Elda14。图3-14所示为南方测绘仪器公司生产的NTS-355中文界面全站仪。

全站仪的基本功能是测量水平角、竖直角和斜距，借助于机内固化的软件，可以组成多种测量功能，如可以计算并显示平距、高差以及镜站点的三维坐标，进行偏心测量、悬高测量、对边测量、面积计算等。全站仪具有如下特点。

（1）三同轴望远镜　在全站仪的望远镜中，照准目标的视准轴、光电测距的红外光发射光轴和接收光轴是同轴的，其光路如图3-15所示。因此，测量时使望远镜照准目标棱镜的中心，就能同时测定水平角、垂直角和斜距。

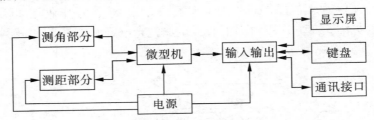

图3-13　全站仪结构组成示意

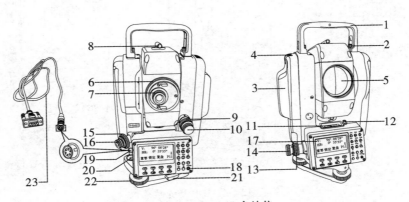

图3-14　NTS-355全站仪

1—提柄；2—提柄固定螺丝；3—机载电池；4—机载电池按钮；5—望远镜物镜；6—望远镜调焦螺旋；7—望远镜目镜；8—粗瞄准器；9—垂直微动手轮；10—垂直制动螺旋；11—照准部水准管；12—照准部水准管校正螺丝；13—照准部水平微动螺旋；14—照准部水平制动螺旋；15—光学对中器调焦螺旋；16—光学对中器目镜；17—显示窗；18—操作键盘；19—数据输入输出插口；20—圆水准器；21—基座固定杆；22—脚螺旋；23—数据输入输出线

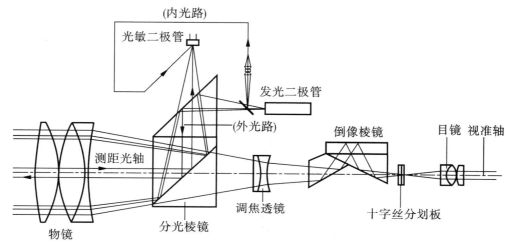

图 3-15　全站仪的望远镜光路示意

（2）键盘操作　全站仪测量通过键盘输入指令进行操作，如图 3-16 所示为 NTS-355 全站仪的操作键盘。键盘上的键分为软键与硬键两种，每个硬键有一个固定功能，或兼有第二、第三个功能；软键的功能通过屏幕下方一行相应位置显示的字符提示，在不同的菜单下软键一般具有不同的功能。现在一般的全站仪的操作界面多采用全中文显示，使用更为简单。

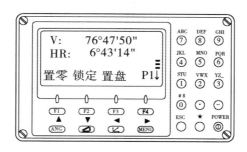

图 3-16　NTS-355 全站仪的操作键盘

（3）数据存储与通信　目前使用的全站仪都带有可以存储一定观测数据的内存，有些还配有存储卡以增加存储容量。

仪器上一般还设有一个 RS232-C 通信接口，使用专用连接线实现与计算机或电子手簿的连接，并通过专用软件或 CASS 软件实现全站仪与计算机的数据双向传输。

（4）倾斜传感器　当仪器未精确整平而使竖轴倾斜时，不能通过盘左、盘右观测取平均值的方法消除误差。为消除竖轴倾斜对角度观测数据的影响，全站仪上一般设置有电子倾斜传感器，当它打开时，可以自动测出仪器倾斜的角度值，据此计算出对角度观测的影响值并显示出来，同时自动对角度观测值进行修正。

新型的全站仪有些还具有自动打印、自动调焦、自动目标识别、自动跟踪等功能，使全站仪的操作更简便。

目前全站仪的种类很多,其操作也各不相同,具体使用时要首先阅读其附带的说明书,熟悉其功能后再使用。

任务三 角度观测方法

一、水平角观测

水平角的观测方法一般应根据照准目标的多少确定,常用的有测回法和方向观测法两种。

(一)测回法

测回法适用于观测只有两个方向的单个水平角。如图 3-17 所示,A、O、B 分别为地面上的三点,欲观测 OA 和 OB 两方向线之间的水平角,其操作步骤如下。

(1)安置经纬仪于测站点 O 上,对中、整平。

(2)将经纬仪置于盘左位置(竖盘在望远镜观测方向的左侧,也称正镜),照准目标 A 读取读数 $a_左$,顺时针旋转照准部,望远镜照准目标 B 读取读数 $b_左$,以上称为上半测回。上半测回测得角值为

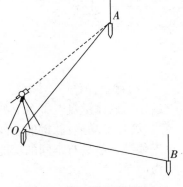

图 3-17 测回法观测水平角

$$\beta_左 = b_左 - a_左 \tag{3-4}$$

(3)倒转望远镜成盘右位置(竖盘在望远镜观测方向的右侧,也称倒镜),照准目标 B 读取读数 $b_右$,按逆时针方向旋转望远镜照准目标 A,读取读数 $a_右$,以上称为下半测回。下半测回测得角值为

$$\beta_右 = b_右 - a_右 \tag{3-5}$$

上、下半测回合称为一个测回,当两个半测回角值之差不超过限差(DJ$_6$经纬仪一般取 $\pm 40''$)要求时,取其平均值作为一测回观测成果,即

$$\beta = \frac{1}{2}(\beta_左 + \beta_右) \tag{3-6}$$

为提高观测精度,一般需进行多测回观测;为了减少度盘分划不均匀形成的误差的影响,各测回应均匀分配在度盘不同位置进行观测。一般将第一测回起始目标的度盘读数设至略大于 0° 附近,其他各测回间按 $180°/n$ 的差值递增设置度盘起始位置,n 为测回数。各测回角度之差称为测回差,用 DJ$_6$ 光学经纬仪观测时,其测回差不得超过 $\pm 40''$。当测回差满足限差要求时,取各测回平均值作为本测站水平角观测成果。表 3-1 为测回法测角的记录和计算示例。

表 3-1　水平角观测手簿（测回法）

观测日期_____　天气状况_____　工程名称_____

仪器型号_____　观测者_____　记录者_____

测站	测回	竖盘位置	目标	水平度盘读数 ° ′ ″	半测回角值 ° ′ ″	一测回角值 ° ′ ″	各测回平均角值 ° ′ ″	备注
O	1	左	A	0　02 18	79 22 24	79 22 18	79　22　22	
			B	79 24 42				
		右	A	180 02 24	79 22 12			
			B	259 24 36				
O	2	左	A	90 02 24	79 22 36	79 22 27		
			B	169 25 00				
		右	A	270 02 30	79 22 18			
			B	349 24 48				

注：表中两个半测回角值之差及各测回角值之差均不超过限差

（二）方向观测法

当一个测站上需要观测多个角度，即观测方向在三个或三个以上时，通常采用方向观测法。该方法是以选定的某一方向为起始方向（称为零方向），依次观测出其余各个方向相对于起始方向的方向值，则任意两个方向的观测值之差即为该两方向线之间的水平角值。

下面依图 3-18 所示说明方向观测法的步骤。

（1）测站观测

1）安置经纬仪于测站点 O，精确对中、整平。

2）将度盘置于盘左位置并任选一方向（假定为 A）为起始方向，置度盘读数至略大于 0°，精确瞄准目标并读取此读数。松开照准部水平制动螺旋，顺时针方向依次瞄准目标 B、C、D 并读数。最后再次瞄准起始方向 A（称为归零），并读数。以上为半个测回。两次瞄准起始方向 A 点的读数之差称为"归零差"，对于不同精度等级的仪器，限差要求不同，《工程测量规范》（GB 50026—1993）的规定见表 3-2，其中任何一项限差超限，均应重测。

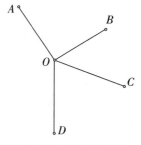

图 3-18　方向观测法观测水平角

3）将度盘置于盘右位置照准起始方向 A，并读数。而后按逆时针方向依次照准目标 D、C、B、A 并读数。以上称为下半测回。

上、下半测回合称一个测回，在同一测回内不能第二次改变水平度盘的位置。当精度要求较高，需测多个测回时，各测回间应按 $180°/n$ 设置度盘起始方向的读数。规范规定超过三个方向数的方向观测法必须归零。

表 3-2 水平角方向观测法的技术要求

等级	仪器型号	半测回归零差 /(″)	一测回 2c 变动范围 /(″)	同一方向值各测回较差 /(″)
一级及以下	DJ$_2$	12	18	12
	DJ$_6$	18	—	24

(2)观测记录计算 方向观测法的观测手簿见表 3-3。上半测回各方向的读数从上向下记录,下半测回各方向读数自下向上记录。

1)归零差的计算 对起始方向,每半测回都应计算"归零差△",并记入表格;若归零差超限,应及时在原来度盘位置上进行重测。

2)两倍视准误差 2c 的计算

$$2c = 盘左读数 - (盘右读数 \pm 180°) \tag{3-7}$$

上式中,盘右读数大于 180°时取"-"号,盘右读数小于 180°时取"+"号。计算各方向的 2c 值,填入表 3-3 第 6 栏。一测回内各方向 2c 值互差不应超过表 3-2 中的规定。如果超限,应在原度盘位置重测。

3)计算各方向的平均读数的计算

$$平均读数 = \frac{1}{2} \left[盘左读数 + (盘右读数 \pm 180°) \right]$$

平均读数又称为各方向的方向值,计算时,以盘左读数为准,将盘右读数加或减 180°后,和盘左读数取平均值。计算各方向的平均读数,填入表 3-3 第 7 栏。起始方向有两个平均读数,故应再取其平均值,填入表 3-3 第 7 栏上方小括号内。

4)归零后方向值的计算 将各方向的平均读数减去起始方向的平均读数(括号内数值),即得各方向的"归零后方向值",填入表 3-3 第 8 栏。起始方向归零后的方向值为零。

5)各测回归零后平均方向值的计算 多测回观测时,同一方向值各测回较差,符合表 3-2 中的规定,则取各测回归零后方向值的平均值,作为该方向的最后结果,填入表 3-3 第 9 栏。

6)水平角角值的计算 相邻方向值之差即为两邻方向所夹的水平角,将第 9 栏相邻两方向值相减即可求得,填入第 10 栏的相应位置上。

表3-3 水平角观测手簿(方向观测法)

观测日期_____ 天气状况_____ 工程名称_____

仪器型号_____ 观测者_____ 记录者_____

| 测站 | 测回 | 目标 | 水平度盘读数 | | 2c | 盘左、盘右平均读数 | 一测回归零方向值 | 各测回平均方向值 | 角值 |
| | | | 盘左 | 盘右 | | | | | |
			° ′ ″	° ′ ″	″	° ′ ″	° ′ ″	° ′ ″	° ′ ″
1	2	3	4	5	6	7	8	9	10
O	1	A	0 01 00	180 01 12	−12	(0 01 14) 0 01 06	0 00 00	0 00 00	91 52 47
		B	91 54 06	271 54 00	+06	91 54 03	91 52 49	91 52 47	61 38 47
		C	153 32 48	333 32 48	0	153 32 48	153 31 34	153 31 34	60 33 22
		D	214 06 12	34 06 06	+06	214 06 09	214 04 55	214 04 56	145 55 04
		A	0 01 24	180 01 18	+06	0 01 21			
		△	24	6					
O	2	A	90 01 12	270 01 24	−12	(90 01 27) 90 01 18	0 00 00		
		B	181 54 06	1 54 18	−12	181 54 12	91 52 45		
		C	243 32 54	63 33 06	−12	243 33 00	153 31 33		
		D	304 06 26	124 06 20	+06	304 06 23	214 04 56		
		A	90 01 36	270 01 36	0	90 01 36			
		△	24	12					

二、竖直角观测

(一)竖直角的观测与计算

(1)竖直角计算公式 光学经纬仪的类型不同,竖直度盘的分划注记方向也不同,在首次使用该仪器测量竖直角之前,要首先判断其竖直度盘的注记方向。方法如下:

如图3-19(a)将竖直度盘置于盘左(正镜)位置,使望远镜大致水平,此时竖盘读数应在90°左右;而后缓慢上仰望远镜,若读数减少则为顺时针注记,若读数增加则为逆时针注记。图 3-19 所示为顺时针注记方式。

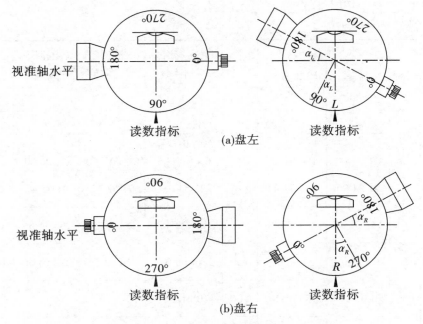

图 3-19　竖直度盘分划示意

若此时度盘读数为 L,则竖直角计算公式为

$$\alpha_L = 90° - L \tag{3-8}$$

同样如图 3-19(b)可以得出盘右时竖直角计算公式为

$$\alpha_R = R - 270° \tag{3-9}$$

同理可得出竖直度盘为逆时针分划时竖直角的计算公式为

$$\alpha_L = L - 90° \tag{3-10}$$

$$\alpha_R = 270° - R \tag{3-11}$$

对于同一标志,由于观测中存在误差,以及仪器本身和外界条件的影响,盘左、盘右所获得的竖直角 δ_L 和 δ_R 不完全相等,则取盘左、盘右的平均值作为竖直角的结果,即

$$\alpha = \frac{1}{2} (\alpha_L + \alpha_R) \tag{3-12}$$

(2)观测、记录与计算

1)竖直角观测

①在测站点上安置仪器,并判断竖盘的注记方式以确定竖直角的计算公式。

②盘左照准标志,使十字丝的中丝切住标志的顶端,如图 3-20 所示,调整竖盘指标水准管微动螺旋,使气泡居中,读取竖盘读数 L。

③盘右照准原标志位置,使竖盘指标水准管居中后,读取竖盘读数 R。

以上观测构成一个竖直角测回。

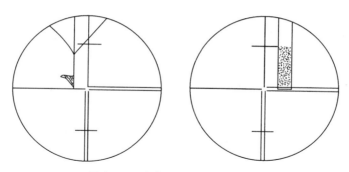

图 3-20 十字丝的中丝照准标志

2）记录与计算 将各观测数据及时填入表 3-4 的竖直角观测手簿并按式（3-8）、式（3-9）或式（3-10）、式（3-11）分别计算半测回竖直角，再按式（3-12）计算出一测回竖直角。

表 3-4 竖直角观测手簿

观测日期_____ 天气状况_____ 工程名称_____

仪器型号_____ 观测者_____ 记录者_____

测站	目标	测回	竖盘位置	竖盘读数 ° ′ ″	半测回竖直角 ° ′ ″	指标差 ″	一测回竖直角 ° ′ ″	各测回竖直角 ° ′ ″	备注
O	A	1	左	81 38 12	+8 21 48	−12	+8 21 36	+8 21 45	竖盘为顺时针注记
			右	278 21 24	+8 21 24				
	A	2	左	81 38 00	+8 22 00	−6	+8 21 54		
			右	278 21 48	+8 21 48				
	B	1	左	96 12 36	−6 12 36	−9	−6 12 45	−6 12 44	
			右	263 47 06	−6 12 54				
	B	2	左	96 12 42	−6 12 42	0	−6 12 42		
			右	263 47 18	−6 12 42				

（二）竖盘读数指标差

当竖盘指标水准管气泡居中且实现水平时，竖盘指标应处于正确位置，即正好指向 90°或 270°，事实上在实际工作中由于仪器制造、运输和长期使用等原因使读数指标偏离正确位置，与正确位置相差一小角值，该角值称为竖直度盘指标差，如图 3-21 所示。

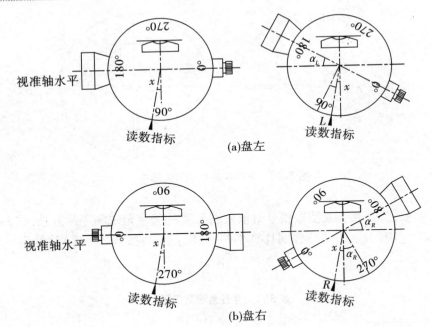

图 3-21 读数、竖直角和指标差的关系

根据图 3-21 可看出竖直度盘指标差对竖直角的影响为

盘左时

$$\alpha_L = 90° - (L - x) = \alpha_L + x \qquad (3-13)$$

盘右时

$$\alpha_R = (R - x) - 270° = \alpha_R - x \qquad (3-14)$$

将式(3-13)和式(3-14)联立求解可得

$$\alpha = \frac{1}{2}(\alpha_L + \alpha_R) = \frac{1}{2}(R - L - 180°) \qquad (3-15)$$

$$x = \frac{1}{2}(\alpha_R - \alpha_L) = \frac{1}{2}(R + L - 360°) \qquad (3-16)$$

从式(3-15)可看出通过盘左、盘右观测取平均值的方法,可以消除竖盘指标差的影响,获得正确的竖直角。

在同一测站的观测中,同一仪器的指标差值应相同,但由于受外界条件和观测误差的影响,使得各方向的指标差值产生变化。因此指标差互差可以反映观测成果的质量。为保证观测精度,对于 DJ$_6$ 光学经纬仪规范规定了在同一测站上不同目标的指标差互差或同方向指标差互差不应超过 25″。否则需重新观测。

目前光学经纬仪为使操作简便及保证观测结果的准确性一般采用竖盘指标自动归零装置。但必须注意正确使用。

任务四　经纬仪和全站仪的检验与校正

一、光学经纬仪的检验与校正

由于光学经纬仪经过长途运输和长期在野外使用,在出厂前所做的严格的检验与校正可能被破坏,因此测量规范要求,在正式作业前应对经纬仪进行检验校正,以使测量成果符合精度要求。光学经纬仪检验和校正的项目较多,但通常只进行主要轴线间的几何关系的检校。

(一)光学经纬仪应满足的几何条件

如图 3-22 所示,光学经纬仪的几何轴线有望远镜的视准轴 CC、横轴 HH、照准部水准管轴 LL 和仪器的竖轴 VV。测量角度时,光学经纬仪应满足下列几何条件。

(1)照准部水准管轴应垂直于竖轴($LL \perp VV$)。

(2)十字丝竖丝应垂直于横轴 HH。

(3)视准轴应垂直于横轴($CC \perp HH$)。

(4)横轴应垂直于竖轴($HH \perp VV$)。

(5)竖盘指标差应等于零。

(6)光学对中器的光学垂线与竖轴重合。

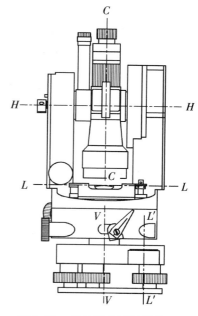

图 3-22　经纬仪主要轴线关系

(二)检验与校正

(1)照准部水准管轴应垂直于竖轴的检验与校正($LL \perp VV$)

1)检验:将仪器大致整平,转动照准部使水准管与两个脚螺旋连线平行。转动脚螺旋使水准管气泡居中,此时水准管轴水平。将照准部旋转180°,若气泡仍然居中,表明条件满足;若气泡偏离大于 1 格,则需进行校正。

2)校正:如图 3-23 所示首先转动与水准管平行的两个脚螺旋,使气泡向中央移动偏离值的一半。再用校正针拨动水准管校正螺丝(注意应先放松一个,再旋紧另一个),使气泡居中,此时水准管轴处于水平位置,竖轴处于铅直位置,即 $LL \perp VV$。此项检验校正需反复进行,直至照准部旋转到任何位置气泡偏离最大不超过 1 格时为止。

(2)十字丝竖丝垂直于横轴的检验与校正

1)检验:整平仪器,以十字丝的交点精确照准任一清晰的小点 P,如图 3-24(a)所示。拧紧照准部和望远镜制动螺旋,转动照准部微动螺旋,使照准部做左、右微动,如果所瞄准的小点始终不偏离横丝,则说明条件满足;若十字丝交点移动的轨迹明显偏离了 P 点,如图 3-24(a)中的虚线所示,则需进行校正。

2)校正:卸下目镜处的外罩,即可见到十字丝分划板校正设备,如图 3-24(b)所示。

松开四个十字丝分划板套筒压环固定螺丝,转动十字丝套筒,直至十字丝横丝始终在 P 点上移动,然后再将压环固定螺丝旋紧。

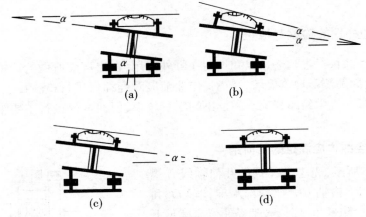

图 3-23　水准管轴垂直于竖轴的校正

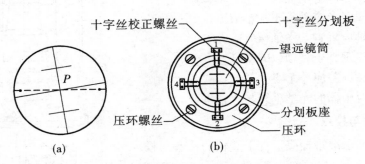

图 3-24　十字丝竖丝垂直于横轴的检验与校正

(3)视准轴垂直于横轴的检验与校正($CC \perp HH$)　视准轴不垂直于横轴所偏离的角度叫照准误差,一般用 c 表示。

1)检验:选择一平坦场地,如图 3-25 所示,在 A、B 两点(相距约 100 m)的中点 O 安置仪器,在 A 点竖立一标志,在 B 点横放一根水准尺或毫米分划尺,使其尽可能与视线 OA 垂直。标志与水准尺的高度大致与仪器同高。首先用盘左位置照准 A 点,固定照准部,然后倒转望远镜成盘右位置,在 B 尺上读数,得 B_1,见图 3-25(a)。再用盘右位置再照准 A 点,固定照准部,倒转望远镜成盘左位置,在 B 尺上读数,得 B_2,见图 3-25(b)。若 B_1、B_2 两点重合,表明条件满足;否则需校正。

2)校正:如图 3-25 所示,由 B_2 点向 B 点量取 $B_1B_2/4$ 的长度,定出 B_3 点。用校正针拨动图 3-24 中左右两个校正螺丝,使十字丝交点与 B_3 点重合。此项检验校正需反复进行,直至满足条件为止。

由此检校可知,盘左、盘右瞄准同一目标并取读数的平均值,可以抵消视准轴误差的影响。

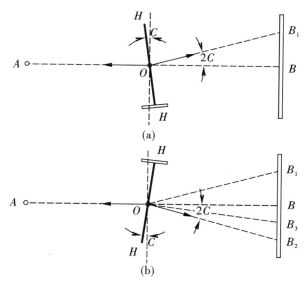

图 3-25　视准轴垂直于横轴的检验与校正

（4）横轴垂直于竖轴的检验与校正（$HH \perp VV$）

1）检验：如图 3-26 所示，在距一洁净的高墙 20 ~ 30 m 处安置仪器，以盘左瞄准墙面高处的一固定点 P，固定照准部，然后大致放平望远镜，按十字丝交点在墙面上定出一点 P_1；同样再以盘右瞄准 P 点，放平望远镜，在墙面上定出一点 P_2。如果 P_1、P_2 两点重合，则满足要求，否则需要进行校正。

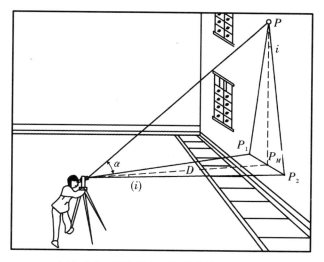

图 3-26　横轴垂直于竖轴的检验与校正

2）校正：由于光学经纬仪的横轴是密封的，一般能够满足横轴与竖轴相垂直的条件，测量人员只要进行此项检验即可，若需校正，应由专业检修人员进行。

（5）竖盘指标差的检验与校正　观测竖直角时，采用盘左、盘右观测并取其平均值，可消除竖盘指标差对竖直角的影响，但在地形测量时，往往只用盘左位置观测碎部点，如果仪器的竖盘指标差较大，就会影响测量成果的质量。因此，应对其进行检校消除。

1）检验：安置仪器，分别用盘左、盘右瞄准高处某一固定目标，在竖盘指标水准管气泡居中后，各自读取竖盘读数 L 和 R。根据公式（3-16）计算指标差 x 值，若 $x=0$，则条件满足；如 x 值超出 $\pm 1'$ 时，应进行校正。

2）校正：检验结束时，保持盘右位置和照准目标点不动，先转动竖盘指标水准管微动螺旋，使盘右竖盘读数对准正确读数 $R-x$，此时竖盘指标水准管气泡偏离居中位置，然后用校正拨针拨动竖盘指标水准管校正螺钉，使气泡居中。反复进行几次，直至竖盘指标差小于 $\pm 1'$ 为止。

（6）光学对中器的光学垂线与竖轴重合的检验与校正　光学对中器有两种形式，即在照准部上和基座上，其检验方式不同，下面仅介绍常见的在照准部上的形式的检验。

1）检验：在平坦的地面上严格整平仪器，在脚架的中央地面上固定一张白纸。对中器调焦，将对中器标志中心投影于白纸上得 P_1。然后转动照准部 $180°$，得对中器标志中心投影 P_2，若 P_1 与 P_2 重合，则条件满足；否则，需校正。

2）校正：取 P_1、P_2 的中点 P，校正直角转向棱镜或对中器分划板，使对中器标志中心对准 P 点。重复检验校正的步骤，直到照准部旋转 $180°$ 后对中器刻划标志中心与地面点无明显偏离为止。

二、全站仪的检验与校正

全站仪属电子精密仪器，其检验与校正一般应送专门检验和维修部门进行。表 3-5 所列检验项目供参考。

表 3-5　全站仪的参考检验项目

序号	检验项目	检定类别	
		新购置及经过维修后	使用中
1	发射、接收、照准三轴关系正确性	+	+
2	内部符合精度	+	+
3	精测频率	+	+
4	周期误差	+	+
5	仪器常数	+	+
6	检定综合精度	+	+
7	调制光相位均匀性	+	±
8	分辨精度	±	−
9	电压-距离特性	±	−

续表 3-5

序号	检验项目	检定类别	
		新购置及经过维修后	使用中
10	幅相误差	±	–
11	测程	±	–
12	整机高低温性能	±	–
13	反射棱镜常数一致性	±	–
14	光学对中器、对中杆	±	–

注："+"为必检项目，"–"为可以不检项目，"±"为根据需要确定检或不检项目

任务五　角度观测误差分析与注意事项

一、角度观测误差分析

在角度观测中影响观测精度的因素很多,主要的有仪器误差、观测误差和外界条件的影响等。

(一)仪器误差

仪器虽经过检验及校正,但总会有残余的误差存在。仪器误差的影响,一般都是系统性的,可以在工作中通过一定的方法予以消除或减小。

仪器误差的主要来源有以下两方面。

(1)仪器制造加工不完善所引起的误差,如水平度盘偏心差、度盘刻划误差等。

(2)仪器检验与校正不完善所引起的误差,如望远镜视准轴不垂直于仪器横轴(也称视准差)、仪器横轴不垂直于竖轴(常称为支架差)、竖轴倾斜等。

这些误差一般都很小,并且大多数都可以在观测过程中采取相应的措施消除或减弱他们的影响。如通过盘左、盘右观测取平均值的方法可以消除水平度盘偏心差、望远镜视准轴不垂直于仪器横轴、仪器横轴不垂直于竖轴等所引起的误差;通过观测多个测回,并在测回间变换度盘位置,使读数均匀地分布在度盘的各个位置,以减小度盘刻划误差;而竖轴倾斜误差不能用盘左、盘右观测取平均值的方法予以消除,因此在观测前应严格检验、校正照准部水准管,观测时要严格整平。

(二)观测误差

(1)仪器对中误差　在水平角观测中,若经纬仪对中有误差,将使仪器中心与标志中心不在同一铅垂线上,造成测角误差。

如图 3-27 所示,仪器在 B 点观测的水平角应为 β,而由于对中偏移距离 e 的原因实际测得角值为 β',则对中误差造成的角度偏差为

$$\Delta\beta = \beta - \beta' = \varepsilon_1 + \varepsilon_2$$

设 $\angle AB'B = \theta$，$AB = D_1$、$BC = D_2$，则

$$\varepsilon_1 \approx \frac{e \cdot \sin\theta}{D_1}\rho$$

$$\varepsilon_2 \approx \frac{e \cdot \sin(\beta' - \theta)}{D_2}\rho$$

则

$$\Delta\beta = e\rho\left[\frac{\sin\theta}{D_1} + \frac{\sin(\beta' - \theta)}{D_2}\right] \tag{3-18}$$

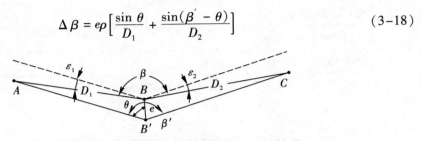

图 3-27　仪器对中误差对水平角的影响

从上式可知，对中误差的影响与偏心距 e 成正比，e 越大，则 $\Delta\beta$ 越大；与边长成反比，边越短，则 $\Delta\beta$ 越大；与水平角的大小有关，θ、$(\beta'-\theta)$ 越接近 90°，$\Delta\beta$ 越大。因此，在边长越短或观测角度接近 180°时，应特别注意仪器的对中，尽可能减小偏心距。

（2）目标偏心误差　在测角时，通常是用标杆立于目标点上，作为照准标志。当标杆倾斜又瞄准标杆顶部时，将使照准点偏离目标而产生目标偏心误差。如图 3-28 所示。

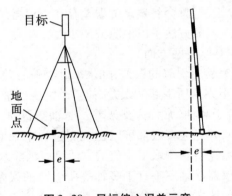

图 3-28　目标偏心误差示意

设标杆的长度为 l，标杆与铅垂线间的夹角为 γ，则照准点的偏心距为

$$e = l\sin\gamma \tag{3-19}$$

e 对水平角观测的影响与对中误差的影响类似。边长越短和瞄准位置越高，其影响也就越大。因此，在观测水平时应仔细地将标杆竖直，并要求尽可能瞄准标杆的底部，以减少误差。

（3）仪器整平误差　水平角观测时必须保持水平度盘水平、竖轴竖直。若照准部水准管的气泡不居中，导致竖轴倾斜而引起的角度误差，该项误差不能通过盘左、盘右观测

取平均值的方法消除。因此在观测过程中,应特别注意仪器的整平,在同一测回内,若气泡偏移超过 2 格,应重新整平仪器,并重新观测该测回。

(4)照准误差 测角时人眼通过望远镜照准目标而产生的误差称为照准误差。照准误差与望远镜的放大率,人眼的分辨能力,目标的形状、大小、颜色、亮度和清晰度等因素有关。一般认为,人眼的分辨率为 $60''$,若望远镜的放大率为 V,则分辨能力就可以提高 V 倍,故照准误差为 $\pm 60''/V$。如 DJ$_6$ 光学经纬仪的放大倍率一般为 28 倍,故照准误差大约为 $\pm 2.1''$。因此在观测时应仔细做好调焦和照准工作。

(5)读数误差 读数误差与读数设备、照明情况和观测人员的经验有关,其中主要取决于读数设备。一般认为,对 DJ$_6$ 光学经纬仪的最大估读误差不超过 $\pm 6''$,对 DJ$_2$ 光学经纬仪一般不超过 $\pm 1''$,但如果照明条件不好、操作不熟练或读数不仔细,读数误差将可能更大。

二、外界条件影响

影响角度观测的外界因素很多,大风、松土会影响仪器的稳定;地面辐射热会影响大气稳定而引起物像的跳动;空气的透明度会影响照准的精度;温度的变化会影响仪器的正常状态等。这些因素都会在不同程度上影响测角的精度,要想完全避免这些影响是不可能的,观测者只能采取措施及选择有利的观测条件和时间,如打伞遮阳、设置测站点尽量避开松土和建筑物、选择良好的天气观测等使这些外界因素的影响降低到最小的程度,从而保证测角的精度。

三、角度观测的注意事项

为减少误差,确保观测成果的精确性,还要注意以下事项。

(1)仪器安置的高度要合适,三脚架要踩牢,仪器与脚架连接要牢固;观测时不要手扶或碰动三脚架,转动照准部和使用各种螺旋时,用力要轻。

(2)对中、整平要准确,测角精度要求越高或边长越短的,对中要求越严格;如观测的目标之间高低相差较大时,更应注意仪器整平。

(3)在水平角观测过程中,如同一测回内发现照准部水准管气泡偏离居中位置,不允许重新调整水准管使气泡居中;若气泡偏离中央超过一格时,则需重新整平仪器,重新观测。

(4)观测竖直角时,每次读数之前,必须使竖盘指标水准管气泡居中或自动归零开关设置启用位置。

(5)标杆要立直于测点上,尽可能用十字丝交点瞄准标杆或测钎的底部;竖角观测时,宜用十字丝中丝切于目标的指定部位。

(6)不要把水平度盘和竖直度盘读数弄混淆;记录要清楚,并当场计算校核,若误差超限应查明原因并重新观测。

(7)观测水平角时,同一个测回里不能转动度盘变换手轮或按水平度盘复测扳钮。

项目小结

角度观测是测量的三项基本工作之一,它包括水平角观测和竖直角观测。

进行水平和竖直角观测的仪器叫经纬仪。在建筑工程测量中常用的光学经纬仪有 DJ_2 和 DJ_6 两种类型。各种型号的光学经纬仪的基本构造都大致相同,主要由照准部、水平度盘和基座三部分组成。经纬仪的使用主要包括经纬仪的安置、照准目标、读数等操作步骤。目前新一代的测角仪器如电子经纬仪、激光经纬仪和全站仪等也正逐步应用于工程建设中。

水平角的观测方法一般根据照准目标的多少分为测回法和方向观测法两种。竖直角的观测首先应判断竖直度盘的注记方向而后应用不同的公式进行计算,同时还要注意竖盘读数指标差的消除。

为保证测量成果的精度要求,光学经纬仪通常要进行主要轴线间的几何关系的校核;还要注意消除仪器误差、观测误差和外界条件等影响观测的因素。

通过本章学习,要求掌握水平角和竖直角的观测原理、DJ_2 和 DJ_6 光学经纬仪的使用、水平角的观测方法;了解光学经纬仪的构造与读数方法、光学经纬仪的检验与校正、影响角度观测的精度的因素。

思考题

(1)什么是水平角和竖直角? 简述它们的观测原理。

(2)光学经纬仪的构造有哪些? 常用的读数装置有哪些类型?

(3)简述光学经纬仪的使用步骤及注意要点。

(4)分述测回法和方向观测法观测水平角的操作步骤。

(5)光学经纬仪的各主要轴线应满足的条件有哪些?

(6)采用盘左、盘右观测取平均值的方法可以消除哪些仪器误差?

(7)常见的角度观测误差的原因有哪些?

(8)简述角度观测的注意事项。

习 题

(1)整理测回法观测水平角的手簿(表 3-6)。

表3-6 水平角观测手簿(测回法)

观测日期_____ 天气状况_____ 工程名称_____
仪器型号_____ 观测者_____ 记录者_____

测站	测回	竖盘位置	目标	水平度盘读数 ° ′ ″	半测回角值 ° ′ ″	一测回角值 ° ′ ″	各测绘平均角值 ° ′ ″	备注
O	1	左	*A*	0 00 06				
			B	78 48 54				
		右	*A*	180 00 36				
			B	258 49 06				
O	2	左	*A*	90 00 12				
			B	168 49 06				
		右	*A*	270 00 30				
			B	348 49 12				

(2)整理用方向观测法观测水平角的手簿(表3-7)。

表3-7 水平角观测手簿(方向观测法)

观测日期_____ 天气状况_____ 工程名称_____
仪器型号_____ 观测者_____ 记录者_____

测站	测回	目标	水平度盘读数		2*c*	盘左、盘右平均读数	一测回归零方向值	各测回平均方向值	角值
			盘左	盘右					
			° ′ ″	° ′ ″	″	° ′ ″	° ′ ″	° ′ ″	° ′ ″
1	2	3	4	5	6	7	8	9	10
O	1	*A*	0 02 36	180 02 36					
		B	91 23 36	271 23 42					
		C	228 19 24	48 19 30					
		D	254 17 54	74 17 54					
		A	0 02 30	180 02 36					
		Δ							
O	2	*A*	90 03 12	270 03 12					
		B	181 24 06	1 23 54					
		C	318 20 00	138 19 54					
		D	344 18 30	164 18 24					
		A	90 03 18	270 03 12					
		Δ							

（3）整理表 3-8 竖直角观测手簿。

表 3-8 竖直角观测手簿

观测日期＿＿＿＿＿＿   天气状况＿＿＿＿＿＿   工程名称＿＿＿＿＿＿

仪器型号＿＿＿＿＿＿   观测者＿＿＿＿＿＿   记录者＿＿＿＿＿＿

测站	目标	测回	竖盘位置	竖盘读数 ° ′ ″	半测回竖直角 ° ′ ″	指标差 ″	一测回竖直角 ° ′ ″	各测回竖直角 ° ′ ″	备注
O	A	1	左	71 38 00					竖盘为顺时针注记
			右	288 21 54					
	A	2	左	71 38 06					
			右	288 22 06					
	B	1	左	86 10 30					
			右	273 50 06					
	B	2	左	86 10 36					
			右	273 50 18					

实训题

DJ$_2$ 级经纬仪的认识与技术操作

一、目的与要求

1. 对照仪器，了解经纬仪型号，认识 DJ$_2$ 级经纬仪的构造及各部件的功能。

2. 熟悉 DJ$_2$ 级经纬仪的安置方法及读数方法。

二、仪器与工具

1. DJ$_2$ 级经纬仪 1 台、记录板 1 块、测伞 1 把、花杆 2 根。

2. 自备：铅笔、小刀、草稿纸。

三、实训方法与步骤

1. DJ$_2$ 级经纬仪的认识

（1）熟悉各部件的名称及作用。

（2）了解下列各个装置的功能和用途。

1）制动螺旋：水平制动和竖自制动——分别固定照准部和望远镜。

2）微动螺旋：水平制动和竖自制动——用于精确照准目标。

3）水准管：照准部水准管——显示水平度盘是否水平；

4）竖盘指标水准管——用于显示竖盘指标线是否指向正确的位置。

5）水平度盘变换首轮：DJ$_2$ 级经纬仪通过该装置，可设置读数窗处于水平或竖直度盘的影像。

6)换像手轮:DJ$_2$级经纬仪通过该装置,可设置读数窗处于水平或竖直度盘的影像。

2. DJ$_2$级经纬仪的安置

DJ$_2$级经纬仪的安置与DJ$_6$的经纬仪相同。

3. 照准目标

与DJ$_6$的经纬仪相同。

4. 读数练习

(1)当读数设备是对径分划读数视窗时

1)将换像手轮置于水平位置,打开反光镜,使读数视窗明亮。

2)转动测微轮使读数视窗内上、下分划线对齐。

3)读出位于左侧或靠中的正像度刻线的度读数(163°)

4)读出与正像度刻线相差180°位于右侧或靠中的倒像度刻线之间的格数 $n\times10'$的分读数($2\times10'=20'$)。

5)读出测微尺指标截取小于10的分,秒读数(7'34")。

6)将上述度、分相加,即得整个度盘读数(163°27'34")

(2)当读数设备是数字化读数视窗时

1)同样先将读数窗内分划线上、下对齐。

2)读取窗口最上边的读数(74°)和中部窗口10'的注记(40')。

3)再读取测微器上小于10'的数值 7'16"。

4)将上述的度、分、秒相加,水平度盘读数为74°47'16"。

5. 归零

(1)首先用测微轮将小于10'测微器上的读数对准0°00'。

(2)打开水平读盘变换手轮的保护盖,用手拨动该手轮,将度和整分调至(0'00")整分划线上、下对齐。

四、注意事项

1. DJ$_2$经纬仪属精密仪器,应避免日晒和雨淋,操作要做到轻、慢、稳。在实训过程中要及时填写实训报告。

2. 在对中过程中调节圆水准气泡居中时,切勿用脚螺旋调节,而应用脚架调节,以免破坏对中。

3. 整平好仪器后,应检查对中点是否偏移超限。

五、上交资料

每人上交DJ$_2$级光学经纬仪的认识与操作实训报告一份,如表3-9所示。

表 3-9 实训报告

日期: 班级: 组别: 姓名: 学号:

实训题目	DJ$_2$ 级光学经纬仪的认识与操作	成绩	
实训目的			
主要仪器及工具			

1. 在下图引出的标线上标明仪器该部件的名称。

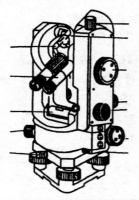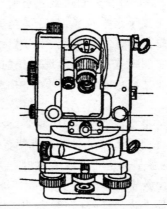

2. 绘出所用仪器的读数窗示意图。

3. 水平度盘读数设置为 $00°00'00''$、$90°00'00''$、$120°08'35''$。

4. 观测记录练习

测 站	目 标	盘左读数	盘右读数	备 注

5. 实训总结

用测回法观测水平角

一、目的与要求

1. 进一步熟悉经纬仪的构造和操作方法。

2. 学会用测回法观测水平角。

二、仪器与工具

1. 由仪器室借领：经纬仪 1 台、记录板 1 块、测伞 1 把。

2. 自备：计算器、铅笔、草稿纸。

三、实训方法与步骤

1. 在一个指定的点上安置经纬仪。

2. 选择两个明显的固定点作为观测目标或用花杆标定两个目标。

3. 用测回法测定其水平角值。其观测程序如下：

(1) 安置好仪器以后，以盘左位置照准左目标，并读取水平读盘读数。记录者听到读数后，立即回报观测者，经观测者默许后，立即记入测角表中。

(2) 顺时针旋转照准部照准右目标，读取其水平读盘读数，并记入测角记录表中。

(3) 由(1)(2)两部完成了上半测回的观测，记录者在记录表中要计算出上半测回角值。

(4) 将经纬仪置盘右位置，先照准右目标，读取水平读盘读数，并记入测角记录表中，其读数与盘左时的同一目标读数大约相差 180°。

(5) 逆时针转动照准部，再照准左方目标，读取水平读盘读数，并记入测角记录表中。

(6) 由(4)(5)两步完成了下半测回的观测，记录者再算出其下半测回角值。

(7) 至此便完成了一个测回的观测。如上半测回角值和下半测回角值之差没有超限（不超过 40'），则取平均值作为一测回的角度观测值，也就是这两个方向之间的水平角。

4. 如果观测不止一个测回，而是要观测 n 个测回，那么在每测回要重新设置水平度盘起始读数。即对左方目标每测回在盘左观测时，水平读盘应设置些 $180°/n$ 的整倍数来观测。

四、注意事项

1. 在记录前，首先要弄清记录表格的填写次序和填写方法。

2. 每一测回的观测中间，如发现水准管气泡偏离，也不能重新整平。本测回观测完毕，下一测回开始前再重新整平仪器。

3. 在照准目标时，要用十字丝竖丝照准目标的明显地方，最好看目标下部，上半测回照准什么部位，下半测回仍照准这个部位。

4. 长条形较大目标需要用十字丝双丝来照准，点目标用单丝平分。

5. 再选择目标时，最好选取不同高度的目标进行观测。

五、上交资料

1. 每人上交合格的观测水平角记录表一份，如表 3-10 所示。

2. 每人上交实训报告一份，如表 3-11 所示。

表 3-10　经纬仪测量记录、计算表

日期:　　　　班级:　　　　组别:　　　　姓名:　　　　学号:

测站	盘位	目标	水平度盘读数 。 ′ ″	水平角		备 注
				半测回值 。′″	一测回值 。′″	
	盘左					
	盘右					
	盘左					
	盘右					
	盘左					
	盘右					
	盘左					
	盘右					
	盘左					
	盘右					

$\Delta\beta=\beta_{左}-\beta_{右}=$　　　　$\Delta\beta_{容许}=$

测量人:　　　　　　记录人:　　　　　　复核人:

表 3-11　**实训报告**

日期：　　　　　班级：　　　　　组别：　　　　　姓名：　　　　　学号：

实训题目	用测回法观测水平角	成绩	
实训目的			
主要仪器及工具			
实训场地布置草图			
实训主要步骤			
实训总结			

竖直角观测

一、目的与要求

1. 学会竖直角的测量方法。

2. 学会竖直角及竖盘指标差的记录,计算方法。

二、仪器与工具

1. 由仪器室借领 DJ_2 经纬仪 1 台、记录板 1 块、测伞 1 把。

2. 自备:计算机、铅笔、草稿纸。

三、实训方法与步骤

1. 在某指定点上安置经纬仪。

2.以盘左位置时望远镜视线大致水平。竖盘指标读数约为90°。

3.将望远镜物镜端抬高时,如竖盘读数 L 比90°逐渐向上倾斜时,观察竖盘读数 L 比90°是增加还是减少,借以确定竖直角和指标差的计算公式。

(1)当望远镜物镜抬高时,如竖盘读数 L 比90°逐渐减少,则竖直角计算公式为

$$a_{左}=90°-L$$

盘右时,竖盘读数为 R,其竖直角公式为

$$a_{右}=R-270°$$

$$竖直角\ a=\frac{1}{2}(a_{左}+a_{右})=\frac{1}{2}(R-L-180°)$$

(2)当望远镜物镜抬高时,如度盘读数 L 比90° 逐渐增大,则竖直角公式为

$$a_{左}=L-90°$$

$$a_{右}=270°-R$$

$$竖直角\ a=\frac{1}{2}(a_{左}+a_{右})=\frac{1}{2}(L-R-180°)$$

在上述两种情况下,竖盘指标差均为

$$X=\frac{1}{2}(a_{左}-a_{右})=\frac{1}{2}(L+R-360°)$$

4.测回法测定竖直角,其观测程序如下:

(1)安置好经纬仪后,盘左位置照准目标,转动竖盘指标水准管微动螺旋,使水准管气泡居中或打开竖盘指自动归零装置使之处于ON位置,读取竖直度盘的读数 L。记录者将读数 L 记入竖直角测量记录表中。

(2)根据竖直角计算公式,在记录表中计算出盘左时的竖直角 $a_{左}$。

(3)在用盘右位置照准目标,按照(1)的操作步骤,读取其竖直度盘的读数 R。记录者将读数 R 记入竖直角测量记录表中。

(4)根据竖直角计算公式,在记录表中计算出盘右时的竖直角 $a_{右}$。

(5)计算一测回竖直角值和指标差。

四、注意事项

1.直接读取的竖盘读数,并非竖直角,竖直角需计算才能获得。

2.竖盘因其刻划注记和始读数的不同,计算竖直角的方法也就不同,要通过检测来确定正确的竖直角和指标差计算公式。

3.盘左盘右照准目标时,要用十字丝横丝照准目标同一位置。

4.在竖盘读数前,务必要使竖盘指标水准管气泡居中。

五、上交资料

1.每人上交合格的竖直角测量记录表一份,如表3-12所示。

2.每人上交实训报告一份,如表3-13所示。

表 3-12 竖直角观测记录、计算表

日期： 班级： 组别： 姓名： 学号：

测站	测点	盘位	竖盘读数 ° ′ ″	竖直角 ° ′ ″	指标差 ′ ″	一测回平均角值 ° ′ ″	备注
		左					
		右					
		左					
		右					
		左					
		右					
		左					
		右					
		左					
		右					
		左					
		右					
		左					
		右					
		左					
		右					
		左					
		右					

测量人： 记录人： 复核人：

表 3-13　实训报告

日期：　　　　班级：　　　　组别：　　　　姓名：　　　　学号：

实训题目	竖直角测量	成绩	
实训目的			
主要仪器及工具			
实训场地布置草图			
实训主要步骤			
实训总结			

DJ_2级经纬仪的检验与校正

一、目的与要求

1. 熟悉 DJ_2 级经纬仪的主要轴线及他们之间所具备的几何关系。

2. 熟悉 DJ$_2$ 级经纬仪的检验。

3. 了解 DJ$_2$ 级经纬仪的校正方法。

二、仪器与工具

1. DJ$_2$ 级经纬仪 1 台、校正针 1 根。

2. 自备:计算器、铅笔、小刀、草稿纸。

三、实训方法与步骤

1. 指导教师讲解各项检验的过程及操作要领。

2. 照准部水准管轴垂直与仪器竖轴的检验与校正。

(1)检验方法

1)先将经纬仪严格整平。

2)转动照准部,使水准管与三个脚螺旋中的任意一对平行,转动脚螺旋使气泡严格居中。

3)再将照准部旋转 180°,此时,如果气泡应居中,说明该条件能够满足。若气泡偏离中央零点位置,则需进行校正。

(2)校正方法

1)先旋转这一对脚螺旋,使气泡向中央零点位置移动偏离格数的一半。

2)用校正针拨动水准管一端的校正螺丝,使气泡居中。

3)再次将仪器严格整平后进行检验,如需校正,仍用 1)2)所述方法进行校正。

4)反复进行数次后,直到气泡居中后再转动照准部,气泡偏离在半格以内,可不再校正。

3. 十字丝竖丝的检验与校正

(1)检验方法:整平仪器后,用十字丝竖丝的最上端照准一明显固定点,固定照准部制动螺旋和望远镜制动螺旋,然后转动望远镜微动螺旋,使望远镜上下移动,如果该固定目标不离开竖丝,说明此条件满足,否则需要校正。

(2)校正方法

1)旋下望远镜目镜端十字丝环护罩,用螺丝刀松开十字丝换的每个固定螺旋。

2)轻轻转动十字丝环,使竖丝处于竖直位置。

3)调整完毕后务必拧紧十字丝环的 4 个固定螺旋,上好十字丝环护罩。

4. 视准轴的检验与校正

(1)检验方法

1)选与视准轴大致处于同一水平线上的一点作为照准目标,安置好仪器后,盘左位置照准此目标并读取水平度盘读数,作为 $a_左$。

2)在以盘右位置照准此目标,读取水平度盘读数,作为 $a_右$。

3)如果 $a_左 = a_右 \pm 180°$,则此项条件满足。如果 $a_左 \neq a_右 \pm 180°$,则说明视准轴与仪器横轴不垂直,存在视准差 c,即 $2c$ 误差,应进行校正 $2c$ 误差的计算公式如下:

$$2c = a_左 - (a_右 - 180°)$$

(2)校正方法

1)仪器仍处于盘右位置不动,以盘右位置读数为准,计算两次读数的平均值 a。作为

正确读数,即

$$a = \frac{a_左 + (a_右 \pm 180°)}{2}$$

2)转动照准部微动螺旋,使水平度盘指标在正确读数 a 上,这时十字丝交点偏离了原目标。

3)旋下望远镜目镜端的十字丝护罩,松开十字丝环上、下校正螺丝,拨动十字丝环左右两个校正螺丝[先松左(右)边的校正螺丝,再紧右(左)边的校正螺丝],使十字丝交点回到原目标,即使视准轴与仪器横轴相垂直。

4)调整完后务必拧紧十字丝环上、下两校正螺丝,上好望远镜目标护罩。

5. 横轴的检验与校正

(1)检验方法

1)将仪器安置在一个清晰的高目标附近(望远镜仰角为30°左右),视准面与墙面大致垂直,如图3-29所示。盘左位置照准目标 M,拧紧水平制动螺旋后,将望远镜放到水平位置,在墙上(或横放的尺子上)标出 m_1 点。

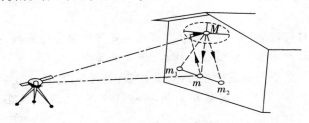

图3-29 仪器安置

2)盘右位置仍照准高目标 M,放平望远镜,在墙上(或横放的尺子上)标出 m_2 点。若 m_1 与 m_2 两点重合,说明望远镜横轴垂直仪器竖轴,否则需校正。

(2)校正方法

1)由于盘左和盘右两个位置的投影各向不同方向倾斜,而且倾斜的角度是相等的,取 m_1 与 m_2 的中点 m,即是高目标点 M 的正确投影位置。得到 m 点后,用微动螺旋使望远镜照准点,再仰起望远镜看高目标点 M,此时十字丝交点将偏离 M 点。

2)此项校正一般应送仪器组专修进行。

6. 竖盘指标水准管的检验与校正

(1)检验方法

1)安置仪器后,盘左位置照准某一高处目标(仰角大于30°),用竖盘指标水准管微动螺旋使水准管气泡居中,读取竖直度盘读数,并根据实训中所述的方法,求出其竖直角 $a_左$。

2)再以盘右位置照准此目标,用同样方法求出其竖直角 $a_右$。

3)若 $a_左 \neq a_右$,说明有指标差,应进行校正。

(2)校正方法

1)计算出正确的竖直角 a

$$a = a_左 + a_右$$

2）仪器仍处于盘右位置不动，不改变望远镜所照准的目标，再根据正确的竖直角。和竖直度盘刻划特点求出盘右时竖直度盘的正确读数值，并用竖直指标水准管微动螺旋使竖直度盘指标对准正确读数值，这时竖盘指标水准管气泡不再居中。

3）用拨针拨动竖盘指标水准管上、下校正螺丝，使气泡居中即消除了指标差，达到了检校的目的。

7.对点器的检验和校正

目的：使光学对点器的视准轴经棱镜折射后与仪器的竖轴重合。

（1）检验方法

1）对点器安装在基座上的仪器：将仪器水平放置在桌面上并固定仪器（仪器基座距墙约1.3 m），通过对点器标住墙上目标 a，转动基座180°，再看十字丝是否与 a 重合，若重合条件满足，否则需要校正。

2）对点器安装在照准部上的仪器：安置经纬仪于脚架上，移动放置在脚架中央地面上标有 a 点的白纸，使十字丝中心与 a 点重合。转动仪器180°，再看十字丝中心是否与地面的 a 目标重合，若重合条件满足，否则需要校正。

（2）校正方法：校正光学对点器目镜十字丝分划板：调节分划板校正螺丝，使十字丝退回偏离值的一半，即可达到校正的目的。

四、注意事项

（1）经纬仪检验是很精细的工作，必须认真对待。

（2）在实训过程中及时填写实训报告，发现问题及时向指导教师汇报，不得自行处理。

（3）各项检校顺序不能颠倒。在检校过程中要同时填写实训报告。

（4）检校完毕，要将各个校正螺丝拧紧，以防脱落。

（5）每项检校都需重复进行，直到符合要求。

（6）校正后应再作一次检验，看其是否符合要求。

（7）本次实训只作检验，校正应在指导教师下进行。

五、上交资料

每人上交 DJ$_2$ 级经纬仪的检验与校正实训报告一份，如表3-14所示。

表 3-14 **实训报告**

日期：　　　　　班级：　　　　　组别：　　　　　姓名：　　　　　学号：

实训题目		DJ$_2$级经纬仪的检验与校正	成绩	
实训目的				
主要仪器及工具				
校正方法简述	水准管轴			
	十字丝纵丝			
	视准轴			
	横轴			
	指标差			
实训总结				

项目四 距离测量和直线定向

知识目标　　了解钢尺量距、视距测量、电磁波测距的基本原理;理解水平距离、直线定线、方位角、象限角的概念;掌握钢尺量距、视距测量、电磁波测距及磁方位角的观测方法和相关计算。

能力目标　　能利用现有设备、根据工程的场地条件、距离的精度要求选择适宜的距离测量方法;能熟练使用钢尺、水准仪、经纬仪、电子波测距仪等进行距离测量;能利用罗盘仪观测直线的磁方位角。

任务一　距离测量

距离测量是测量的三大基本工作之一,距离是指地面上两点之间的水平距离,即该两点投影到水平面上两个投影点之间的直线长度。根据使用的工具和施测方法的不同,距离测量常用的方法有钢尺量距、视距测量和电磁波测距等。

一、钢尺量距

钢尺量距是利用标准长度的钢卷尺直接测量地面两点间的距离,又称距离丈量。该方法易受地形限制,适用于平坦地区的短距离测量。

(一)量距工具

主要量距工具为钢尺,辅助工具有标杆、垂球、测钎、温度计、弹簧秤等。

(1)钢尺　钢尺是用薄钢片制成的带状尺,可卷入金属圆盒内,故又称钢卷尺。尺宽10～15 mm,长度有20 m、30 m和50 m等几种。钢尺的基本分划为厘米,有的钢尺为毫米分划,在每米及每分米处有数字注记。根据尺的零点位置不同,有端点尺和刻线尺之分,如图4-1所示,端点尺的零点从尺的端点开始,刻线尺以尺上刻一横线作为尺的零点。因此使用时必须注意尺的零点位置。

钢尺的优点:钢尺抗拉强度高,不易拉伸,所以量距精度较高,在工程测量中常用钢尺量距。

钢尺的缺点:钢尺性脆,易折断,易生锈,使用时要避免扭折,防止受潮。

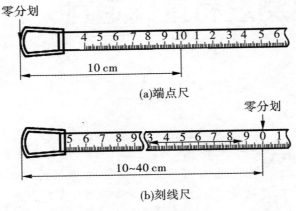

图 4-1 端点尺和刻线尺

(2)量距的辅助工具

1)标杆 标杆多用木料或铝合金制成,直径约 3 cm、全长有 2 m、2.5 m 及 3 m 等几种规格。杆身涂有红、白相间的 20 cm 色段,非常醒目,便于寻找目标,标杆下端装有尖头铁脚,便于插入地面,标杆用于标定直线点位或作为照准标志。如图 4-2(a)所示。

2)测钎 测钎一般用钢筋制成,上部弯成小圆环,下部磨尖,直径 3 ~ 6 mm,长度30 ~ 40 cm。钎上可用油漆涂成红、白相间的色段。通常 6 根或 11 根系成一组。量距时,将测钎插入地面,用于标定尺端点的位置,亦可作为近处目标的瞄准标志。如图 4-2(b)所示。

3)锤球、弹簧秤和温度计等 锤球用金属制成,上大下尖呈圆锥形,上端中心系一细绳,悬吊后,锤球尖与细绳在同一垂线上。它常用于在斜坡上丈量水平距离。

钢尺精密量距时还需配备弹簧秤和温度计等,用以测定拉力和温度,如图 4-2(c)(d)所示。

(二)直线定线

在测量两点间的水平距离时,如果距离超过钢尺的尺长或地势起伏较大,致使一尺段无法完成丈量工作,就需要在两点的连线上标定出若干个分段点,它既能标定直线,又能作为分段丈量的依据,这种在直线上标定点位的工作称为直线定线。按精度要求的不同,直线定线有目估定线和经纬仪定线两种方法。一般量距常采用目估定线,距离较远,量距精度要求较高时,应采用经纬仪定线。

首先介绍目估定线的方法,如图 4-3 所示,A、B 两点为地面上互相通视的两点,欲在 A、B 两点间的直线上定出 C、D 等分段点,定线工作可由甲、乙两人进行。

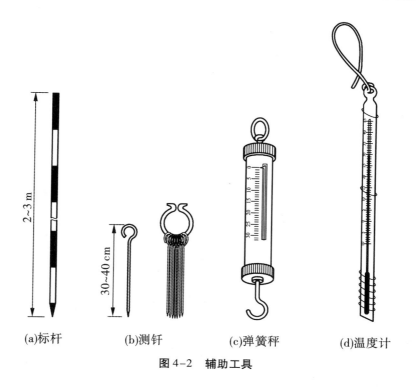

(a)标杆　　　　　(b)测钎　　　　(c)弹簧秤　　　　(d)温度计

图 4-2　辅助工具

　　定线时,先在 A、B 两点上竖立标杆,甲立于 A 点标杆后面 1~2 m 处,用眼睛自 A 点标杆后面瞄准 B 点标杆。乙持另一标杆沿 BA 方向走到离 B 点大约一尺段长的 C 点附近,按照甲指挥手势左右移动标杆,直到标杆位于 AB 直线上为止,插下标杆(或测钎),定出 C 点,同法在 AB 直线上定出 D 点等其他各点。

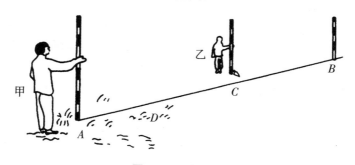

图 4-3　目估定线

(三)钢尺的一般量距

距离丈量可分为平坦地面的距离丈量和倾斜地面的距离丈量。

1. 平坦地面上的量距

(1)丈量方法　如图 4-4 所示,通常至少两人进行丈量,一人持钢尺零端为后尺手,一人持钢尺末端为前尺手。量距时按定线方向沿直线拉紧尺子,目估尺子水平,后尺手将钢尺的零点对准 A 点,前尺手对准钢尺末端分划线处插入测钎,这样便完成了第一尺段 A–1 的丈量工作。接着后尺手与前尺手共同举尺前进,同法丈量第二、第三…尺段。最后量出不足一整尺的距离 q。则 A、B 两点间的水平距离按下式计算

$$D = nl + q \tag{4-1}$$

式中,n ——尺段数;

　　　l ——钢尺尺长;

　　　q ——不足一整尺的余长。

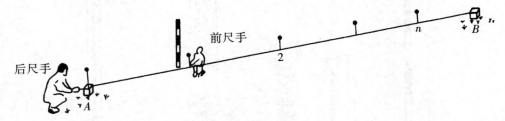

图 4-4　平坦地面上的量距方法

(2)精度评定　为了进行校核和提高量距精度,必须进行往、返丈量。返测时应重新进行定线,用往、返测量之差的绝对值与平均值之比,并化为分子为 1 的分数,称为相对误差 K。用它来衡量量距精度。即

$$K = \frac{|\Delta D|}{\bar{D}} = \frac{1}{M}, \quad M = \frac{\bar{D}}{|\Delta D|} \tag{4-2}$$

式中,ΔD——往、返测量的较差;

　　　$\bar{D}$——往、返丈量所得的平均距离。

相对误差分母愈大,则 K 值愈小,精度愈高;反之,精度愈低。在平坦地区,钢尺量距一般方法的相对误差一般不应大于 1/2 000;在量距较困难的地区,其相对误差也不应大于 1/1 000。

如果量距相对误差达到精度要求,取往、返距离的平均值作为直线 AB 最终的水平距离。否则应进行重新丈量。

例 4-1　如图 4-4 所示,在平坦地面用 30 m 长的钢尺往返丈量 A、B 两点间的水平距离,丈量结果分别为:往测 6 个整尺段,余长为 19.98 m;返测 6 个整尺段,余长为 20.02 m。计算 A、B 两点间的水平距离 D 及其相对误差 K。

解:

$$D_{AB} = nl + q = 6 \times 30 \text{ m} + 19.98 \text{ m} = 199.98 \text{ m}$$

$$D_{BA} = nl + q = 6 \times 30 \text{ m} + 20.02 \text{ m} = 200.02 \text{ m}$$

$$\bar{D} = \frac{1}{2}(D_{BA} + D_{BA}) = \frac{1}{2}(199.98 + 200.02) = 200 \text{ m}$$

$$K = \frac{|D_{AB} - D_{BA}|}{\bar{D}} = \frac{|199.98 - 200.02|}{200} = \frac{1}{5\,000}$$

2. 倾斜地面上的量距方法

（1）平量法　如图4-5（a）所示，在倾斜地面上量距时，如果地面起伏不大，可将钢尺拉平进行丈量。丈量由 A 向 B 进行，后尺手以尺的零点对准地面 A 点，并指挥前尺手将钢尺拉在 AB 直线方向上，同时前尺手抬高尺子的一端，并目估使尺子水平，将锤球绳紧靠钢尺上某一分划，用锤球尖投影于地面上，再插以测钎，此时钢尺上分划读数即为 A-l 两点间的水平距离。同法继续丈量其余各尺段，当丈量至 B 点时，应注意锤球尖必须对准 B 点，各测段丈量结果的总和就是 A、B 两点间的水平距离。

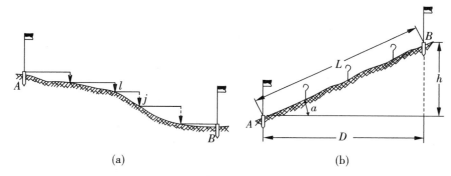

图4-5　倾斜地面上的量距方法

（2）斜量法　如图4-5（b）所示，当倾斜地面的坡度比较均匀时，可以沿倾斜地面丈量出 A、B 两点间的斜距 L，用经纬仪测出直线 AB 的倾斜角 α，或测量出 A、B 两点的高差 h，然后计算 AB 的水平距离 D，即

$$D = L\cos \alpha \tag{4-3}$$

或

$$D = \sqrt{L^2 - h^2} \tag{4-4}$$

（四）钢尺量距的精密方法

前面介绍的是钢尺量距的一般方法，精度不高，相对误差一般只能达到 1/2000～1/5 000。但在实际测量工作中，有时精度要求很高，达到 1/10 000 以上，这时应采用钢尺量距的精密方法，量距时应使用检定过的钢尺，所以精密量距前应对钢尺进行检定。

（1）钢尺检定　钢尺由于材料原因、刻划误差、长期使用的变形以及丈量时温度和拉力不同的影响，其实际长度往往不等于尺上所标注的长度即名义长度。若用这样的钢尺丈量距离，每量一整尺长，就会使量得的结果包含一定的差值，而且这种差值是累积性的，因此，为了要量得较高精度的距离，除了要掌握好量距的方法外，量距前必须对钢尺进行检定，求出检定后一整尺的尺长改正数，用以改正丈量的长度。

1）尺长方程式　钢尺的长度是对一定的温度和一定拉力拉伸尺子而确定的。对于30 m钢尺用100 N的标准拉力，50 m的钢尺用150 N的拉力，温度一般为20 ℃，在精密量距时,可用弹簧秤控制钢尺标准拉力,钢尺在不同温度下,其尺长也起变化,而在使用钢尺时无法保持温度不变,因此在一定的拉力下钢尺的实际长度与温度的函数关系式就是尺长方程。

用公式表示为

$$l_t = l_0 + \Delta l + l_0\alpha(t - t_0) \tag{4-5}$$

式中, l_t —— 钢尺在温度 t 时的实际长度;

　　l_0 ——钢尺的名义长度;

　　Δl ——尺长改正数; $\Delta l = l_t - l_0$;

　　α ——钢尺的膨胀系数,其值取为 $\alpha = 1.25 \times 10^{-5}/℃$;

　　t_0 ——钢尺检定时的温度(20 ℃);

　　t ——钢尺量距时的温度。

每根钢尺都有一相应的尺长方程,以确定其实际长度,从而求得被量距离的真实长度,但尺长方程式中的 Δl 是会变化的,所以在使用前必须检定钢尺,得出尺子新的尺长方程式,确定尺长方程式的过程称为钢尺的检定。

2)钢尺的检定方法　钢尺的检定方法有直接比长法和基线检定法两种。

①直接比长法　用一根已有尺长方程式的钢尺作为标准尺,与被检定的钢尺比较,从而得出尺长改正数。检定时宜选在阴天或阴凉的地方进行,将标准尺与被检定尺并排放在平坦的地面上,在每根钢尺上的起始端都施加规定的拉力,将两个钢尺的末端对齐,在零分划附近读出两尺的差数,由于拉力相同,温度相同,钢尺的温度膨胀系数相同,这样便能根据标准尺的尺长方程式计算出被检定钢尺的尺长方程式。

例4-2　设1号标准钢尺的尺长方程式为: $l_1 = 30 + 0.005 + 1.25 \times 10^{-5}(t-20℃) \times 30$,被检定的2号钢尺,其名义长度也是30 m,比较时的温度为15 ℃,当两把尺子的末端刻划对齐并施加标准拉力后,2号钢尺比1号标准尺短0.007 m,试确定2号钢尺的尺长方程式。

解: $l_2 = l_1 - 0.007$ m

即 $l_2 = 30 + 0.005 + 1.25 \times 10^{-5}(15-20) \times 30 - 0.007 = 30 - 0.004$

故在15 ℃条件下2号钢尺的尺长方程式是

$$l_2 = 30 - 0.004 + 1.25 \times 10^{-5}(t-15) \times 30$$

如果不考虑尺长改正数随温度升高而引起的变化,即把 $t=15$ ℃换成 $t=20$ ℃,则2号尺的尺长方程式可表示为

$$l_2 = 30 + 0.005 + 1.25 \times 10^{-5}(t-20) \times 30 - 0.007$$

即 $\qquad\qquad\qquad l_2 = 30 - 0.002 + 1.25 \times 10^{-5}(t-20) \times 30$

②基线检定法　在地面上埋设两固定点作为基准线,用精密测距仪器测得其真实长度,称为基线长或标准长,该长度一般为钢尺长度的若干倍,检定时用被检定尺丈量该基线,而后与基线长进行比较,即可求得被检定尺的尺长方程式。

例4-3　设基线长为120.230 m,用30 m被检定钢尺丈量结果为120.303 m,丈量时的温度为14 ℃,求待检定钢尺的尺长方程式。

解:根据题意,全长改正数为 $120.230 - 120.303 = -0.073$ (m),

则一整尺段的改正数 $\Delta l = \dfrac{D-D'}{D'} l_0 = \dfrac{-0.073}{120.303} \times 30 = -0.018(\text{m})$

故被检定尺在温度 14 ℃时检定而得的尺长方程式为

$$l_t = 30 - 0.018 + 1.25 \times 10^{-5} \times 30 \times (t - 14)$$

对于标准温度为 20 ℃的尺长方程式为

$$l_t = 30 - 0.018 + 1.25 \times 10^{-5} \times 30 \times (20 - 14) + 1.25 \times 10^{-5} \times 30 \times (t - 20)$$
$$= 30 - 0.016 + 1.25 \times 10^{-5} \times 30 \times (t - 20)$$

应该指出,在建立基线或用被检定钢尺丈量该长度,30 m 钢尺使用的拉力都应是规定的拉力,即一般为 100 N。

(2)精密量距

1)准备工作　包括清理场地、直线定线和测桩顶间高差。

①清理场地　首先在欲丈量的两点方向线上,清除影响丈量的障碍物,必要时要适当平整场地。

②直线定线　精密量距用经纬仪定线,如图 4-6 所示,直线定线时,一名测量员将经纬仪安置于 A 点,经对中、整平后,用望远镜照准 B 点,固定照准部水平制动螺旋,在竖直方向转动望远镜,指挥其他测量员沿 AB 方向用钢尺进行概量,按稍短于一尺段长,在经纬仪操作员的指挥下依次定出 1、2、3、4、5 点,打下木桩,桩顶高出地面 10～20 cm,并在桩顶钉一小钉,使小钉在 AB 直线上;或在木桩顶上划十字线,使十字线其中的一条在 AB 直线上,小钉或十字线交点即为丈量时的标志。

③测桩顶间高差　利用水准测量法测出各相邻桩顶间高差,为便于检核,用双面尺法或往、返观测法,计算出相邻桩顶间高差之差,一般不超过 ±10 mm,在限差内取其平均值作为相邻桩顶间的高差,以便将倾斜距离改算成水平距离。

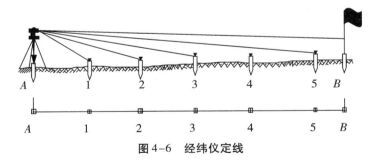

图 4-6　经纬仪定线

2)丈量方法　人员组成:两人拉尺,两人读数,一人测温度兼记录,共 5 人。丈量时,后尺手挂弹簧秤于钢尺的零端,前尺手执尺子的末端,两人同时拉紧钢尺,把钢尺有刻划的一侧贴切于木桩顶十字线的交点,达到标准拉力时,由后尺手发出"预备"口令,两人拉稳尺子,由前尺手喊"好",在此瞬间,前、后读尺员同时读取读数,估读至 0.5 mm,记录员依次记入表 4-1,并计算尺段长度。前、后移动钢尺一段距离,同法再次丈量。每一尺段测三次,读三组读数,由三组读数算得的长度之差要求不超过 2 mm,否则应重测。如在限差之内,取三次结果的平均值,作为该尺段的观测结果。同时,每一尺段测量应记录温度一次,估读至 0.5 ℃。如此继续丈量至终点，即完成往测工作。完成往测后，应立即进行返测。

表 4-1　精密量距记录计算表

钢尺号码：No:8　钢尺膨胀系数：$125×10^{-5}$/℃　钢尺检定时温度 t_0:20 ℃

钢尺名义长度 l_0:30 m　钢尺检定长度 l':30.007 m　钢尺检定时拉力:100 N

尺段	次数	钢尺读数		尺段长度/m	尺段平均长度/m	温度 t	温度改正/mm	高差/m	倾斜改正/mm	尺长改正/mm	改正后尺段长度/m
		前尺/m	后尺/m								
1	2	3	4	5	6	7	8	9	10	11	12
$A-1$	1	29.930	0.064	29.866							
	2	29.940	0.076	29.864	29.865	25.8	+2.2	+0.272	-1.2	-7.0	29.859 0
	3	29.950	0.085	29.865							
$1-2$	1	29.920	0.015	29.905							
	2	29.930	0.025	29.905	29.906	27.6	+2.8	+0.174	-0.5	-7.0	29.904 0
	3	29.940	0.033	29.907							
		…	…	…							
…		…	…	…	…	…	…	…	…	…	…
		…	…	…							
$5-B$		11.880	0.076	11.804							
		11.870	0.064	11.806	11.805	27.5	+1.3	-0.065	-0.2	-2.8	11.803 3
		11.860	0.055	11.805							
Σ											161.740

（3）成果计算　将每一尺段丈量结果经过尺长改正、温度改正和倾斜改正，然后计算出改正后的尺段水平距离，并求总和，得到直线的全长。

1）尺长改正　根据尺长方程式中的尺长改正值 Δl 除以钢尺的名义长度 l_0 得到每米的尺长改正数，再乘以量得长度 l_i，即得到该尺段距离的尺长改正数为

$$\Delta l_i = \frac{\Delta l}{l_0} \times l_i \tag{4-6}$$

根据公式（4-6）计算得

$$\Delta l_1 = \frac{\Delta l}{l_0} \times l_1 = \frac{-0.007}{30} \times 29.865 = -0.007\ 0 \text{ m}$$

$$\Delta l_2 = \frac{\Delta l}{l_0} \times l_2 = \frac{-0.007}{30} \times 29.906 = -0.007\ 0 \text{ m}$$

$$\Delta l_6 = \frac{\Delta l}{l_0} \times l_6 = \frac{-0.007}{30} \times 11.805 = -0.002\ 8 \text{ m}$$

2）温度改正　设钢尺在检定时的温度为 t_0，而丈量时的温度为 t_i，则一尺段的温度改

正数为

$$\Delta l_{t_i} = \alpha(t_i - t_0) \times l_i \qquad (4-7)$$

则可计算出各段的温度改正值为

$$\Delta l_{t_1} = \alpha(t_1 - t_0) \times l_1 = 1.25 \times 10^{-5}(25.8 - 20) \times 29.865 = +0.002\ 2\ \text{m}$$

$$\Delta l_{t_2} = \alpha(t_2 - t_0) \times l_2 = 1.25 \times 10^{-5}(27.6 - 20) \times 29.906 = +0.002\ 8\ \text{m}$$

$$\Delta l_{t_6} = \alpha(t_6 - t_0) \times l_6 = 1.25 \times 10^{-5}(27.5 - 20) \times 11.805 = +0.001\ 3\ \text{m}$$

3）倾斜改正

$$\Delta l_{h_i} = -\frac{h_i^2}{2l_i} \qquad (4-8)$$

$$\Delta l_{h_1} = -\frac{h_1^2}{2l_1} = -\frac{(+0.272)^2}{2 \times 29.865} = -0.001\ 2\ \text{m}$$

$$\Delta l_{h_2} = -\frac{h_2^2}{2l_2} = -\frac{(+0.174)^2}{2 \times 29.906} = -0.000\ 5\ \text{m}$$

……

$$\Delta l_{h_6} = -\frac{h_6^2}{2l_6} = -\frac{(-0.065)^2}{2 \times 11.805} = -0.000\ 2\ \text{m}$$

4）各尺段改正后的水平距离

$$D_i = l_i + \Delta l_i + \Delta l_{t_i} + \Delta l_{h_i} \qquad (4-9)$$

式中，Δl_i——尺段的尺长改正数，mm；

$\quad\quad\Delta l_{t_i}$——尺段的温度改正数，mm；

$\quad\quad\Delta l_{h_i}$——尺段的倾斜改正数，mm；

$\quad\quad l_i$——尺段的观测结果，m；

$\quad\quad D_i$——尺段改正后的水平距离，m。

$$D_1 = 29.865 - 0.007\ 0 + 0.002\ 2 - 0.001\ 2 = 29.859\ 0\ \text{m}$$

$$D_2 = 29.906 - 0.007\ 0 + 0.002\ 8 - 0.000\ 5 = 29.904\ 0\ \text{m}$$

……

$$D_6 = 11.805 - 0.002\ 8 + 0.001\ 3 - 0.000\ 2 = 11.803\ 3\ \text{m}$$

经过各项改正后直线 AB 的水平距离为

$$D = D_1 + D_2 + \cdots + D_6 = 29.859\ 0 + 29.904\ 0 + \cdots + 11.803\ 3 = 161.740\ 0\ \text{m}$$

计算结果见表4-1。

（五）钢尺量距的误差及注意事项

（1）尺长误差　钢尺的名义长度和实际长度不符，产生尺长误差，尺长误差是累积性的，它与所量距离成正比。

（2）定线误差　丈量时钢尺偏离定线方向，将使测线成为一折线，导致丈量结果偏大，这种误差称为定线误差。

（3）拉力误差　钢尺有弹性，受拉会伸长，钢尺在丈量时所受拉力应与检定时拉力相同，如果拉力变化±2.6 kg，尺长将改变±1 mm。一般量距时，只要保持拉力均匀即可，精密量距时,必须使用弹簧秤。

(4)钢尺垂曲误差　钢尺悬空丈量时中间下垂,称为垂曲,由此产生的误差为钢尺垂曲误差。垂曲误差会使量得的长度大于实际长度,故在钢尺检定时,亦可按悬空情况检定,得出相应的尺长方程式。在成果整理时,按此尺长方程式进行尺长改正。

(5)钢尺不水平的误差　用平量法丈量时,钢尺不水平,会使所量距离增大。对于30 m的钢尺,如果目估尺子水平误差为0.5 m(倾角约1°),由此产生的量距误差为4 mm。因此,用平量法丈量时应尽可能使钢尺水平。

精密量距时,测出尺段两端点的高差,进行倾斜改正,可消除钢尺不水平的影响。

(6)丈量误差　钢尺端点对不准、测钎插不准、尺子读数不准等引起的误差都属于丈量误差。这种误差对丈量结果的影响可正可负,大小不定。在量距时应尽量认真操作,以减小丈量误差。

(7)温度改正　钢尺的长度随温度变化,丈量时温度与检定钢尺时温度不一致,或测定的空气温度与钢尺温度相差较大,都会产生温度误差。所以,精度要求较高的丈量,应进行温度改正,并尽可能用点温计测定尺温,或尽可能在阴天进行,以减小空气温度与钢尺温度的差值。

二、视距测量

视距测量是一种能同时测定距离和高差的测量方法。作业时根据光学原理,利用望远镜内的视距丝在标尺上的读数,求得测站与测点之间的距离;如果同时测出竖直角、中丝读数和仪器高,就可以计算出水平距离和高差。

同直接量距相比,视距测量操作方便、速度快、在地形起伏较大山区,其优点尤为突出。但是视距测量精度较低,其测距精度约为1/300,高差测量的精度与所测两点之间的水平距离有关。所以视距测量只能应用于精度要求较低的测量工作中。

(一)视距测量原理

(1)视准轴水平时的视距测量原理　如图4-7所示,欲测定 A、B 两点之间的距离和高差,水准仪安置在 A 点上,视距尺竖立在 B 点,使望远镜视线水平并照准视距尺,此时视准轴与尺子垂直。调节目镜和物镜对光螺旋,使成像清晰,根据光学成像原理,视距尺上 M、N 两点成像在十字丝分划板上的 m 和 n 处,那么视距尺上 MN 的长度,可由上、下视距丝读数之差求得,上、下视距丝读数之差称为视距间隔或尺间隔,用 l 表示。

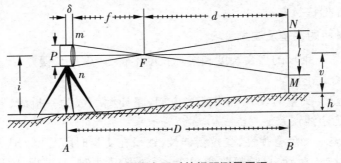

图4-7　视线水平时的视距测量原理

在图 4-7 中,p 为上、下视距丝的间距,l 为视距间隔,f 为物镜焦距,δ 为物镜中心到仪器中心的距离。由于 $\triangle mFn$ 和 $\triangle MFN$ 相似,可得 $\dfrac{d}{l} = \dfrac{f}{p}$,即

$$d = \frac{f}{p} \times l$$

因此,水平距离

$$D = d + f + \delta = \frac{f}{p} \times l + (f + \delta)$$

令 $$\frac{f}{p} = K \qquad f + \delta = C$$

则有 $$D = Kl + C \tag{4-10}$$

式中,K——视距乘常数,通常 $K = 100$;

C——视距加常数,一般为 0.3 m。

公式(4-10)是用外对光望远镜进行视距测量时计算水平距离的公式。对于内对光望远镜,由于增设了对光透镜,适当地选择了透镜的焦距和透镜间的距离,使常数 C 值接近零,故内对光望远镜水平距离公式为

$$D = Kl = 100l \tag{4-11}$$

同时,由图 4-7 可知,A、B 两点间的高差

$$h = i - v \tag{4-12}$$

式中,i——仪器高,m;

v——中丝读数,m。

(2)视准轴倾斜时的视距测量原理 在实际工作中,由于地面起伏较大,在进行视距测量时,必须使望远镜视线处于倾斜位置才能瞄准尺子。此时,视线便不垂直于竖立的视距尺,因此式(4-11)和式(4-12)不能适用。下面介绍视线倾斜时的水平距离和高差的计算公式。

如图 4-8 所示,仪器安置在 A 点,量出仪器高 i,瞄准 B 点上的视距尺,测得视距间隔 $l(MN)$ 及竖直角 α。由于尺子不垂直于视线,故不能应用公式(4-11),如果我们把竖立在 B 点上视距尺的尺间隔 MN,换算成与视线相垂直的尺间隔 $M'N'$,就可用式(4-11)计算出倾斜距离 S。然后再根据 S 和竖直角 α,算出水平距离 D 和高差 h。

从图 4-8 可知,在 $\triangle EM'M$ 和 $\triangle EN'N$ 中,由于 φ 角很小(约 34′),可把 $\angle EM'M$ 和 $\angle EN'N$ 视为直角。而 $\angle MEM' = \angle NEN' = \alpha$,因此

$$M'N' = M'E + EN' = ME\cos\alpha + EN\cos\alpha = (ME + EN)\cos\alpha = MN\cos\alpha,$$

式中,$M'N'$ 就是假设视距尺与视线相垂直的尺间隔 l',MN 是尺间隔 l,所以 $l' = l\cos\alpha$,将上式代入式(4-11),得倾斜距离 $S = Kl' = Kl\cos\alpha$,因此,A、B 两点间的水平距离为

$$D = S\cos\alpha = Kl\cos^2\alpha \tag{4-13}$$

式(4-13)为视线倾斜时水平距离的计算公式。由图 4-8 可以看出,A、B 两点间的高差 h 为:$h = h' + i - v$。

式中,h'——为初算高差,可按下式计算

$$h' = S\sin \alpha = Kl\cos \alpha\sin \alpha = \frac{1}{2}Kl\sin 2\alpha \qquad (4\text{-}14)$$

所以

$$h = \frac{1}{2}Kl\sin 2\alpha + i - v \qquad (4\text{-}15)$$

式(4-15)为视线倾斜时高差的计算公式。

在实际工作中,应尽可能使瞄准高(中丝读数)等于仪器高,以简化高差的计算。若令 $\alpha = 0$,即视线水平,式(4-13)就变化为 $D = Kl$,式(4-15)就变成 $h = i - v$,所以式(4-13)和式(4-15)是视距测量的通用公式。

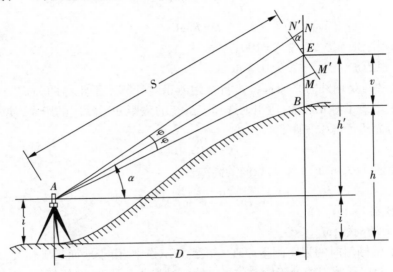

图 4-8　视线倾斜时的视距测量原理

(二)视距测量的观测与计算

(1)视距测量的观测

1)如图 4-8 所示,在 A 点安置经纬仪,量取仪器高 i,在 B 点竖立视距尺。

2)盘左(或盘右)位置,转动照准部瞄准 B 点视距尺,分别读取上、下、中三丝读数,并算出尺间隔 l。

3)转动竖盘指标水准管微动螺旋,使竖盘指标水准管气泡居中,读取竖盘读数,并计算竖直角 α。

4)根据尺间隔 l、竖直角 α、仪器高 i 及中丝读数 v,计算水平距离 D 和高差 h。

(2)视距测量的计算

例 4-4　如图 4-8 所示,将经纬仪安置于测站点 A,盘左位置观测 B 点,测得上丝读数、下丝读数、中丝读数分别为 1.718 m、1.192 m、1.45 m,竖盘读数为 85°32′00″,已知 A 点高程为 50.35 m,仪器高为 1.45 m,竖直度盘为顺时针刻划注记,求 A、B 两点间的水平距离和 B 点的高程。

解:尺间隔 $l = 1.718 - 1.192 = 0.526$ m,竖直角 $\alpha = 90° - 85°32' = 4°28'$

$$D_{AB} = Kl\cos^2\alpha = 100 \times 0.526 \times \cos^2 4°28' = 52.28 \text{ m}$$

$$h_{AB} = \frac{1}{2}Kl\sin 2\alpha + i - v = \frac{1}{2} \times 100 \times 0.526 \times \sin(2 \times 4°28') + 1.45 - 1.45 = 4.07 \text{ m}$$

$$H_B = H_A + h_{AB} = 50.35 + 4.07 = 54.42 \text{ m}$$

(三)视距测量的误差来源及消减方法

(1)用视距丝读取尺间隔的误差　视距丝的读数是影响视距测量精度的主要因素，因为视距尺间隔乘以常数，其误差也随之扩大 100 倍。视距丝的读数误差与视距尺的最小分化、距离远近、成像清晰情况有关。因此，读数时应注意消除视差，认真读取视距尺间隔。另外，视距测量中，一般根据测量精度要求限制视距长度。

(2)竖直角测定误差　从视距测量原理可知，竖直角误差对于水平距离影响不显著，而对高差影响较大，故用视距测量方法测定高差时应注意准确测定竖直角。读取竖盘读数时，应严格令竖盘指标水准管气泡居中。对于竖盘指标差的影响，可采用盘左、盘右观测取竖直角平均值的方法来消除。

(3)标尺倾斜误差　视距计算的公式要满足的前提条件是视距尺要严格垂直，如视距尺前后倾斜时将给视距测量带来较大误差，其影响随着尺子倾斜度的增加而增加。因此测量视距时视距尺必须严格竖直，特别是在山区作业时，视距尺上应装有水准器。

(4)外界条件的影响

1)大气竖直折光影响　由于大气密度分布不均，视线通过大气时从而产生竖直折光差，使视线弯曲，给视距测量带来误差。特别是晴天接近地面部分，大气密度变化更大，所以视线越接近地面竖直折光差的影响也越大，视距测量误差更大。因此视距测量观测时应使视线离开地面至少 1 m 以上，竖直折光影响才比较小。

2)空气对流使成像不稳定产生的影响　空气对流这种现象在视线通过水面和接近地表时较为突出，特别在烈日下更为严重，成像不稳定造成读数误差增大。

此外，风力、高温等都将影响视距测量的精度。因此在进行视距测量时，减少外界影响的唯一办法是选择合适的观测时间，尽可能避开大面积水域。

三、 电磁波测距

随着微电子技术和光电技术的迅猛发展，用电磁波作为载波来测量距离的仪器竞相出现。电磁波就是振荡的电磁场在空间由近及远的传播。电磁波的种类很多，无线电波和光波都是电磁波。用电磁波作为载波来测量距离的仪器叫作电磁波测距仪。

与钢尺量距相比，电磁波测距仪具有精度高、速度快、测程远、工作强度低、受地形限制少等优点。

(一)电磁波测距仪的分类

(1)按测程大小分类　测程是测距仪一次所能测量的最远距离。测程小于 3 km 的测距仪为短程测距仪，主要用于工程测量;测程在 3~15 km 的测距仪为中程测距仪，常用于一般等级控制测量;测程超过 15 km 的测距仪为远程测距仪，一般用于国家三角网测量。

（2）按测距精度分　测距仪的精度是指出厂标称精度,若按标称测距精度分类,通常是以每千米的标称测距中误差 m_D 分类,若 $m_D \leqslant 5$ mm 为 Ⅰ 级测距仪;若 5 mm $\leqslant m_D \leqslant 10$ mm 为 Ⅱ 级测距仪;若 10 mm$<m_D \leqslant 20$ mm 为 Ⅲ 级测距仪。

（3）按传播时间 t 的测定方法分　脉冲式（直接测定时间）;相位式（间接测定时间）。

（二）电磁波测距的基本原理

电磁波测距仪是通过测量电磁波（光波或微波）在待测距离上往、返一次所经过的时间,确定两点间距离的一种精密测距仪器。

如图4-9所示,欲测定 A、B 两点间的距离 D,可在 A 点安置能发射和接收光波的电磁波测距仪,在 B 点设置反射棱镜。电磁波测距仪发出的光束由 A 到 B,经棱镜反射后,又返回到测距仪。通过测定光波在 A、B 之间往、返传播的时间 t,根据光波在大气中的传播速度 c,计算距离 D。

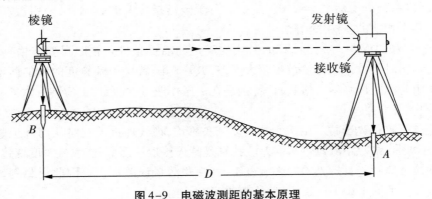

图4-9　电磁波测距的基本原理

$$D = \frac{1}{2}ct \qquad (4\text{--}16)$$

式中,c——光波在大气中的传播速度,其值为 C_0/n;

　　C_0——光波在真空中的传播速度,其值为 $C_0 = 299\ 792\ 458$ m/s;

　　n——大气折射率,它是大气压力、温度、湿度的函数。

由于光速太快,对于一个不太长的距离 D 来说,t 是一个很小的数值,因此为了精确测定距离 D,必须测定时间 t。测定距离 D 的精度主要取决于测定时间 t 的精度。根据测定时间的方式不同,光电测距仪分为直接测定时间的脉冲测距法和间接测定时间的相位测距法。

（1）脉冲式　脉冲式光电测距仪是将发射光波的光强,调制成一定频率的尖脉冲,通过测量发射的尖脉冲在待测距离往返传播的时间 t_{2D} 来计算距离 D 的一种方法,称为脉冲式测距。

$$t_{2D} = qT_0 = \frac{q}{f_0} \qquad (4\text{--}17)$$

式中,f_0——脉冲的振荡频率;

　　q——计数器计得的时钟脉冲个数。

　　脉冲式光电测距仪由于计数器只能记忆整数个时钟脉冲,不足一周期的时间被丢掉了,所以,脉冲式光电测距仪测距精度较低,一般在"米"级,最好的达"分米"级。要提高精度必须采用相位式光电测距仪测距。

　　(2)相位式　相位式光电测距仪的测距原理是:由光源发出的光通过调制器后,成为光强随高频信号变化的调制光,通过测量调制光在待测距离上往返传播的相位差 φ,间接计算时间,从而来计算距离。

　　如图 4-10 所示,调制光波在待测距离上往、返传播,其光强变化一个周期的相位差为 2π,将仪器从 A 点发出的光波在测距方向上展开,光波以棱镜站为中心对称展开后的图形。

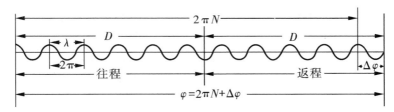

图 4-10　相位法测距波形示意

　　由图知,调制光波往、返程总相位移为

$$\varphi = 2\pi N + \Delta\varphi$$

式中,N——调制光波往返程总相位移整周期个数,其值为 0 或正整数;

　　　$\Delta\varphi$——不足整周期之相位移尾数,$\Delta\varphi < 2\pi$。

　　根据物理学原理,相位移 φ 等于调制光波的角频率 ω,乘以传播时间 t,即 $\varphi = \omega t$ 因 ($\omega = 2\pi f$)。

　　若调制光波的频率为 f,波长 $\lambda = \dfrac{c}{f}$,则有

$$\phi = 2\pi f t = \frac{2\pi c t}{\lambda}$$

则

$$t = \frac{2\pi N + \Delta\varphi}{2\pi f}$$

所以距离

$$D = \frac{1}{2}ct = \frac{c}{2f}\left(N + \frac{\Delta\varphi}{2\pi}\right)$$

令

$\dfrac{\Delta\varphi}{2\pi} = \Delta N$($\Delta N$ 为不足整周期的比例数,$0 < \Delta N < 1$),则

$$D = \frac{\lambda}{2}(N + \Delta N) \tag{4-18}$$

式(4-18)就是相位法测距的基本公式。

由此可见,相位法测距就相当于用"光尺"代替钢尺去量距,而 $\lambda/2$ 为光尺长度,被量测距离 D 等于调制波长的一半乘以整波数与余波之和。

则不同的调制频率 f 对应的光尺长见表 4-2。

表 4-2　调制频率与光尺长关系

调制频率 f	15 MHz	7.5 MHz	1.5 MHz	150 kHz	75 kHz
光尺长 $\lambda/2$	10 m	20 m	100 m	1 km	2 km

由此可见,调制频率决定光尺长度。相位式测距仪中,相位计只能测出相位差的尾数 ΔN,测不出整周期数 N,因此,对大于"光尺"的距离无法测定。为了扩大测程,应选择较长的"光尺",例如用 10 m 的"光尺",只能测定小于 10 m 的数据;若用 1 000 m 的"光尺",则能测定小于 1 000 m 的距离。但是,由于仪器存在测距误差,其误差值与"光尺"长度成正比,约为 1/1 000 的光尺长度,因此,"光尺"长度越长,测距误差越大。为了解决测程产生的误差问题,测距仪上一般采用两个调制频率,即两种光尺配合使用。长光尺(称为粗尺)$f_1 = 150$ kHz,$\lambda_1/2 = 1\ 000$ m,用于扩大测程,测定百米、十米和米;短光尺(称为精尺)$f_2 = 15$ MHZ,$\lambda_2/2 = 10$ m,用于保证精度,测定米、分米、厘米和毫米。把两尺所测数值组合起来,即可直接显示精确的测距数字。

相位法与脉冲法相比,其主要优点在于测距精度高,目前精度高的测距仪能达到毫米级,甚至高达 0.1 mm 级,其应用范围较为广泛。

(三)ND3000 红外测距仪及其使用

(1)仪器结构　图 4-11 为 ND3000 红外测距仪,其主机通过连接器安置在经纬仪上部,经纬仪可以是普通光学经纬仪,也可以是电子经纬仪。利用光轴调节螺旋,可使主机的发射、接收器光轴与经纬仪视准轴位于同一竖直面内。另外,测距仪横轴到经纬仪横轴的高度与觇牌中心到反射棱镜高度一致,从而使经纬仪瞄准觇牌中心的视线与测距仪瞄准反射棱镜中心的视线保持平行,配合主机测距的反射棱镜,根据距离远近,可选用单棱镜(1 500 m 内)或三棱镜(2 500 m 内),棱镜安置在三脚架上,根据光学对中器和长水准管进行对中、整平。

(2)ND3000 红外测距仪主要技术指标及功能　ND3000 红外测距仪单棱镜的最大测程为 2 500 m,三棱镜的最大测程为 3 500 m,测距精度可达 $\pm(5\ \text{mm} + 3\times10^{-6}\times D)$(其中 D 为所测距离),最小读数为 1 mm。仪器设有自动光强调节装置,在复杂环境下测量时也可人工调节光强;可输入温度、气压和棱镜常数自动对结果进行改正;可输入垂直角自动计算出水平距离和高差;可通过距离预置进行定线放样;若输入测站坐标和高程,可自动计算观测点的坐标和高程。测距方式有单次、连续、平均、跟踪,其中连续测量所需时间为 3 s,还能显示数次测量的平均值;跟踪测量所需时间为 0.8 s,每隔一定时间间隔自动重复测距。

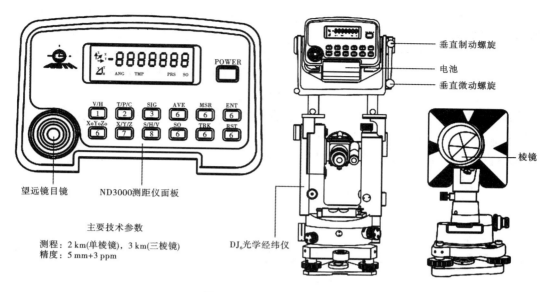

图 4-11　ND3000 红外测距仪

（3）ND3000 红外测距仪操作与使用

1）安置仪器　先在测站上安置好经纬仪,对中、整平后,将测距仪主机安装在经纬仪支架上,用连接器固定螺丝锁紧,将电池插入主机底部、扣紧。在目标点安置反射棱镜,对中、整平,并使镜面朝向主机。

2）观测垂直角、气温和气压　用经纬仪十字横丝照准觇板中心,测出垂直角 α,同时,观测和记录温度和气压计上的读数。观测垂直角、气温和气压的目的是对测距仪测量出的斜距进行倾斜改正、温度改正和气压改正,以得到正确的水平距离。

3）测距准备　按电源开关键"PWR"开机,主机自检并显示原设定的温度、气压和棱镜常数值,自检通过后将显示"good"。若修正原设定值,可按"TPC"键后输入温度、气压值或棱镜常数（一般通过"ENT"键和数字键逐个输入）。一般情况下,只要使用同一类的反光镜,棱镜常数不变,而温度、气压每次观测均可能不同,需要重新设定。

4）距离测量　调节主机照准轴水平调整手轮（或经纬仪水平微动螺旋）和主机俯仰微动螺旋,使测距仪望远镜精确瞄准棱镜中心。在显示"good"状态下精确瞄准,也可根据蜂鸣器声音来判断,信号越强声音越大,上下左右微动测距仪,使蜂鸣器的声音最大,便完成了精确瞄准,显示屏出现" * "。精确瞄准后,按"MSR"键,主机将测定并显示经温度、气压和棱镜常数改正后的斜距。在测量中,若光速受挡或大气抖动等,测量将暂时中断,此时" * "消失,待光强正常后继续自动测量;若光束中断 30 s,须光强恢复后,再按"MSR"键重测。

斜距到平距的改算,一般在现场用测距仪进行,方法是:按"V/H"键后输入垂直角值,再按"SHV"键显示水平距离。连续按"SHV"键可依次显示斜距、平距和高差。

（四）使用测距仪的注意事项

（1）防止日晒雨淋,在仪器使用和运输中应注意防震。

（2）气象条件对光电测距影响较大，微风的阴天是观测的良好时机，应在大气条件比较稳定和通视良好的条件下观测。

（3）测线应尽量离开地面障碍物 1.3 m 以上，避免通过发热体和较宽水面的上空。

（4）测线应避开强电磁场干扰的地方，例如测线不宜接近变压器、高压线等。

（5）镜站的后面不应有反光镜和其他强光源等背景的干扰。

（6）要严防阳光及其他强光直射接收物镜，避免光线经镜头聚焦进入机内，将部分元件烧坏，阳光下作业应撑伞保护仪器。

（7）仪器长期不用时，应将电池取出。

任务二　直线定向

确定地面上两点之间的相对位置，除了需要测定两点之间的水平距离外，还需确定两点所连直线的方向，一条直线的方向，是根据某一标准方向来确定的。确定一条直线与标准方向之间的夹角关系的工作，称为直线定向。

一、标准方向的种类

（1）真子午线方向　通过地球表面某点的真子午线的切线方向，称为该点的真子午线方向。真子午线方向可用天文测量方法测定，在国家大面积测图中采用它作为定向的标准。

（2）磁子午线方向　地面上某点磁针在地球磁场作用下，自由静止时所指的方向，即为该点的磁子午线方向。磁子午线方向可用罗盘仪测定，在小面积测量中常用磁子午线作为定向的标准。

（3）坐标纵轴方向　坐标纵轴方向，就是直角坐标系中纵坐标轴的方向。在同一测区内地面各点的坐标纵轴方向都是互相平行的。因此，在普通测量中一般都采用纵坐标轴方向作为标准方向。

以上三个基本方向的北方向，合称为三北方向；一般情况下，三北方向是不一致的，如图 4-12 所示。

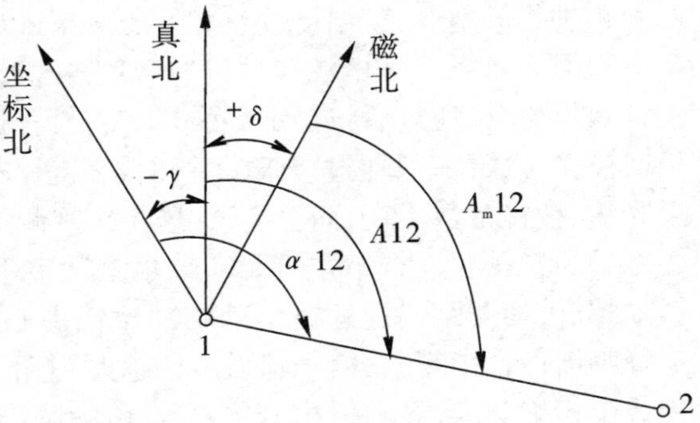

图 4-12　三北方向关系

二、直线方向的表示方法

（一）方位角

测量工作中，常采用方位角表示直线的方向。从标准方向北端起，顺时针方向量至该直线的水平夹角，称为该直线的方位角。方位角取值范围是 0°～360°。因标准方向有真子午线方向、磁子午线方向和坐标纵轴方向之分，对应的方位角分别称为真方位角（用 A

表示)、磁方位角(用 A_m 表示)和坐标方位角(用 α 表示)。

几种方位角之间的关系如下。

(1)真方位角与磁方位角之间的关系 由于地球的磁南、磁北两极与地球的南、北两极不重合,致使过地面上某点的真子午线方向与磁子午线方向不重合,两者之间形成一个夹角,该夹角称为磁偏角,用 δ 表示。磁子午线北方向偏离真子午线北方向以东者称为东偏,磁偏角为正值;反之,偏离真子午线北方向以西者称为西偏,磁偏角为负值。如图 4-12 所示。

直线的真方位角与磁方位角之间关系可用公式表示

$$A = A_m + \delta \qquad (4-19)$$

式中的 δ 值,东偏取正值,西偏取负值。我国西北地区磁偏角在 +6° 左右,东北地区磁偏角在 -10° 左右。

(2)真方位角与坐标方位角之间的关系 地球表面某点的真子午线方向与坐标纵轴方向之间的夹角,称为子午线收敛角,用 γ 表示。当坐标纵轴北方向在真子午线方向东侧时,γ 的符号为正值;当坐标纵轴北方向在真子午线方向西侧时,γ 的符号为负值。

真方位角 A 与坐标方位角 α 之间的关系用公式表示

$$A = \alpha + \gamma \qquad (4-20)$$

(3)坐标方位角与磁方位角的关系 若已知某点的磁偏角 δ 与子午线收敛角 γ,则坐标方位角 α 与磁方位角 A_m 之间的关系用公式表示

$$\alpha = A_m + \delta - \gamma \qquad (4-21)$$

(二)象限角

由坐标纵轴的北端或南端起,顺时针或逆时针方向到某一直线所夹的水平锐角,称为该直线的象限角,用 R 表示,其角值范围为 0°～90°。如图 4-13 所示,直线 01、02、03 和 04 的象限角分别为北东 $RO1$、南东 $RO2$、南西 $RO3$ 和北西 $RO4$。

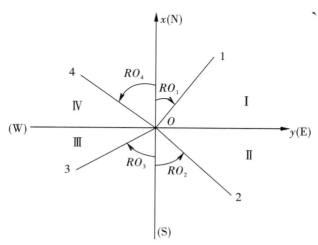

图 4-13 方位角与象限角的关系

（三）坐标方位角与象限角的换算关系

由图4-13可以看出，同一条直线的坐标方位角与象限角的换算关系见表4-3。

表4-3　坐标方位角与象限角的换算关系

象　限		根据方位角 α 求象限角 R	根据象限角 R 求方位角求 α
编号	名称		
I	北东（NE）	$R = \alpha$	$\alpha = R$
II	南东（SE）	$R = 180° - \alpha$	$\alpha = 180° - R$
III	南西（SW）	$R = \alpha - 180°$	$\alpha = 180° + R$
IV	北西（NW）	$R = 360° - \alpha$	$\alpha = 360° - R$

三、坐标方位角的推算

（一）正、反坐标方位角

如图4-14所示，直线 AB 中 A 为起点，B 为终点，通过起点 A 的坐标纵轴方向与直线 AB 所夹的正坐标方位角为 α_{AB}。通过终点 B 的坐标纵轴方向与直线 BA 所夹的坐标方位角为 α_{BA}，称为直线 AB 的反坐标方位角（又称为直线 BA 的正坐标方位角），由图4-14中可以看出正、反坐标方位角间的关系相差180°。即

$$\alpha_{AB} = \alpha_{BA} \pm 180° \tag{4-22}$$

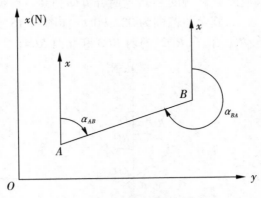

图4-14　正、反坐标方位角的关系

（二）坐标方位角的推算

在实际工作中并不需要测定每条直线的坐标方位角，而是通过与已知坐标方位角的直线连测后，推算出各直线的坐标方位角。如图4-15所示，已知直线12的坐标方位角 α_{12}，观测了水平角 β_2 和 β_3，要求推算直线23和直线34的坐标方位角。

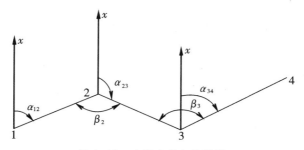

图4-15　坐标方位角的推算

由图4-15可以看出

$$\alpha_{23} = \alpha_{21} - \beta_2 = \alpha_{12} + 180° - \beta_2$$
$$\alpha_{34} = \alpha_{32} + \beta_3 = \alpha_{23} + 180° + \beta_3$$

因β_2在推算路线前进方向的右侧,该转折角称为右角;β_3在左侧,称为左角。从而可归纳出推算坐标方位角的一般公式为

$$\alpha_{前} = \alpha_{后} + 180° + \beta_{左} \tag{4-23}$$
$$\alpha_{前} = \alpha_{后} + 180° - \beta_{右} \tag{4-24}$$

计算中,如果$\alpha_{前} > 360°$,应自动减去$360°$;如果$\alpha_{前} < 0°$,则自动加上$360°$。

四、用罗盘仪测定磁方位角

(一)罗盘仪的构造

罗盘仪是测定磁方位角的仪器,如图4-16所示,其主要由罗盘、望远镜和水准器等组成。

图4-16　罗盘仪

(1)罗盘　罗盘包括磁针和刻度盘两部分,磁针为长条形磁铁,支撑在刻度盘中心的

顶针尖端上,可灵活转动,当它静止时,一端指南,一端指北。磁针南端绕缠一铜环或铝片,用于平衡磁针所受引力,保持磁针两端平衡,这也是区别磁针南北端的重要标志。为了防止磁针的磨损,不用时,可旋紧举针螺旋,将磁针固定。

刻度盘从 0° 按逆时针方向注记到 360°,一般有 1° 和 30′ 两种基本分划。

(2)望远镜　望远镜一般为外对光望远镜,由物镜、目镜、十字丝分划板等组成。用支架装在刻度盘的圆盒上,可随圆盒在水平面内转动,也可在竖直方向转动。望远镜的视准轴与度盘上 0° 和 180° 直径方向重合。支架上装有竖直度盘,可测量竖直角。

(3)水准器　在罗盘盒内装有一个圆水准器或两个互相垂直的水准管,用以整平仪器。

此外,还有水平制动螺旋,望远镜的垂直制动、微动螺旋以及连接装置。

(二)磁方位角的测定

用罗盘仪测定磁方位角的步骤如下:

(1)先将罗盘仪安置在待测直线的一端,并在直线另一端插上标杆。

(2)将罗盘仪对中、整平、松开磁针。

(3)用望远镜照准直线的另一端点所立标志,待磁针静止后,其北端所指的度盘读数,即为该直线的磁方位角。

为了防止错误和提高观测精度,通常在测定直线的正方位角后,还要测定直线的反方位角。正反方位角应相差 180°,如误差小于等于限差(0.5°),可按下式取二者平均数作为最后结果,即

$$\alpha = \frac{1}{2} \left[\alpha_{正} + (\alpha_{反} \pm 180°) \right] \tag{4-25}$$

使用罗盘仪时,应注意避免任何磁铁接近仪器,选择测站点应避开高压线,车间、铁栅栏等,以免产生局部吸引,影响磁针偏转,造成读数误差。使用完毕,应立即固定磁针,以防顶针磨损和磁针脱落。

▌ 项目小结

距离测量是指测定地面两点之间的水平距离。距离测量的方法分为钢尺量距、视距测量、电磁波测距。

钢尺量距的方法分为一般方法和精密方法。量距的一般方法采用目估定线,并进行往返观测,精度相对误差一般小于 1/2 000。量距的精密方法应采用经纬仪定线,使用检定过的钢尺测距离三次,经过尺长改正、温度改正和倾斜改正计算,精度可达 1/10 000 以上。

视距测量是利用仪器的视距丝及视距尺,同时测定地面两点间的水平距离和高差的一种方法。这种方法速度快,但精度较低。

电磁波测距仪是用电磁波作为载波来测量距离的一种仪器。电磁波测距仪具有精度高、速度快、测程远、工作强度低等优点。根据测定时间的方式不同,分为脉冲测距法和相

位测距法。

直线定向就是确定一条直线与标准方向之间的夹角关系。标准方向的种类有真子午线、磁子午线、坐标纵轴。直线方向的表示方法有方位角和象限角两种。

思考题

(1)什么是直线定线,直线定线的方法有哪些? 各在什么情况下采用?

(2)什么是磁偏角? 对直线定向有什么影响?

(3)距离丈量有哪些主要误差来源?

(4)标准方向线的种类有哪些? 它们是如何定义的?

(5)什么是直线定向,确定直线方向的方法有哪些?

(6)什么是方位角、象限角,它们之间有什么关系?

习　题

(1)今用同一钢尺丈量甲、乙两段距离,甲段距离的往、返测值分别为 226.782 m、226.682 m;乙段往、返测值分别为 156.231 m 和 156.331 m。两段距离往返测量值的差数均为 0.100 m,问甲、乙两段距离丈量的精度是否相等? 若不等,哪段距离丈量的精度高? 为什么?

(2)一钢尺名义长度为 50 m,经检定实际长度为 50.005 m,用此钢尺量两点间距离为 186.434 m,求改正后的水平距离。

(3)一钢尺长 30 m,检定时温度为 20 ℃,用钢尺丈量两点间距离为 126.354 m,丈量时钢尺表面温度 16 ℃,求改正后的水平距离。($\alpha = 1.25 \times 10^{-5}/1$ ℃)

(4)某直线的磁方位角为 130°17′,而该处的磁偏角为东偏 3°15′,问该直线的真方位角是多少?

(5)设已知各直线的坐标方位角分别为 45°27′,165°37′,224°48′,317°18′,试分别求出它们的象限角和反坐标方位角。

(6)如图 4–17 所示,已知 $\alpha_{AB} = 54°20′$,$\beta_B = 125°24′$,$\beta_C = 135°06′$,求其余各边的坐标方位角。

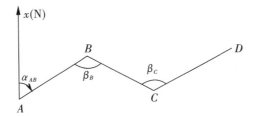

图 4–17　坐标方位角的推导

▌实训题

钢尺量距。

（1）实训目的　掌握在地面上标定直线及用钢尺丈量距离的一般方法。

（2）实训内容　在平坦的地面采用目估法直线定线、钢尺量距并计算丈量精度。

（3）仪器及工具　钢尺1副，标杆3～5根，测钎1组，斧子1把，木桩小钉若干，垂球2个；自备铅笔、小刀、记录板、记录表格等。

（4）方法提示

1）定线：在平坦地面上选择一条长150m左右的线段，在线段两端上打下木桩，设为A、B，在其顶部钉上小钉或画"+"号以示点位，并用目估法进行直线定线。

2）测量：测量工作至少需要3人，分别担任后尺手、前尺手和记录员。量距时按定线方向沿直线拉紧尺子，目估尺子水平，后尺手将钢尺的零点对准A点，前尺手对准钢尺末端分划线处插入测钎，这样便完成了第一尺段A–1的丈量工作。依次向B方向丈量，直至量出不足一整尺的余数。同理从B点向A点返测。

3）计算：求出往、返丈量的相对误差K，若$K \leqslant 1/3\,000$，取平均值作为最后结果；若$K > 1/3\,000$，则应重新丈量。

（5）注意事项

1）爱护钢尺，勿使折绕，勿沿地面拖拉。

2）丈量前，要认清钢尺是端点尺还是刻线尺。

3）丈量时，钢尺要拉平拉紧，用力要均匀。

4）插测钎时，测钎要竖直，若地面坚硬，也可以在地面上做出相应记号。

5）本实验最好能结合经纬仪导线测量，为经纬仪导线测量提供边长数据。

（6）上交资料　每组上交符合要求的观测记录手簿一份，如表4-4所示。

表4-4　观测记录手簿

尺号_____　日期_____　班组_____　观测者_____　记录者_____

线　段	往测/m	返测/m	相对精度	平均距离/m	备　注

控制测量

知识目标　　　了解控制测量的基本概念、作用、布网原则和基本要求；了解 GPS 定位原理、系统构成及定位方法。

能力目标　　　掌握导线的概念、布设形式和等级技术要求；掌握导线测量外业操作(踏勘选点、测角、量边)和内业计算方法(闭合、附合导线坐标计算)。

　　测量工作必须遵循"从整体到局部,由高级到低级,先控制后碎部"的原则,即先在全测区范围内,选定若干个具有控制作用的点位,组成一定的几何图形,以较精确的方法,测定这些点位的平面位置和高程。

　　测定控制点的工作,称为控制测量。控制测量分为平面控制测量和高程控制测量。平面控制测量是测定控制点的平面位置,高程控制测量是测定控制点的高程。

任务一　坐标和坐标方位角的计算方法

一、控制测量的概念

(一)控制网

　　在测区范围内选择若干有控制意义的点(称为控制点),按一定的规律和要求构成网状几何图形,称为控制网。控制网分为平面控制网和高程控制网。

(二)控制测量

　　测定控制点位置的工作称为控制测量。测定控制点平面位置(x、y)的工作,称为平面控制测量。测定控制点高程(H)的工作,称为高程控制测量。

　　控制网有国家控制网、城市控制网和小地区控制网等。

二、国家控制网

在全国范围内建立的控制网,称为国家控制网。它是全国各种比例尺测图的基本控制,并为确定地球形状和大小提供研究资料。国家控制网是用精密测量仪器和方法,依照施测精度按一、二、三、四等四个等级建立的,它的低级点受高级点逐级控制。

国家平面控制网主要布设成三角网,如图 5-1 所示,采用三角测量的方法。一等三角锁是国家平面控制网的骨干;二等三角网布设于一等三角锁环内,是国家平面控制网的基础;三、四等三角网为二等三角网的进一步加密。

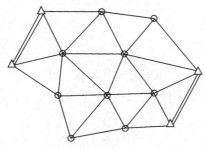

图 5-1 三角网

国家高程控制网,布设成水准网,采用精密水准测量的方法。一等水准网是国家高程控制网的骨干;二等水准网布设于一等水准环内,是国家高程控制网的基础;三、四等水准网为国家高程控制网的进一步加密。

三、城市控制网

在城市地区,为测绘大比例尺地形图、进行建筑工程和市政工程放样,在国家控制网的控制下而建立的控制网,称为城市控制网。

城市平面控制网分为二、三、四等和一、二级小三角网,或一、二、三级导线网。最后,再布设直接为测绘大比例尺地形图所用的图根小三角和图根导线。

城市高程控制网分为二、三、四等,在四等以下再布设直接为测绘大比例尺地形图用的图根水准测量。

直接供地形测图使用的控制点,称为图根控制点,简称图根点。测定图根点位置的工作,称为图根控制测量。图根控制点的密度(包括高级控制点)取决于测图比例尺和地形的复杂程度。平坦开阔地区图根点的密度一般不低于表 5-1 的规定;地形复杂地区、城市建筑密集区和山区,可适当加大图根点的密度。

表 5-1 图根点的密度

测图比例尺	1 : 500	1 : 1 000	1 : 2 000	1 : 5 000
图根点密度/(点/km^2)	150	50	15	5

四、小地区控制测量

在面积小于 15 km² 范围内建立的控制网,称为小地区控制网。

建立小地区控制网时,应尽量与国家(或城市)已建立的高级控制网连测,将高级控制点的坐标和高程作为小地区控制网的起算和校核数据。如果周围没有国家(或城市)控制点,或附近有这种国家控制点而不便连测时,可以建立独立控制网。此时,控制网的起算坐标和高程可自行假定,坐标方位角可用测区中央的磁方位角代替。

小地区平面控制网,应根据测区面积的大小按精度要求分级建立。在全测区范围内建立的精度最高的控制网,称为首级控制网;直接为测图而建立的控制网,称为图根控制网。首级控制网和图根控制网的关系如表 5-2 所示。

表 5-2　首级控制网和图根控制网

测区面积/km	首级控制网	图根控制网
1 ~ 10	一级小三角或一级导线	两级图根
0.5 ~ 2	二级小三角或二级导线	两级图根
0.5 以下	图根控制	

小地区高程控制网也应根据测区面积大小和工程要求采用分级的方法建立。在全测区范围内建立三、四等水准路线和水准网,再以三、四等水准点为基础,测定图根点的高程。

本章主要介绍用导线测量方法建立小地区平面控制网。

五、坐标计算的基本公式

(一)坐标正算

根据直线起点的坐标、直线长度及其坐标方位角计算直线终点的坐标,称为坐标正算。如图 5-2 所示,已知直线 AB 起点 A 的坐标为 (x_A, y_A),AB 边的边长及坐标方位角分别为 D_{AB} 和 α_{AB},需计算直线终点 B 的坐标。

直线两端点 A、B 的坐标值之差,称为坐标增量,用 Δx_{AB}、Δy_{AB} 表示。由图 5-2 可看出坐标增量的计算公式为

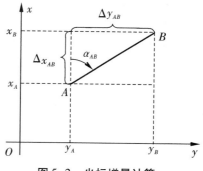

图 5-2　坐标增量计算

$$\Delta x_{AB} = x_B - x_A + D_{AB}\cos\alpha_{AB} \qquad (5-1)$$
$$\Delta y_{AB} = y_B - y_A + D_{AB}\sin\alpha_{AB}$$

根据式(5-1)计算坐标增量时,sin 和 cos 函数值随着 α 角所在象限而有正负之分,因此算得的坐标增量同样具有正、负号。坐标增量正、负号的规律如表 5-3 所示。

表 5-3　坐标增量正、负号的规律

象限	坐标方位角 α	Δx	Δy
I	$0° \sim 90°$	+	+
II	$90° \sim 180°$	−	+
III	$180° \sim 270°$	−	−
IV	$270° \sim 360°$	+	−

则 B 点坐标的计算公式为

$$x_B = x_A + D_{AB}\cos \alpha_{AB}$$
$$y_B = y_A + D_{AB}\sin \alpha_{AB} \tag{5-2}$$

例 5-1　已知 AB 边的边长及坐标方位角为 $D_{AB} = 135.62$ m, $\alpha_{AB} = 80°36'54''$, 若 A 点的坐标为 $x_A = 100.24$ m, $x_B = 200.12$ m 为, 试计算终点 B 的坐标。

解　根据式(5-2)得

$$x_B = x_A + D_{AB}\cos \alpha_{AB} = 100.24 \text{ m} + 135.62 \text{ m} \times \cos 80°36'54'' = 122.36 \text{ m}$$

$$y_B = y_A + D_{AB}\sin \alpha_{AB} = 200.12 \text{ m} + 135.62 \text{ m} \times \sin 80°36'54'' = 333.92 \text{ m}$$

(二)坐标反算

根据直线起点和终点的坐标,计算直线的边长和坐标方位角,称为坐标反算。如图 5-2 所示,已知直线 AB 两端点的坐标分别为 (x_A, y_A) 和 (x_B, y_B),则直线边长 D_{AB} 和坐标方位角 α_{AB} 的计算公式为

$$D_{AB} = \sqrt{\Delta x_{AB}^2 + \Delta y_{AB}^2}$$
$$\alpha_{AB} = \arctan \frac{\Delta y_{AB}}{\Delta x_{AB}} \tag{5-3}$$

应该注意的是坐标方位角的角值范围在 $0° \sim 360°$,而 arctan 函数的角值范围在 $-90° \sim +90°$,两者是不一致的。按式(5-3)计算坐标方位角时,计算出的是象限角,因此,应根据坐标增量 Δx、Δy 的正、负号,按表 5-3 决定其所在象限,再把象限角换算成相应的坐标方位角。

例 5-2　已知 A、B 两点的坐标分别为 $x_A = 100$ m, $y_A = 200$ m, $x_B = 300$ m, $y_B = 600$ m 试计算 AB 的边长及坐标方位角。

解　计算 A、B 两点的坐标增量

$$\Delta x_{AB} = x_B - x_A = 300 \text{ m} - 100 \text{ m} = 200 \text{ m}$$

$$\Delta y_{AB} = y_B - y_A = 600 \text{ m} - 200 \text{ m} = 400 \text{ m}$$

根据式(5-3)得

$$D_{AB} = \sqrt{\Delta x_{AB}^2 + \Delta y_{AB}^2} = \sqrt{200^2 + 400^2} = 477.21 \text{ m}$$

由表 5-3 可判断在第一象限,所以其坐标方位角为

$$\alpha_{AB} = \arctan \frac{\Delta y_{AB}}{\Delta x_{AB}} = \arctan \frac{400}{200} = 63°25'48''$$

任务二　导线测量

一、导线的定义

（一）定义

将测区内相邻控制点（导线点）连接成直线而构成的折线图形。

（二）适用范围较广

主要用于带状地区（如公路、铁路和水利）、隐蔽地区、城建区、地下工程等控制点的测量。

二、导线布设的形式

根据测区的地形及测区内控制点的分布情况，导线布设形式可分为下列三种，如图5-3所示，导线测量的等级与技术要求如表5-4所示。

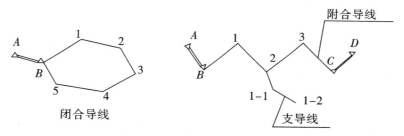

图5-3　导线布设形式

表5-4　经纬仪导线的主要技术要求

等级	测图比例尺	附合导线长度/m	平均边长/m	往返丈量差相对误差	测角中误差/″	导线全长相对闭合差	测回数 DJ$_2$	测回数 DJ$_6$	方位角闭合差/″
一级		2 500	250	≤1/20 000	≤±5	≤1/10 000	2	4	≤±10$\sqrt{n}$
二级		1 800	180	≤1/15 000	≤±8	≤1/7 000	1	3	≤±16$\sqrt{n}$
三级		1 200	120	≤1/10 000	≤±12	≤1/5 000	1	2	≤±24$\sqrt{n}$
图根	1∶500	500	75			≤1/2 000		1	≤±60$\sqrt{n}$
	1∶1 000	1 000	110						
	1∶2 000	2 000	180						

注：n 为测站数

（一）闭合导线

从已知高级控制点和已知方向出发,经过导线点 1、2、3、4、5 后,回到 1 点,组成一个闭合多边形,称为闭合导线。闭合导线的优点是图形本身有着严密的几何条件,具有检核作用。

（二）附合导线

从已知高级控制点和已知方向出发,经过导线点 1、2、3,最后附合到另一个高级控制点和已知方向上,构成一折线的导线,称为附合导线。附合导线的优点是具有检核观测成果的作用。

（三）支导线

从已知高级控制点和已知方向出发,即不闭合原已知点,也不附合另一已知点的导线,称为支导线。由于支导线没有检核,因此,边数一般不超过 4 条。

上面三种导线形式,附合导线较严密,闭合导线次之,支导线精度最低,支导线只在个别情况下的短距离时使用。

三、导线测量的外业工作

（1）踏勘选点　在选点前,应先收集测区已有地形图和已有高级控制点的成果资料,将控制点展绘在原有地形图上,然后在地形图上拟订导线布设方案,最后到野外踏勘,核对、修改、落实导线点的位置,并建立标志。

选点时应注意下列事项:

1）相邻点间应相互通视良好,地势平坦,便于测角和量距。

2）点位应选在土质坚实,便于安置仪器和保存标志的地方。

3）导线点应选在视野开阔的地方,便于碎部测量。

4）导线边长应大致相等,导线长度参考表 5-4。

5）导线点应有足够的密度,分布均匀,便于控制整个测区。

（2）建立标志

1）临时性标志　导线点位置选定后,要在每一点位上打一个木桩,在桩顶钉一小钉,作为点的标志,如图 5-4 所示。也可在水泥地面上用红漆划一圆,圆内点一小点,作为临时标志。

2）永久性标志　需要长期保存的导线点应埋设混凝土桩,如图 5-5 所示。桩顶嵌入带"+"字的金属标志,作为永久性标志。

导线点应统一编号。为了便于寻找,应量出导线点与附近明显地物的距离,绘出草图,注明尺寸,该图称为"点之记",如图 5-6 所示。

（3）导线边长测量　导线边长可用钢尺直接丈量,或用光电测距仪直接测定。

用钢尺丈量时,选用检定过的 30 m 或 50 m 的钢尺,导线边长应往返丈量各 1 次,往返丈量相对误差应满足表 5-4 的要求。

用光电测距仪测量时,要同时观测垂直角,供倾斜改正之用。

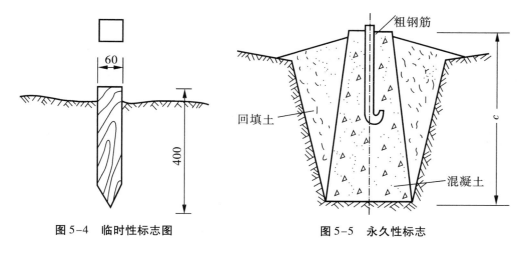

图 5-4　临时性标志图　　　　　图 5-5　永久性标志

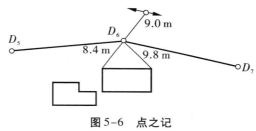

图 5-6　点之记

（4）转折角测量　导线转折角的测量一般采用测回法观测。在附合导线中一般测左角；在闭合导线中，一般测内角；对于支导线，应分别观测左、右角。不同等级导线的测角技术要求详见表5-4。图根导线，一般用 DJ_6 经纬仪测一测回，当盘左、盘右两半测回角值的较差不超过±40″时，取其平均值。

（5）连接测量　导线与高级控制点进行连接，以取得坐标和坐标方位角的起算数据，称为连接测量。

如图 5-7 所示，A、B 为已知点，1 ~ 5 为新布设的导线点，连接测量就是观测连接角 β_B、β_1 和连接边 D_{B1}。

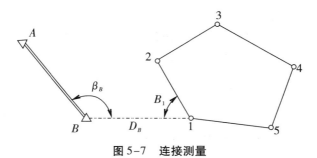

图 5-7　连接测量

四、导线测量的内业工作

导线测量内业的目的就是根据已知的起始数据和外业的观测成果计算出导线点的坐标。进行内业工作以前,要仔细检查所有外业成果有无遗漏、记错、算错,成果是否都符合精度要求,保证原始资料的准确性。然后绘制导线略图,在相应位置上注明已知数据及观测数据,以便进行导线的计算。本节以闭合导线为例进行计算,说明导线坐标的计算步骤;附合导线的坐标计算与闭合导线的坐标计算基本相同,仅在角度闭合差的计算与坐标增量闭合差的计算方面略有差别,本节不再叙述附合导线的计算。

(一)闭合导线的坐标计算

现以图 5-8 所注的图根导线数据为例,说明闭合导线坐标计算的步骤。

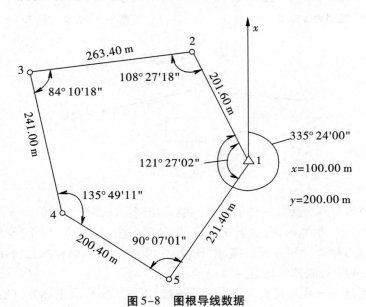

图 5-8　图根导线数据

(1)准备工作　将校核过的外业观测数据及起算数据填入"闭合导线坐标计算表"中,见表 5-5。

(2)角度闭合差的计算与调整

1)计算角度闭合差　n 边形闭合导线内角和的理论值为

$$\sum \beta_n = (n - 2) \times 180° \qquad (5\text{-}4)$$

式中,n——导线边数或转折角数。

由于观测水平角不可避免地含有误差,致使实测的内角之和 $\sum \beta_测$ 不等于理论值 $\sum \beta_n$,两者之差,称为角度闭合差,用 f_β 表示,即

$$f_\beta = \sum \beta_测 - \sum \beta_n = \sum \beta_测 - (n - 2) \times 180° \qquad (5\text{-}5)$$

2)计算角度闭合差的容许值　角度闭合差的大小反映了水平角观测的质量。各级

导线角度闭合差的容许值$f_{\beta 容}$见表5-4,其中图根导线角度闭合差的容许值$f_{\beta p}$的计算公式为

$$f_{\beta 容} = \pm 60'' \sqrt{n} \tag{5-6}$$

如果$|f_{\beta}| > |f_{\beta 容}|$,说明所测水平角不符合要求,应对水平角重新检查或重测。

如果$|f_{\beta}| \leq |f_{\beta 容}|$,说明所测水平角符合要求,可对所测水平角进行调整。

表5-5　闭合导线坐标计算表

点号	观测角（左角）	改正数″	改正角	坐标方位角 α	距离 D /m	增量计算值		改正后增量		坐标值		点号
						$\Delta x/m$	$\Delta y/m$	$\Delta x/m$	$\Delta y/m$	x/m	y/m	
1	2	3	4=2+3	5	6	7	8	9	10	11	12	13
1				335°24′00″	201.60	+5 +183.30	+2 -83.92	+183.35	-83.90	100.00	200.00	1
2	108°27′18″	-10″	108°27′08″	263°51′08″	263.40	+7 -28.21	+2 -261.89	-28.14	-261.87	283.35	116.10	2
3	84°10′18″	-10″	84°10′08″	168°01′16″	241.00	+7 -235.75	+2 +50.02	-235.68	+50.04	255.21	-145.77	3
4	135°49′11″	-10″	135°49′01″	123°50′17″	200.40	+5 -111.59	+1 +166.46	-111.54	+166.47	19.53	-95.73	4
5	90°07′01″	-10″	90°06′51″	33°57′08″	231.40	+6 +191.95	+2 +129.24	+192.01	+129.26	-92.01	70.74	5
1	121°27′02″	-10″	121°26′52″	335°24′00″						100.00	200.00	1
2												
Σ	540°00′50″	-50″	540°00′00″		1 137.80	-0.30	-0.90	0	0			
辅助计算	$\sum \beta_{测} = 540°00′50''$　$f_x = \sum \Delta x_n = -0.30 \text{ m}$　$f_y = \sum \Delta y_n = -0.09 \text{ m}$ $\sum \beta_n = 540°00′00''$　$f_{\beta} = +50''$ $f_D = \sqrt{f_x^2 + f_y^2} = 0.31 \text{ m}$　$K = \dfrac{0.31}{1\ 137.80} < \dfrac{1}{2\ 000}$ $f_{\beta 容} = \pm 60'' \sqrt{5} = +134''$　$|f_{\beta}| < |f_{\beta 容}|$												

3)计算水平角改正数　如角度闭合差不超过角度闭合差的容许值,则将角度闭合差反符号平均分配到各观测水平角中,也就是每个水平角加相同的改正数v_{β},v_{β}的计算公式为

$$\nu_\beta = -\frac{f_\beta}{n} \qquad\qquad (5-7)$$

计算检核:水平角改正数之和应与角度闭合差大小相等,符号相反,即

$$\sum \nu_\beta = -f_\beta \qquad\qquad (5-8)$$

4)计算改正后的水平角　改正后的水平角 $\beta_{i改}$ 等于所测水平角加上水平角改正数

$$\beta_{i改} = \beta_i + \nu_\beta \qquad\qquad (5-9)$$

计算检核:改正后的闭合导线内角之和应为 $(5-2)\times180°$,为 $540°$。

本例中 f_β、$f_{\beta容}$ 的计算见表5-5辅助计算栏,水平角的改正数和改正后的水平角见表5-5第3、4栏。

（3）推算各边的坐标方位角　根据起始边的已知坐标方位角及改正后的水平角,推算其他各导线边的坐标方位角。填入表5-5的第5栏内。

计算检核:最后推算出起始边坐标方位角,它应与原有的起始边已知坐标方位角相等,否则应重新检查计算。

（4）坐标增量的计算及其闭合差的调整

1)计算坐标增量　根据已推算出的导线各边的坐标方位角和相应的边长,按式（5-1）计算各边的坐标增量。例如,导线边2-3的坐标增量为

$$\Delta x_{23} = D_{23}\cos \alpha_{23} = 263.40 \text{ m} \times \cos 263°51'08'' = -28.21 \text{ m}$$

$$\Delta y_{23} = D_{23}\sin \alpha_{23} = 263.40 \text{ m} \times \sin 263°51'08'' = -261.89 \text{ m}$$

用同样的方法,计算出其他各边的坐标增量值,填入表5-5的第7、8两栏的相应格内。

2)计算坐标增量闭合差　如图5-9所示闭合导线,纵、横坐标增量代数和的理论值应为零,即

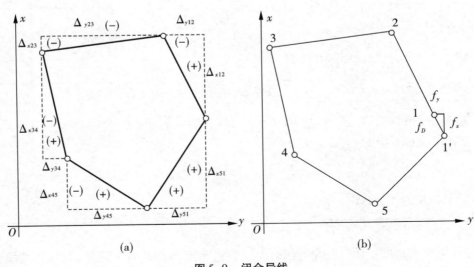

图5-9　闭合导线

$$\sum \Delta x_n = 0$$

$$\sum \Delta y_n = 0 \tag{5-10}$$

实际上由于导线边长测量误差和角度闭合差调整后的残余误差,使得实际计算所得的 $\sum \Delta x_n$、$\sum \Delta y_n$ 不等于零,从而产生纵坐标增量闭合差 f_x 和横坐标增量闭合差 f_y,即

$$f_x = \sum \Delta x_n$$

$$f_y = \sum \Delta y_n \tag{5-11}$$

由于 f_x 和 f_y 的存在,使得导线不能闭合,即 1 和 1′ 不能重合,1-1′ 的长度称为导线的全长闭合差 f_D;f_D 与导线全长的比值,并将分子化为 1 的形式,称为导线全长的相对闭合差,用 K 表示。

3)计算导线全长闭合差 f_D 和导线全长相对闭合差 K

$$f_D = \sqrt{f_x^2 + f_y^2}$$

$$K = \frac{f_D}{\sum D} = \frac{1}{\dfrac{\sum D}{f_D}} \tag{5-12}$$

以导线全长相对闭合差 K 来衡量导线测量的精度,K 的分母越大,精度越高。不同等级的导线,其导线全长相对闭合差的容许值 K_h 参见表 5-4。

f_x、f_y、f_D 及 K 的计算见表 5-5 辅助计算栏。

4)调整坐标增量闭合差　调整的原则是将 f_x、f_y 反号,并按与边长成正比的原则,分配到各边对应的纵、横坐标增量中去。以 δ_{xi}、δ_{yi} 分别表示第 i 边的纵、横坐标增量改正数,即

$$\delta_{xi} = -f_x \frac{D_i}{\sum D}$$

$$\delta_{yi} = -f_y \frac{D_i}{\sum D} \tag{5-13}$$

本例中导线边 2-3 的坐标增量改正数为

$$\delta_{xi} = -f_x \frac{D_i}{\sum D} = -\frac{-0.3 \text{ m}}{1\ 137.80 \text{ m}} \times 263.40 \text{ m} = 0.07 \text{ m}$$

$$\delta_{yi} = -f_y \frac{D_i}{\sum D} = -\frac{-0.09 \text{ m}}{1\ 137.80 \text{ m}} \times 263.40 \text{ m} = 0.02 \text{ m}$$

用同样的方法,计算出其他各导线边的纵、横坐标增量改正数,填入表 5-5 的第 7、8 栏坐标增量值相应方格的上方。

计算检核:纵、横坐标增量改正数之和应满足下式

$$\sum \delta_x = -f_x$$

$$\sum \delta_y = -f_y \tag{5-14}$$

（5）计算改正后的坐标增量，各边坐标增量计算值加上相应的改正数，即得各边的改正后的坐标增量。

$$\Delta x_{i改} = \Delta x_i + \delta_{xi}$$
$$\Delta y_{i改} = \Delta y_i + \delta_{yi}$$
（5-15）

本例中导线边 2-3 改正后的坐标增量为

$$\Delta x_{i改} = \Delta x_i + \delta_{xi} = -28.21 \text{ m} + 0.07 \text{ m} = -28.14 \text{ m}$$
$$\Delta y_{i改} = \Delta y_i + \delta_{yi} = -261.89 \text{ m} + 0.02 \text{ m} = -261.87 \text{ m}$$

用同样的方法，计算出其他各导线边的改正后坐标增量，填入表 5-5 的第 9、10 栏内。

计算检核：改正后纵、横坐标增量之代数和应分别为零，即

$$\sum \Delta x_{i改} = 0$$
$$\sum \Delta y_{i改} = 0$$
（5-16）

（6）计算各导线点的坐标　根据起始点 1 的已知坐标和改正后各导线边的坐标增量，按下式依次推算出各导线点的坐标

$$x_{前} = x_{后} + \Delta x_{改}$$
$$y_{前} = y_{后} + \Delta y_{改}$$
（5-17）

将推算出的各导线点坐标，填入表 5-5 中的第 11、12 栏内。最后还应再次推算起始点 1 的坐标，其值应与原有的已知值相等，以作为计算检核。

任务三　GPS 测量

一、概述

全球卫星定位测量就是指利用空间飞行的卫星来实现地面点位的测定。全球卫星定位系统，一般指美国的 GPS（Global Positioning System）。GPS 具有全球性、全天候、连续的三维定位、导航、测速和授时能力，广泛应用于航空航天、海陆空三军导航、地球物理、大地测量、交通管理以及城镇建设等各个领域，并已渗透到人们的日常工作、学习和生活之中。

二、GPS 卫星系统的组成

GPS 卫星系统由空间星座部分（空间部分）、地面支撑系统（地面监控部分）、GPS 接收机（用户部分）三部分组成，如图 5-10 所示。

（一）空间星座部分

卫星高度约 20 200 km，运行周期为 11 时 58 分，卫星分布在六条交点相隔 60° 的轨道面上，轨道倾角为 55°，每条轨道上分布四颗卫星，相邻两轨道上的卫星相隔 40°，地球上任何地方至少同时可看到四颗卫星。其发射信号能覆盖地面面积 38%。

卫星在轨道的任何位置，对地面的距离和波束覆盖面积基本不变。在波束覆盖区域内，用户接收到的卫星信号强度近似相等。这对提高定位精度十分有利。在全球任何地

方、任何恶劣的气候条件下,为用户提供 24 小时不间断的免费服务。

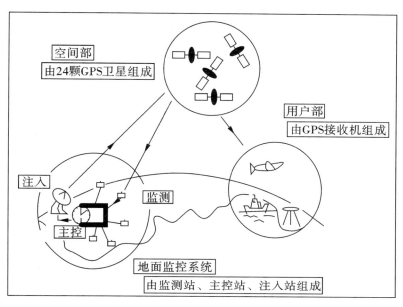

图 5-10　GPS 卫星系统的组成

(二)地面支撑系统

地面支撑系统由 1 个主控站、3 个注入站、5 个监测站组成。其中主控站位于科罗拉多州春田市的联合空间执行中心,拥有大型电子计算机,用作数据采集、计算、传输、诊断、编辑等;3 个注入站分别设在大西洋的阿松森岛、印度洋的狄哥·伽西亚和太平洋的卡瓦迦兰的 3 个美国军事基地上,主控站将编辑的卫星电文传送到位于三大洋的 3 个注入站,定时将这些信息注入各个卫星,然后由 GPS 卫星发送给广大用户,这就是所用的广播星历。此外,注入站能主动向主控站发射信号,每分钟报告一次自己的工作状态;5 个监测站:除 1 个主控站、3 个注入站兼作外,还有 1 个在夏威夷岛,监测站是一种无人值守的数据采集中心,受主控站的控制,定时将观测数据送往主控站。5 个监测站分布在美国本土和三大洋的美军基地上,保证了全球 GPS 定轨的精度要求。由这 5 个监测站提供的观测数据形成了 GPS 卫星实时发布的广播星历。

(三)GPS 用户部分

用户部分观测和记录由若干卫星发送的数据,并运用数学方法求得三维空间位置以及时间和速度。用户部分包括用户组织系统和根据要求安装相应的设备,但其中心设备是 GPS 接收机。它是一种特制的无线电接收机,用来接收导航卫星发射的信号,并以此计算出定位数据。

三、GPS 卫星定位的基本原理

测量学中的交会法测量里有一种测距交会确定点位的方法。与其相似,GPS 的定位原理就是利用空间分布的卫星以及卫星与地面点的距离交会得出地面点位置。简言之，GPS 定位原理是一种空间的距离交会原理。设想在地面待定位置上安置 GPS 接收机，同一时刻接收 4 颗以上 GPS 卫星发射的信号。通过一定的方法测定这 4 颗以上卫星在此瞬间的位置以及它们分别至该接收机的距离，据此利用距离交会法解算出测站的位置及接收机钟差 Δ。

四、GPS 卫星定位的方法

利用 GPS 进行定位的方法有很多种。若按照参考点的位置不同，则定位方法可分为以下两种。

（1）绝对定位　即在协议地球坐标系中，利用一台接收机来测定该点相对于协议地球质心的位置，也叫单点定位。这里可认为参考点与协议地球质心相重合。GPS 定位所采用的协议地球坐标系为 WGS-84 坐标系。因此绝对定位的坐标最初成果 WGS-84 坐标。

（2）相对定位　即在协议地球坐标系中，利用两台以上的接收机测定观测点至某一地面参考点（已知点）之间的相对位置。也就是测定地面参考点到未知点的坐标增量。由于星历误差和大气折射误差有相关性，所以通过观测量求差可消除这些误差，因此相对定位的精度远高于绝对定位的精度。

按用户接收机在作业中的运动状态不同，则定位方法可分为以下两种：

（1）静态定位　即在定位过程中，将接收机安置在测站点上并固定不动。严格说来，这种静止状态只是相对的，通常指接收机相对与其周围点位没有发生变化。

（2）动态定位　即在定位过程中，接收机处于运动状态。GPS 绝对定位和相对定位中，又都包含静态和动态两种方式。即动态绝对定位、静态绝对定位、动态相对定位和静态相对定位。

五、GPS 控制测量

(一) GPS 控制网的技术设计

（1）充分考虑建立控制网的应用范围　根据工程的近期、中长期的需求确定控制网的范围。

（2）采用布网方案及网形设计适当地分级布设　GPS 网顾及测站选址、仪器设备装置与后勤交通保障等因素设计各观测时段的时间及接收机的搬站顺序，GPS 网一般由一个或若干个独立观测环组成，也可采用路线形式。

（3）GPS 测量的精度标准　国家测绘局 1992 年制订的我国第一部"GPS 测量规范"将 GPS 的测量精度分为 A～E 五级，以适应于不同范围、不同用途要求的 GPS 工程。

（4）坐标系统与起算数据　在 GPS 网的技术设计中，必须说明 GPS 网的成果所采用的坐标系统和起算数据。空间相似变换求得 7 个待定系数：3 个平移参数、3 个旋转参数和 1 个缩放参数。

（5）GPS 点的高程　GPS 测定的高程是 WGS-84 坐标系中的大地高，与我国采用的 1985 年黄海国家高程基准正常高之间也需要进行转换。为了得到 GPS 点的正常高，应使一定数量的 GPS 点与水准点重合,或者对部分 GPS 点联测水准。若需要进行水准联测,则在进行 GPS 布点时应对此加以考虑。

(二)选点与建立点位标志

选定 GPS 点位时,应遵守以下几点原则。

(1)周围应便于安置接收设备,便于操作,视野开阔,视场内周围障碍物的高度角一般应小于 15°。

(2)远离大功率无线电发射源(如电视台、微波站等),其距离不小于 400 m;远离高压输电线,其距离不小于 200 m。

(3)点位附近不应有强烈干扰卫星信号接收的物体,并尽量避开大面积水域。

(4)交通方便,有利于其他测量手段扩展和联测。

(5)地面基础稳定,易于点的保存。

为了较长期地保存点位,GPS 控制点一般应设置具有中心标志的标石,精确地标志点位,点的标石和标志必须稳定、坚固。最后,应绘制点之记、测站环视图和 GPS 网图,作为提交的选点技术资料。

(三)GPS 外业观测

(1)GPS 观测准备工作

1)GPS 接收仪的一般性检视　主要检查接收机各部件是否齐全、完好,紧固部件是否松动与脱落,设备的使用手册及资料是否齐全等。

2)通电检验　检验的主要项目包括设备通电后有关信号灯、按键、显示系统和仪表工作情况,以及自测试系统工作情况。当自测试正常后,按操作步骤进行卫星捕获与跟踪,以检验其工作情况。

3)试测检验　主要是检验接收机精度及其稳定性。两台 GPS 接收机所测的基线长与标准值比较,以确定接收机的精度和稳定性。

4)编制 GPS 卫星可见性预报及观测时段的选择　GPS 定位精度与观测卫星的几何图形有密切关系。卫星几何图形的强度越好,定位精度越高。从观测站观测卫星的高度角越小,卫星分布范围越大,则几何精度因子 GDOP 值越小,定位精度越高,一般要求 GDOP 值小于 6。因此,观测前要编制卫星可见性预报,选择最佳观测时段,拟订观测计划。

一般 GPS 接收机的商用数据处理系统都带有卫星可见预报软件。使用软件时,需在当前子目录下存有前期观测卫星星历文件;调入预报软件后,输入预计观测站的概略坐标、预计观测日期和观测卫星的高度的截止角(例如 10°或 15°)。软件首先读取前期卫星星历文件的卫星日程表(即含有所有 GPS 卫星的概略星历),软件按预计观测日期计算卫星位置,再利用测站坐标计算卫星高度角,选取高度角大于高度的截止角的所有卫星进行预报,按时间顺序列出所有可见卫星信息。根据卫星的几何精度 GDOP 的变化情况,可以选择最佳时间段,进一步安排观测工作的进程表及接收机的调度计划。

(四)观测工作

观测工作包括天线安置、GPS 接收仪安置与操作、气象参数测定、测站记录等。

(1)天线安置　天线的精确安置是实现精密定位的前提条件之一。一般情况下,天线应尽量利用三脚架安置在标志中心的垂线方向上,直接对中;天线的圆水准泡必须居中;天线定向标志线应指向正北。天线安置后,应在各观测时段的前后各量取天线高一次。两次量高取平均值作为最后天线高。

(2)安置 GPS 接收仪   在离天线的适当位置的地面上安放接收仪,用电缆把接收仪与电源、天线及控制器连接好,确认无误后,打开电源开关,进行预热和静置。

(3)开机观测   观测的主要任务是捕获 GPS 卫星信号并对其进行跟踪、接收和处理信号,以获取所需的定位观测数据。其主要步骤如下:

1)开机后检查各指示灯与仪表显示是否正常,若正常开始自测试。

2)按测量功能键,接收机开始搜索卫星,输入测站参数,等待开测命令。

3)按测量键开始同步观测,并注意有关信息。

按测量键显示测站的地理坐标、累计数据采集时间、PDOP 值、可视卫星和锁定卫星的数量。观测过程中,通过显示屏随时了解作业进程。

(4)观测记录与测量手簿   观测记录由 GPS 接收机自动形成,自动记录在存储介质(如 PCMCIA 卡等)上,其内容有 GPS 卫星星历及卫星钟差参数、伪距观测值等。至于测站的信息,包括测站点点号、时段号、天线高等,通常是由观测人员手工输入接收机。

测量手簿在观测过程中由观测人员填写,不得测后补记。手簿的内容还包括天气状况、气象元素、观测人员等内容。

(五)成果检核与数据处理

(1)将观测数据下载到计算机中,并计算 GPS 基线向量,基线向量的解算软件一般采用仪器厂家提供的软件。

(2)对解算成果进行检核,常见的有同步环和异步环的检测。根据规范要求的精度,剔除误差大的数据,必要时还需要进行重测。

(3)将基线向量组网进行平差了。平差软件可以采用仪器厂家提供的软件,也可以采用通用数据格式的第三方软件或自编软件。

(4)通过平差计算,最终得到各观测点在指定坐标系中的坐标,并对坐标值的精度进行评定。

项目小结

控制测量是其他测量工作的基础,所以本章内容是本课程的学习重点,要在了解国家控制网、城市控制网和小地区控制网的基本概念的基础上,重点掌握小地区平面控制测量的方法。

在小地区范围内建立的控制网,称为小地区控制网。小地区控制测量应遵循"从整体到局部,由高级到低级,先控制后碎步"的原则。并根据测区大小建立"首级控制"和"图根控制",首级控制是依据,图根控制点是直接提供使用的控制点。

导线测量就是依次测定各导线边的边长和各转折角,根据起算数据,推算各边的坐标方位角,从而求出各导线点的坐标。

通过本章的学习了解控制测量的基本概念、作用、布网原则和基本要求掌握导线的概念、布设形式和等级技术要求;掌握导线测量外业操作(踏勘选点、测角、量边)和内业计算方法(闭合、附合导线坐标计算),了解 GPS 定位原理、系统构成及定位方法。

▌思考题

(1)地形图施工和施工放样为什么要先建立控制网?

(2)什么是导线坐标的正算和反算?

(3)导线的坐标方位角如何计算?

(4)导线测量的外业工作包括哪些内容?

(5)导线测量内业平差计算时,经角度闭合差平差后,为什么还会出现坐标增量闭合差?

(6)闭合导线与附合导线在计算上有什么相同点与不同点?

(7)导线的布设形式有几种?

(8)在导线测量内业计算时,怎么衡量导线测量的精度?

▌习　题

设有一闭合导线 1-2-3-4-1,其已知数据和观测数据列于表 5-6 中,试计算:①内角和闭合差;②改正后内角;③各边坐标方位角;④确定各边坐标增量的符号;⑤求 f_x、f_y、f 及 k;⑥求各边坐标增量改正数(写在坐标增量的上方);⑦计算改正后的坐标增量。

表 5-6　记录表

点号	内　角 观测值 ° ′ ″	改正后 内　角 ° ′ ″	坐　标 方位角 ° ′ ″	边长 /m	纵坐标 增量 ΔX	横坐标 增量 ΔY	改正后 坐标增量	
							ΔX	ΔY
1			148 35 00	87.140	74.365	45.422		
2	107 19 10			89.960	67.618	59.334		
3	87 30 00			89.690	62.044	64.768		
4	89 14 20							
1	75 57 10			111.952	79.804	78.515		

$\sum \beta =$　　　　$\sum D =$　　　　$f_x =$　　　　$f_y =$

$F_d =$　　　　$f_\beta =$　　　　$K =$

实训题

控制测量实训

1. 目的与要求

（1）根据控制测量课程所学知识，加深对控制测量基本测量理论的理解。能用有关理论指导作业实践，做到理论与实际相统一，提高自身分析和解决问题的能力。

（2）对控制测量野外作业的基本技能训练，提高动手能力和独立工作能力。通过实习，熟悉并掌握三、四等控制测量的作业程序及施测方法。

（3）熟悉并掌握等级导线的作业程序及实测方法。

（4）对野外观测成果的整理、检查和计算。掌握用测量平差理论处理控制测量成果的基本技能。

2. 仪器与工具

（1）DS_6 经纬仪 1 台、全站仪 1 台、棱镜、标杆若干、记录簿 1 本。

（2）自备：铅笔、草稿纸。

3. 测区基本情况：测量区域为商丘职业技术学院校区，大部分地势平坦，绕该测区布设了 12 个一级导线控制点，测量期间大部分时间以晴朗天气为主，略有微风，气候较干燥，气温平均在 25 ℃ 左右，总体较适宜外业测量工作进行。

4. 实训内容：平面控制测量。

测区首级平面控制测量采用闭合导线，此导线为一闭合 12 边形，起算点（已知点）为 D_1（232910.000，32910.000），已知方向（已知方位角）为 $\alpha_{1-A} = 273°18'33''$，导线点 $D_2 - D_{12}$。

导线须进行测边测角，导线的转折角若为三个方向则采用全圆方向观测法进行观测［半测回归零差 $\leq \pm 18''$；各测回同一方向的较差 $\leq \pm 24''$；$2c$ 的变动范围 $\leq \pm 40''$（此项仅供自检）；最终取平均值作为最后结果］。

导线总长为：$[s] = 3\ 446.016（m）$，最长边为 439.038 4（m）、最短边为 155.160 2（m），满足最短边不小于最长边的 1/3。

导线的转折角若为两个方向，则用全站仪按测回法观测（上下半测回的角值之差 $\leq \pm 18''$，两个测回的角度之差 $\leq \pm 24''$，最终取平均值作为最后结果）。

本次实训导线的转折角均为两个方向，规定各导线转折角需观测四个测回，最后取平均值（$180/N$）。对于此闭合导线，观测的全为内角，距离观测只需一次往返测即可。

5. 实训日程，见表 5-7。

表 5-7　实训日程

次序	内容	时间/天
1	实训动员、安排任务、勘探选点	1
2	领取检校仪器、熟悉仪器的操作	0.5
3	外业工作：测距、测角	2
4	导线测量内业计算	0.5

场地测量

知识目标 了解地物和地貌,平面图和地形图的概念,地形图的图名、图号、图廓、接合图表;地形图在工程规划设计中的应用。

能力目标 掌握比例尺和比例尺精度,地物符号,等高线的概念和等高线的特性;掌握地形图的识读,地形图应用的基本内容。

任务一　地形图的基本知识

一、地形和地形图

地面上有明显轮廓的,天然形成或人工建造的各种固定物体,如江河、湖泊、道路、桥梁、房屋和农田等称为地物。地球表面的高低起伏状态,如高山、丘陵、平原、洼地等称为地貌。地物和地貌总称为地形。

通过实地测量,将地面上各种地物和地貌沿垂直方向投影到水平面上,并按一定的比例尺,用《地形图图式》统一规定的符号和注记,将其缩绘在图纸上,这种表示地物的平面位置和地貌起伏情况的图,称为地形图。在图上主要表示地物平面位置的地形图,称为平面图。

(一)地形图比例尺的概念

地形图上任一线段的长度与它所代表的实地水平距离之比,称为地形图比例尺。

(二)比例尺的种类

(1)数字比例尺　数字比例尺是用分子为1,分母为整数的分数表示。设图上一线段长度为 d,相应实地的水平距离为 D,则该地形图的比例尺为

$$\frac{d}{D} = \frac{1}{\dfrac{D}{d}} = \frac{1}{M} \tag{6-1}$$

式中,M——比例尺分母。

比例尺的大小是以比例尺的比值来衡量的。比例尺分母 M 越小,比例尺越大,比例尺越大,表示地物地貌越详尽。数字比例尺通常标注在地形图下方。

(2)图示比例尺　为了用图方便,以及减少由于图纸伸缩而引起的误差,在绘制地形图的同时,常在图纸上绘制图示比例尺,如图 6-1 所示。

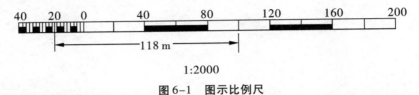

1:2000

图 6-1　图示比例尺

(三)地形图按比例尺分类

(1)小比例尺地形图　1∶20 万、1∶50 万、1∶100 万比例尺的地形图称为小比例尺地形图。

(2)中比例尺地形图　1∶2.5 万、1∶5 万、1∶10 万比例尺的地形图称为中比例尺地形图。

(3)大比例尺地形图　1∶500、1∶1 000、1∶2 000、1∶5 000、1∶10 000 比例尺的地形图称为大比例尺地形图。工程建筑类各专业通常使用大比例尺地形图。因此,本章重点介绍大比例尺地形图的基本知识。

(四)比例尺精度

通常人眼能分辨的图上最小距离为 0.1 mm。因此,地形图上 0.1 mm 的长度所代表的实地水平距离,称为比例尺精度,即

$$比例尺精度 = 0.1 \, M \tag{6-2}$$

几种常用地形图的比例尺精度如表 6-1 所示。

表 6-1　几种常用地形图的比例尺精度

比例尺	1∶5 000	1∶2 000	1∶1 000	1∶500
比例尺精度/m	0.50	0.20	0.10	0.05

根据比例尺的精度,可确定测绘地形图时测量距离的精度;另外,如果规定了地物图上要表示的最短长度,根据比例尺的精度,可确定测图的比例尺。

例 6-1　如果规定在地形图上应表示出的最短距离为 0.5 m,则测图比例尺最小为多大?

解：

$$\frac{1}{M} = \frac{0.1}{500} = \frac{1}{5\,000}$$

二、地形图的图名

每幅地形图都应标注图名,通常以图幅内最著名的地名、厂矿企业或村庄的名称作为图名。图名一般标注在地形图北图廓外上方中央。如图6-2所示,图名为"白吉树村"。

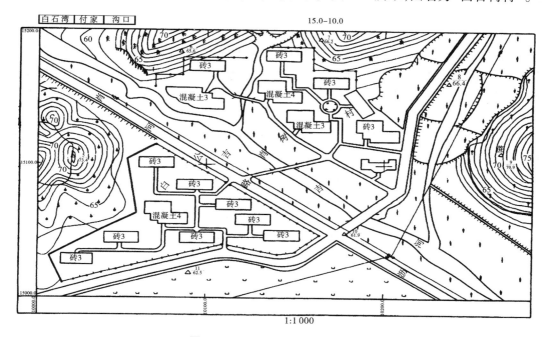

图6-2　1∶1 000 地形图示意图

(一)图号

为了区别各幅地形图所在的位置,每幅地形图上都编有图号。图号就是该图幅相应分幅方法的编号,标注在北图廓上方的中央、图名的下方,如图6-2所示。

（1）分幅方法　1∶500 地形图的图幅一般为 50 cm×50 cm,一幅图所含实地面积为 0.062 5 km²,1 km²的测区至少要测16幅图纸。这样就需要将地形图分幅和编号,以便于测绘、使用和保管。大比例尺地形图常采用正方形分幅法,它是按照统一的直角坐标纵、横坐标格网线划分的。

如图6-3所示,是以 1∶5 000 地形图为基础进行的正方形分幅。各种大比例尺地形图图幅大小如表6-2所示。

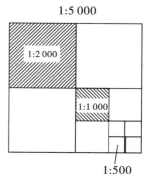

图6-3　大比例尺地形图
正方形分幅

表 6-2　几种大比例尺地形图的图幅大小

比例尺	图幅大小/cm	实地面积/km²	1∶5 000 图幅内的分幅数	每平方千米图幅数
1∶5 000	40×40	4	1	0.25
1∶2 000	50×50	1	4	1
1∶1 000	50×50	0.25	16	4
1∶500	50×50	0.062 5	64	16

（2）编号方法

1）坐标编号法　图号一般采用该图幅西南角坐标的千米数为编号，x 坐标在前，y 坐标在后，中间有短线连接。如图 6-2 所示，其西面角坐标为 $x=15.0$ km，$y=10.0$ km，因此，编号为"15.0～10.0"。编号时，1∶500 地形图坐标取至 0.01 km，1∶1 000、1∶2 000地形图取至 0.1 km。

2）数字顺序编号法　如果测区范围比较小，图幅数量少，可采用数字顺序编号法，如图 6-4 所示。

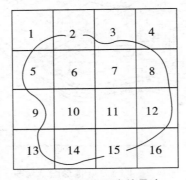

图 6-4　数字顺序编号法

（二）图廓和接合图表

（1）图廓　图廓是地形图的边界线，有内、外图廓线之分。内图廓就是坐标格网线，也是图幅的边界线，用 0.1 mm 细线绘出。在内图廓线内侧，每隔 10 cm 绘出 5 mm 的短线，表示坐标格网线的位置。外图廓线为图幅的最外围边线，用 0.5 mm 粗线绘出。内、外图廓线相距 12 mm，在内外图廓线之间注记坐标格网线坐标值，如图 6-2 所示。

（2）接合图表　为了说明本幅图与相邻图幅之间的关系，便于索取相邻图幅，在图幅左上角列出相邻图幅图名，斜线部分表示本图位置，如图 6-2 所示。

三、地物符号

地形图上表示地物类别、形状、大小及位置的符号称为地物符号。表 6-3 列举了一些地物符号，表中各符号旁的数字表示该符号的尺寸，以 mm 为单位。根据地物形状大小和描绘方法的不同,地物符号可分为以下几种。

表6-3 常见地物符号

序号	名称	图例	说明
6-1	房屋	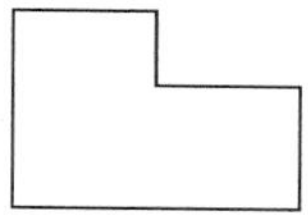	
6-2	在建房屋	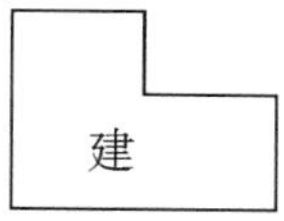 建	
6-3	破坏房屋		
6-4	窑洞	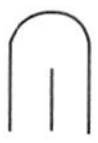	
6-5	围墙		
6-6	围墙大门		
6-7	长城及砖石城堡(大比例)	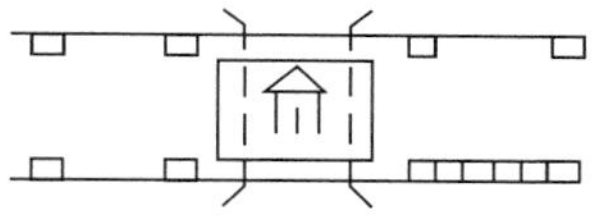	

(一)比例符号

地物的形状和大小均按测图比例尺缩小,并用规定的符号绘在图纸上,这种地物符号称为比例符号,如房屋、湖泊、农田、森林等。

(二)非比例符号

有些地物轮廓较小,无法将其形状和大小按比例缩绘到图上,而采用相应的规定符号表示,这种符号称为非比例符号。非比例符号只能表示物体的位置和类别,不能用来确定物体的尺寸。非比例符号的中心位置与地物实际中心位置随地物的不同而异,在测图和用图时注意以下几点。

(1)规则几何图形符号,如圆形、三角形或正方形等,以图形几何中心代表实地地物中心位置,如水准点、三角点、钻孔等。

(2)宽底符号,如烟囱、水塔等,以符号底部中心点作为地物的中心位置。

(3)底部为直角形的符号,如独立树、风车、路标等,以符号的直角顶点代表地物中心位置。

(4)几种几何图形组合成的符号,如气象站、消火栓等,以符号下方图形的几何中心代表地物中心位置。

（5）下方没有底线的符号，如亭、窑洞等，以符号下方两端点连线的中心点代表实地地物的中心位置。

（三）半比例符号

地物的长度可按比例尺缩绘，而宽度按规定尺寸绘出，这种符号称为半比例符号。用半比例符号表示的地物都是一些带状地物，如管线、公路、铁路、围墙、通信线路等。这种符号的中心线，一般表示其实地地物的中心位置，但是城墙和垣栅等，地物中心位置在其符号的底线上。

上述三种符号在使用时不是固定不变的，同一地物，在大比例尺图上采用比例符号，而在中小比例尺上可能采用非比例的符号或半比例符号。

（四）地物注记

对地物加以说明的文字、数字或特有符号，称为地物注记。如城镇、工厂、河流、道路的名称；桥梁的尺寸及载重量；江河的流向、流速及深度；道路的去向及森林、果树的类别等，都以文字或特定符号加以说明。

四、地貌符号

地貌是指地表面的高低起伏状态，如山地、丘陵和平原等。地貌的表示方法很多，大比例尺地形图中常用等高线表示地貌。用等高线表示地貌不仅能表示出地面的高低起伏状态，且可根据它求得地面的坡度和高程等。

（一）等高线的概念

地面上高程相同的相邻各点连成的闭合曲线，称为等高线。

（二）等高距和等高线平距

相邻等高线之间的高差称为等高距，也称为等高线间隔，用 h 表示。相邻等高线之间的水平距离称为等高线平距，用 d 表示。h 与 d 的比值就是地面坡度 i

$$i = \frac{h}{dM} \tag{6-3}$$

式中，M——比例尺分母。

由于在同一幅地形图上等高距 h 是相同的，所以，地面坡度 i 与等高线平距 d 成反比。地面坡度较缓，其等高线平距较小大，等高线显得稀疏；地面坡度较陡，其等高线平距较小，等高线十分密集。因此，可根据等高线的疏密判断地面坡度的缓与陡。即在同一幅地形图上，等高线平距 d 越大，坡度 i 越小；等高线平距 d 越小，坡度 i 越大，如果等高线平距相等，则坡度均匀。

等高距的选择，如果等高距过小，会使图上的等高线过密。如果等高距过大，则不能正确反映地面的高低起伏状况。所以，基本等高距的大小应根据测图比例尺与测区地形情况来确定。等高距的选用可参见表6-4。

表6-4　地形图的基本等高距

地　形　类　别	比　例　尺			
	1∶500	1∶1 000	1∶2 000	1∶5 000
平地(地面倾角:α<30°)	0.5	0.5	1	2
丘陵(地面倾角:3°≤α<10°)	0.5	1	2	5
山地(地面倾角:10°≤α<25°)	1	1	2	5
高山地(地面倾角:α≥25°)	1	2	2	5

(三)几种基本地貌的等高线

地面的形状虽然复杂多样,但都可看成是由山头、洼地(盆地)、山脊、山谷、鞍部或陡崖和峭壁组成的。如果掌握了这些基本地貌的等高线特点,就能比较容易地根据地形图上的等高线,分析和判断地面的起伏状态,以利于读图、用图和测绘地形图。

(1)山头和洼地的等高线　山头和洼地(又称盆地)的等高线都是一组闭合曲线。如图6-5(a)所示,山头内圈等高线高程大于外圈等高线的高程;洼地则相反,如图6-5(b)所示。这种区别也可用示坡线表示。示坡线是垂直于等高线并指示坡度降落方向的短线。示坡线往外标注的是山头,往内标注的则是洼地。

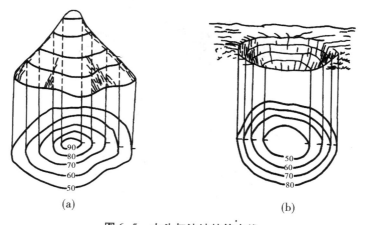

(a)　　　　　　　　　　　　(b)

图6-5　山头与洼地的等高线

(2)山脊与山谷的等高线　沿着一个方向延伸的高地称为山脊,山脊上最高点的连线称为山脊线或分水线。山脊的等高线是一组凸向低处的曲线,如图6-6(a)所示。

在两山脊间沿着一个方向延伸的洼地称为山谷,山谷中最低点的连线称为山谷线。山谷的等高线是一组凸向高处的曲线,如图6-6(b)所示。山脊线、山谷线与等高线正交。

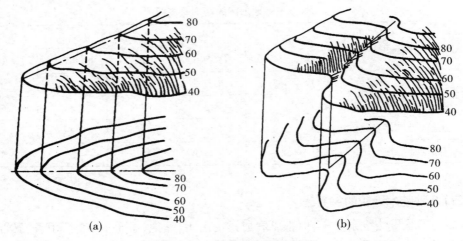

图 6-6　山脊和山谷的等高线

（3）鞍部的等高线　相邻两山头之间呈马鞍形的低凹部分称为鞍部,鞍部是两个山脊和两个山谷会合的地方。鞍部的等高线由两组相对的山脊和山谷的等高线组成,即在一圈大的闭合曲线内,套有两组小的闭合曲线。如图 6-7 所示。

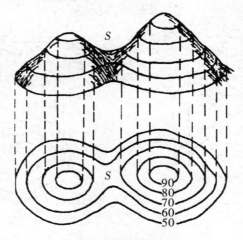

图 6-7　鞍部的等高线

（4）陡崖和悬崖的表示方法　坡度在 70° 以上或为 90° 的陡峭崖壁称为陡崖。陡崖处的等高线非常密集,甚至会重叠,因此,在陡崖处不再绘制等高线,改用陡崖符号表示,如图 6-8 所示。图 6-8(a) 为石质陡崖,图 6-8(b) 为土质陡崖。

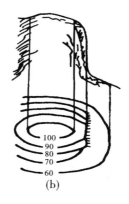

(a)　　　　　　　(b)

图 6-8　陡崖的表示方法

上部向外突出，中间凹进的陡崖称为悬崖，上部的等高线投影到水平面时与下部的等高线相交，下部凹进的等高线用虚线表示。悬崖的等高线如图 6-9 所示。

如图 6-10 所示为一综合性地貌的透视图及相应的地形图，可对照前述基本地貌的表示方法进行阅读。

图 6-9　悬崖的等高线

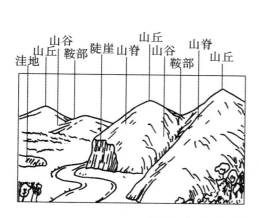
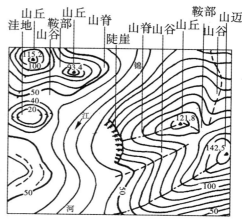

图 6-10　综合地貌及其等高线表示方法

（四）等高线的分类

为了更详尽地表示地貌的特征,地形图上常用下面四种类型的等高线,如图 6−11 所示。

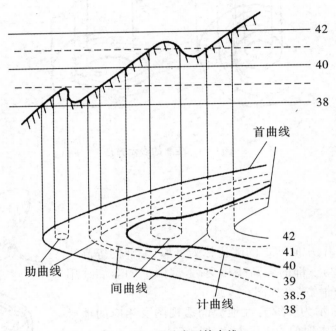

图6−11　四种类型等高线

（1）首曲线　在同一幅地形图上,按规定的基本等高距描绘的等高线称为首曲线,也称基本等高线。首曲线用 0.15 mm 的细实线描绘。如图 6−11 中高程为 38 m、42 m 的等高线。

（2）计曲线　凡是高程能被 5 倍基本等高距整除的等高线称为计曲线,也称加粗等高线。为了计算和读图的方便,计曲线要加粗描绘并注记高程,计曲线用 0.3 mm 粗实线绘出。如图 6−11 中高程为 40 m 的等高线。

（3）间曲线　为了显示首曲线不能表示出的局部地貌,按 1/2 基本等高距描绘的等高线称为间曲线,也称半距等高线。间曲线用 0.15 mm 的细长虚线表示。如图 6−11 中高程为 39 m、41 m 的等高线。

（4）助曲线　用间曲线还不能表示出的局部地貌,可按 1/4 基本等高距描绘的等高线称为助曲线。助曲线用 0.15 mm 的细短虚线表示。如图 6−11 中高程为 38.5 m 的等高线。

（五）等高线的特性

（1）等高性　同一条等高线上各点的高程相同。

（2）闭合性　等高线必定是闭合曲线。如不在本图幅内闭合,则必在相邻的图幅内闭合。所以,在描绘等高线时,凡在本图幅内不闭合的等高线,应绘到内图廓,不能在图幅内中断。

（3）非交性　除在悬崖、陡崖处外，不同高程的等高线不能相交。

（4）正交性　山脊、山谷的等高线与山脊线、山谷线正交。

（5）密陡稀缓性　等高线平距 d 与地面坡度 i 成反比。

任务二　地形图的应用

一、地形图的识读

地形图是包含丰富的自然地理、人文地理和社会经济信息的载体。它是进行建筑工程规划、设计和施工的重要依据。正确地应用地形图是建筑工程技术人员必须具备的基本技能。

（一）地形图图外注记识读

根据地形图图廓外的注记，可全面了解地形的基本情况。例如，由地形图的比例尺可以知道该地形图反映地物、地貌的详略；根据测图日期的注记可以知道地形图的新旧，从而判断地物、地貌的变化程度；从图廓坐标可以掌握图幅的范围；通过接合图表可以了解与相邻图幅的关系。了解地形图所使用的《地形图图式》版别，对地物、地貌的识读非常重要。了解地形图的坐标系统、高程系统、等高距、测图方法等，对正确用图有很重要的作用。

（二）地物识读

地物识读前，要熟悉一些常用地物符号，了解地物符号和注记的确切含义。根据地物符号，了解图内主要地物的分布情况，如村庄名称、公路走向、河流分布、地面植被、农田等。

（三）地貌识读

地貌识读前，要正确理解等高线的特性，根据等高线，了解图内的地貌情况。首先要知道等高距是多少，然后根据等高线的疏密判断地面坡度及地势走向。

二、地形图应用的基本内容

（一）在图上确定某点的坐标

大比例尺地形图上绘有 10 cm×10 cm 的坐标格网，并在图廓的西、南边上注有纵、横坐标值，如图 6-12 所示。

欲求图上 A 点的坐标，首先要根据 A 点在图上的位置，确定 A 点所在的坐标方格 $abcd$，过 A 点作平行于 x 轴和 y 轴的两条直线 pq、fg 与坐标方格相交于 $pqfg$ 四点，再按地形图比例尺量出 af＝60.7 m，ap＝48.6 m，则 A 点的坐标为

$$x_A = x_a + \frac{l}{ab}af = 2\ 100\ \text{m} + 60.7\ \text{m} = 2\ 160.7\ \text{m}$$

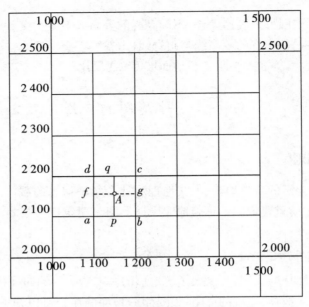

图 6-12　确定某点的坐标

$$y_A = y_a + \frac{l}{ad}ap = 1\ 100\ \text{m} + 48.6\ \text{m} = 1\ 148.6\ \text{m} \tag{6-4}$$

如果精度要求较高,则应考虑图纸伸缩的影响,此时还应量出 ab 和 ad 的长度。设图上坐标方格边长的理论值为 $l(l = 100\ \text{mm})$,则 A 点的坐标可按下式计算,即

$$x_A = x_a + \frac{l}{ab}af\ ;\ y_A = y_a + \frac{l}{ad}ap \tag{6-5}$$

(二)在图上确定两点间的水平距离

(1)解析法　如图 6-13 所示。

欲求 AB 的距离,先求出图上 A、B 两点坐标 (x_A, y_A) 和 (x_B, y_B),然后按下式计算 AB 的水平距离

$$D_{AB} = \sqrt{(x_B - x_A)^2 + (y_B - y_A)^2} \tag{6-6}$$

(2)在图上直接量取　用两脚规在图上直接卡出 A、B 两点的长度,再与地形图上的直线比例尺比较,即可得出 AB 的水平距离。当精度要求不高时,可用比例尺直接在图上量取。

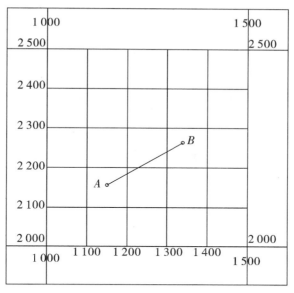

图 6-13　确定两点间的水平距离

(三)在图上确定某一直线的坐标方位角

（1）解析法　如图 6-14 所示。

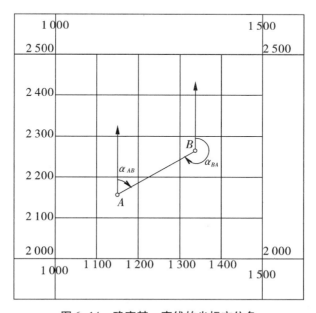

图 6-14　确定某一直线的坐标方位角

如果 A、B 两点的坐标已知,可按坐标反算公式计算 AB 直线的坐标方位角

$$\alpha_{AB} = \arctan \frac{y_B - y_A}{x_B - x_A} = \arctan \frac{\Delta y_{AB}}{\Delta x_{AB}} \tag{6-7}$$

（2）图解法 当精度要求不高时,可由量角器在图上直接量取其坐标方位角。通过 A、B 两点分别作坐标纵轴的平行线,然后用量角器的中心分别对准 A、B 两点量出直线 AB 的坐标方位角

α'_{AB} 和直线 BA 的坐标方位角 α'_{BA},则直线 AB 的坐标方位角为

$$\alpha_{AB} = \frac{1}{2}(\alpha'_{AB} + \alpha'_{BA} \pm 180°) \tag{6-8}$$

（四）在图上确定任意一点的高程

地形图上点的高程可根据等高线或高程注记点来确定。

（1）点在等高线上 如果点在等高线上,则其高程即为等高线的高程。如图 6-15 所示,A 点位于 30 m 等高线上,则 A 点的高程即为 30 m。

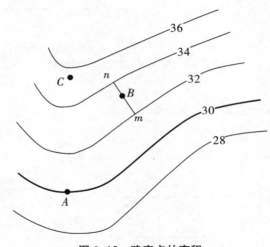

图 6-15　确定点的高程

（2）点不在等高线上 如果点位不在等高线上,则可按内插求得。如图 6-15 所示,B 点位于 32 m 和 34 m 两条等高线之间,这时可通过 B 点作一条大致垂直于两条等高线的直线,分别交等高线于 m、n 两点,在图上量取 mn 和 mB 的长度,又已知等高距为 $h=2$ m,则 B 点相对于 m 点的高差 h_{mB} 可按下式计算

$$h_{mB} = \frac{mB}{mn}h \tag{6-9}$$

设 $\dfrac{mB}{mn}$ 的值为 0.8,则 B 点的高程为

$$H_B = H_m + h_{mB} = 32 \text{ m} + 0.8 \times 2 \text{ m} = 33.6 \text{ m}$$

通常根据等高线用目估法按比例推算图上点的高程。

（五）在图上确定某一直线的坡度

在地形图上求得直线的长度以及两端点的高程后,可按下式计算该直线的平均坡度

i,即

$$i = \frac{h}{d \cdot M} = \frac{h}{D} \tag{6-10}$$

式中,d——图上量得的长度,mm;

　　M——地形图比例尺分母;

　　h——两端点间的高差,m;

　　D——直线实地水平距离,m。

坡度有正负号,"+"号表示上坡,"−"号表示下坡,常用百分率(%)或千分率(‰)表示。

三、地形图在平整场地中的应用

将施工场地的自然地表按要求整理成一定高程的水平地面或一定坡度的倾斜地面的工作,称为平整场地。在场地平整工作中,为使填、挖土石方量基本平衡,常要利用地形图确定填、挖边界和进行填、挖土石方量的概算。场地平整的方法很多,其中方格网法是最常用的一种。

将场地平整为水平地面,如图 6-16 所示,为 1∶1 000 比例尺的地形图,拟将原地面平整成某一高程的水平面,使填、挖土石方量基本平衡。方法步骤如下。

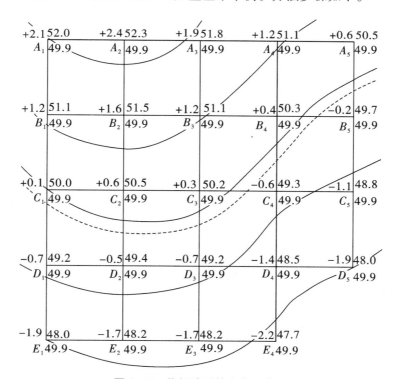

图 6-16　将场地平整为水平地面

(1)绘制方格网　在地形图上拟平整场地内绘制方格网,方格大小根据地形复杂程度、地形图比例尺以及要求的精度而定。一般方格的边长为 10 m 或 20 m。图中方格为 20 m×20 m。各方格顶点号注于方格点的左下角,如图 6–16 中的 $A_1,A_2,\cdots,E_3,E_4$ 等。

(2)求各方格顶点的地面高程　根据地形图上的等高线,用内插法求出各方格顶点的地面高程,并注于方格点的右上角,如图 6–16 所示。

(3)计算设计高程　分别求出各方格四个顶点的平均值,即各方格的平均高程;然后,将各方格的平均高程求和并除以方格数 n,即得到设计高程 $H_设$。根据图 6–16 中的数据,求得的设计高程 $H_设 = 49.9$ m。并注于方格顶点右下角。

(4)确定方格顶点的填、挖高度　各方格顶点地面高程与设计高程之差为该点的填、挖高度,即

$$h = H_地 - H_设 \tag{6-11}$$

h 为"+"表示挖深,为"−"表示填高。并将 h 值标注于相应方格顶点左上角。

(5)确定填挖边界线　根据设计高程 $H_设 = 49.9$ m,在地形图上用内插法绘出 49.9 m 等高线。该线就是填、挖边界线,如图 6–16 中用虚线绘制的等高线。

(6)计算填、挖土石方量　有两种情况:一种是整个方格全填或全挖方,如图 9–7 中方格 Ⅰ、Ⅲ,另一种既有挖方,又有填方的方格,如图 6–15 中方格 Ⅱ。

现以方格 Ⅰ、Ⅱ、Ⅲ 为例,说明其计算方法。

方格 Ⅰ 为全挖方

$$V_{Ⅰ挖} = \frac{1}{4}(1.2 \text{ m} + 1.6 \text{ m} + 0.1 \text{ m} + 0.6 \text{ m}) \times A_{Ⅰ挖} = 0.875 A_{Ⅰ挖} \text{m}^3$$

方格 Ⅱ 既有挖方,又有填方

$$V_{Ⅱ挖} = \frac{1}{4}(0.1 \text{ m} + 0.6 \text{ m} + 0 \text{ m} + 0 \text{ m}) \times A_{Ⅱ挖} = 0.175 A_{Ⅱ挖} \text{m}^3$$

$$V_{Ⅱ填} = \frac{1}{4}(0 + 0 - 0.7 \text{ m} - 0.5 \text{ m}) \times A_{Ⅱ填} = -0.3 A_{Ⅱ填} \text{m}^3$$

方格 Ⅲ 为全填方

$$V_{Ⅲ填} = \frac{1}{4}(-0.7 \text{ m} - 0.5 \text{ m} - 1.9 \text{ m} - 1.7 \text{ m}) \times A_{Ⅲ填} = 1.2 A_{Ⅲ填} \text{m}^3$$

式中,$A_{Ⅰ挖}$、$A_{Ⅱ挖}$、$A_{Ⅱ填}$、$A_{Ⅲ填}$——各方格的填、挖面积,m^2。

同法可计算出其他方格的填、挖土石方量,最后将各方格的填、挖土石方量累加,即得总的填、挖土石方量。

四、面积的计算

在规划设计和工程建设中,常常需要在地形图上测算某一区域范围的面积,如求平整土地的填挖面积,规划设计城镇某一区域的面积,厂矿用地面积,渠道和道路工程的填、挖断面的面积、汇水面积等。下面介绍几种量测面积的常用方法。

(1)解析法　在要求测定面积的方法具有较高精度,且图形为多边形,各顶点的坐标值为已知值时,可采用解析法计算面积。

如图 6–17 所示,欲求四边形 1234 的面积,已知其顶点坐标为 $1(x_1、y_1)$、$2(x_2、y_2)$、

$3(x_3、y_3)$ 和 $4(x_4、y_4)$。则其面积相当于相应梯形面积的代数和,即

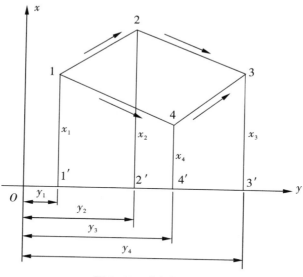

图6-17　坐标解析法

$$S_{1234} = S_{122'1'} + S_{233'2'} - S_{144'1'} - S_{433'4'}$$

$$= \frac{1}{2}\left[(x_1+x_2)(y_2-y_1) + (x_2+x_3)(y_3-y_2) - (x_1+x_4)(y_4-y_1) - (x_3+x_4)(y_3-y_4)\right]$$

整理得

$$S_{1234} = \frac{1}{2}\left[x_1(y_2-y_4) + x_2(y_3-y_1) + x_3(y_4-y_2) + x_4(y_1-y_3)\right]$$

对于 n 点多边形,其面积公式的一般式为

$$S = \frac{1}{2}\sum_{i=1}^{h} x_i(y_{i+1}-y_{i-1}) \tag{6-12}$$

$$S = \frac{1}{2}\sum_{i=1}^{h} y_i(x_{i+1}-x_{i-1}) \tag{6-13}$$

式中,i——多边形各顶点的序号。当 i 取 1 时,$i-1$ 就为 n;当 i 为 n 时,$i+1$ 就为 1。

式(6-12)和式(6-13)的运算结果应相等,可作校核。

(2)几何图形法　若图形是由直线连接的多边形,可将图形划分为若干个简单的几何图形,如图 6-18 所示的三角形、矩形、梯形等。然后用比例尺量取计算所需的元素(长、宽、高),应用面积计算公式求出各个简单几何图形的面积。最后取代数和,即为多边形的面积。

图形边界为曲线时,可近似地用直线连接成多边形,再计算面积。

(3)透明方格网　对于不规则曲线围成的图形,可采用透明方格法进行面积量算。

如图 6-19 所示,用透明方格网纸(方格边长一般为 1 mm、2 mm、5 mm、10 mm)蒙在要量测的图形上,先数出图形内的完整方格数,然后将不够一整格的用目估折合成整格数,两者相加乘以每格所代表的面积,即为所量算图形的面积,即

$$S = nA \qquad\qquad (6-14)$$

式中, S——所量图形的面积;

n——方格总数;

A——1 个方格的面积。

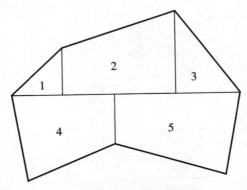

图 6-18　几何图形计算法

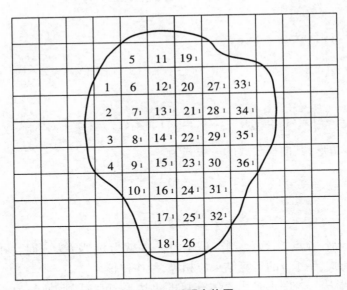

图 6-19　透明方格网

例 6-1　如图 6-19 所示,方格边长为 1 cm,图的比例尺为 1∶1 000。完整方格数为 36 个,不完整的方格凑整为 8 个,求该图形面积。

解

$$A = (1 \text{ cm})^2 \times 1\,000^2 = 100 \text{ m}^2$$

总方格数为 36+8 = 44 个

$$S = 44 \times 100 \text{ m}^2 = 4\,400 \text{ m}^2$$

项目小结

地形图的基本应用有根据地形图确定点的坐标、高程、确定直线的长度、坡度和坐标方位角,绘制某方向断面图,选定已知坡度线路等。地形图在工程建设中的应用有利用地形图绘制断面图、平整场地、计算面积等。

在工业与民用建筑中,通常要对拟建地区的自然地貌加以改造,整理为水平或倾斜的场地,使改造后的地貌适于布置和修建建筑物,便于排泄地下水,满足交通和敷设地下管线的需要,为了使场地土石方工程合理,应满足挖方与填方基本平衡的原则,同时概算出挖或填土石方工程量,并测设出挖、填土石方分界线。

思考题

(1)何谓比例尺精度?

(2)比例尺精度对用图和测图有什么指导作用?

(3)比例符合、非比例符号和半比例符号各在什么情况下应用?

(4)等高线有哪些特性?

(5)简述阅读地形图的步骤和方法。

(6)简述利用地形图确定某点的高程和坐标的方法。

(7)简述利用地形图计算面积的方法。

(8)如何计算场地的设计高程?

习 题

1.根据表6-5的记录数据,计算水平距离及高程。

注:测站 A,仪器高 $i=1.45$ m,测站高程 $H_A=74.50$ m,竖盘为顺时针注字。

表6-5

点号	视距读数 l	中丝读数 v	竖盘读数	竖直角 α	高差 h	水平距离 d	高程 H
1	0.96	1.30	96°35′	−6°35′			
2	1.45	1.60	82°46′	7°14′			

▌实训题

1. 目的与要求

（1）巩固和复习《建筑工程测量》的基础理论和知识。

（2）掌握测绘仪器（全站仪、水准仪等）和测绘成图软件 Cass 的基本操作。

（3）掌握大比例尺地形图测绘的基本方法。

（4）学会团队协作和与人沟通的技巧。

2. 实习内容

（1）计划与设备

1）实验时数安排 4 学时，实验小组由 4～5 人组成。

2）水准仪 1 套，全站仪 1 套，木桩和小钉若干，水准尺一根，小钢尺一个。

3）在实验场地选择一条闭合导线（3～4 站），进行图根控制测量和碎部测量。

4）实验结束后，进行三角高程导线计算、碎部点计算并绘制图形，每人上交一份实验报告。

（2）测区概况及外业数据采集

1）测区概况。水准测量与图根导线测量都在商丘职业学院内进行，由于学校整体建筑在平原上，各点之间相对高程不大，这给水准测量提供了一定的便利。但就在进行图根导线测量的局部区域来说，测区内树木较多，通视情况一般，且多沟渠的复杂地物，给我们并不熟练的图根导线测量带来了一定难度。

另外，由于测区位于校园主干道附近，且周围有教学楼、图书馆、宿舍楼等设施，导致测区内人流量较大，容易对实习中的人员和仪器造成干扰或者带来危险。

在实习过程中，商丘市区的天气状况以晴阴天为主，并且时常伴随着小雨或雪，气温也一直在零度左右徘徊，这些也都给测量工作带来了一定的困难。

2）外业数据采集。图根控制测量：确定测区范围、边界、地形、地物，然后在测区选定由 3～4 个导线点组成的闭合导线，在各导线点打下木桩，钉上小钉标定点位，绘出导线略图。

四等水准测量：DS₃ 水准仪，47、48 水准尺一对，四等水准测量记录手簿，铅笔，计算器。本小组共有成员 4 人，在施测水准测量的时候，人员分配情况是 2 人为跑尺员（前、后尺各两人），另外一人为观测员，一人为记录员。

具体作业方法如下：在选取了合适的水准路线和固定点之后（水准路线见附图），开始进行第一测站的观测，将水准尺立于固定点上作为后视，水准仪放置在水准路线附近合适位置，然后在施测路径前进方向上取仪器与后尺大致相等距离放置尺垫，在尺垫上树立前尺。随后观测员对水准仪进行整平，并按"后后前前"的顺序对后尺前尺进行读数。在一测站完毕后，通知后尺移站，此时前一站的前视点变为后一站的后视点，按照与前一站相同的工作程序完成该站的测量，直到完成该测段为止。

注意事项：①读取竖直角时，指标水准管气泡要居中，水准尺要立直；②每测约 20 个点，要重新瞄准起始方向，以检查水平度盘是否变动。

图根控制测量方法:采用图根三维光电测距导线测量,既在控制点间布设闭合导线,利用全站仪进行数据的观测,将平面控制测量和高程控制测量集成在对全站仪的一次操作中。

各类控制点的布设方案:经过实地勘察后,本小组以在点位稳定、安全性好、通视情况良好、便于观测为原则在测区内选择了 6 个点作为控制点,并用油漆画⊕作为标记,由这 6 个控制点构成闭合导线,并且以其中两点连线方向作为正南正北方向,给其中一控制点赋予坐标值(1 000,1 000,100)。

施测方法及使用的仪器:施测中使用的仪器有全站仪设备 1 套,脚架 1 个,反射棱镜 2 套。

在各个控制点的观测时,对导线的转折角、导线边、导线控制点的高程进行观测,并量取仪器高和棱镜高,其中对转折角及导线边长采用一测回观测,而三角高程测量时采用对向观测。在移站的过程中,采用三联脚架法,以减少操作和提高测量精度。

在图根控制测量过程中,对小组成员进行了如下分配:两人负责棱镜,一人为观测员,一人为记录员。

具体的作业方法如下:在组织组员对测区进行了勘察情况下选定了控制点,在确定已知点坐标和正北方向后,按照三联脚架法对导线进行观测:将全站仪安置在第 I 站的基座中,棱镜分别安置在后视点 $i-1$ 和前视点 $i+1$ 的基座中,进行导线测量,分别读取 6 种观测值:水平角 β,距离 S,竖角 α,仪器高 i,目标高 v。迁站时,点 i 和点 $i+1$ 上的脚架和基座不移动,将全站仪安置在第 $i+1$ 站的基座上,第 i 站上则安置棱镜,再将第 $i-1$ 站的仪器迁到第 $i+2$ 站,随后再如前一站进行观测,直到闭合导线测量完毕。

限差要求:

(1)边长丈量的相对误差不应大于 1/4 000。

(2)对中误差应小于±2 mm。

(3)盘左、盘右测角的差值应小于±40″。

(4)图根导线的角度闭合差限差按 $40″\sqrt{n}$ 计算(n 为测角数)。

(5)三角高程线路闭合差限差 $40\sqrt{D}$(mm)。

(6)对相观测高差或单向两次高差较差≤$0.4S$(mm)。

(3)碎部测量作业过程:遵循"从整体到局部""先控制后碎部""由高级到低级""步步有检核"的原则。每次作业顺序为:

1)确定测站点。确定测站点时,要尽量保证大的可视区域,同时还要保证有可通视的已知点。所以,在实际作业时一般将测站点定在较高的坡或山顶,以避免经常迁站。

2)架设仪器。架设仪器时,要保证仪器架稳,一般是将三脚架的腿间距稍微放大些,保证平稳。角度过大将导致全站仪过低,给观测带来不便,同时也影响观测员的行动;角度过小时全站仪放置不稳,存在仪器损害的潜在危险。观测前要进行仪器的校验,对准已知点,以保证数据均为可信数据。

3)立棱镜,测量读数。立镜时要保证镜杆尽量竖直,每个碎布点保持间距 35~45 m。实际碎部点间距大多在 35 m,符合精度要求。全站仪能够自动保存数据,读数较快。一般有两到三人负责立棱镜,其中两人同时立镜。

4)记录。本次外业数据采集作业采用的是无码作业,这种方法的优点是采集数据速度快,缺点是只能是采集数据,无法对数据的性质进行分类记录,所以在观测同时要进行草图的勾绘,如山脊线、山谷线、探槽等特殊数据就要在草图上记录下来,以便内业作业。一般由一人主测,另一人勾绘草图。

5)测站点检验及校和。在测量一定点数(一般为300点)后或迁站时,要进行一次测站点检和。检和方法为:重测某一已知点(一般为后视控制点),检验两次误差是否符合技术要求。如果误差超出范围则所测数据有误。

3. 内业成图

(1)内业成图方法:在外业无码作业数据采集的基础上,内业将利用外业草图,采用南方CASS 5.1软件进行成图。成图比例尺为1:2 000和1:1 000。地貌与实地相符,地物位置精确,符号利用要正确。所成的电子地图进行了严格分层管理,可出各种专题地图的要求。图形格式为DWG格式。

(2)内业成图具体过程

1)DAT文件的建立:在Excel文件中首先输入该点的点号,再空一格,在第三格中输入X坐标的值,在第四格中输入Y的值,选择CSV格式进行保存,并将文件的扩展名改为DAT。

2)展点(高程点或点号):在绘图处理的下拉菜单中选择"展点"项的"野外测点点号"在打开的对话框中选择自己所需要的文件,然后单击"确定"便可以在屏幕展出野外测点及点号。

3)DTM的建立:在等高线的目录下选择由数据文件建立DTM,输入绘图比例1:2 000,选择不考虑坎高,回车以后在选择直接显示建立三角网的结果。

4)三角形的修改:在等高线的目录下选择"删除三角形""增加三角形""过滤三角形""三角形内插点""重组三角形"的命令,按照提示进行操作可以对三角网进行修改。

5)勾绘等高线:在等高线的目录下选择"勾绘等高线",输入等高距2 m,选择"张力样条拟合"。

6)等高线的修饰(包括修饰与高程注记):在等高线的目录下选择"删除三角网",修改不正确的等高线,并沿直线注记等高线或单独注记。

7)加图廓的方法:首先利用工程应用查询图框的长、宽;在绘图处理的目录下选择"加任意图幅",在打开的对话框中输入测图员的姓名、长宽、接图表等与图相关的内容,拾取图的左下角坐标。完成内业地图勾绘。

建筑工程施工测量

知识目标　　通过本课程的学习要求学生掌握建筑工程测量的基本知识、基本方法,具有施工放样的操作技能与测量数据处理的能力,培养学生吃苦耐劳、团结协作的职业素质。

能力目标　　能正确使用经纬仪、水准仪、钢尺等常规测量仪器,并能对仪器进行一般性的检验;能正确使用全站仪、自动安平水准仪等现代测量仪器;能正确计算施工放样数据,并能使用仪器放样出对应的数据。

建筑工程施工测量工作贯穿于整个工程实施阶段,是保证工程施工质量的重要环节。任何工程建设都需要经过勘测、设计和施工三个阶段,相应的测量工作也各有侧重。在勘测阶段的主要测量任务是测绘大比例尺地形图;在设计阶段的主要任务是收集地形资料及有关的测量成果,以此进行建筑设计确定建筑物在地形图中的确切位置;而在施工阶段,主要任务是把图上设计建筑物的特征点标定在实地上。

任务一　施工测量概述

一、施工测量的概念、任务和内容

(一)施工测量的概念

在施工阶段所进行的测量工作,称为施工测量。

(二)施工测量的任务

施工测量的任务是把图纸上设计的建(构)筑物的平面位置和高程,按设计和施工的要求放样(测设)到相应的地点作为施工的依据,并在施工过程中进行一系列的测量工作,以指导和衔接各施工阶段的施工。如在场地平整、建筑物平面位置和高程放样、基础施工和室内外管线工程施工到建筑物结构的安装等,都需要进行施工测量。某些工程竣工后,为了便于管理、维修和扩建,还必须编绘竣工图。有些高大的建筑物和特殊的构筑物,在施工期间和建成后,还要进行变形观测,作为鉴定工程质量和验证工程设计、施工是否合理的依据。

(三)施工测量的内容

施工前建立与工程相适应的施工控制网,进行场地平整,根据施工控制网点在实地测设出各个建(构)筑物的主轴线和辅助轴线,再测定建(构)筑物的各个细部点,进行土方开挖。建(构)筑物的放样及构件与设备安装的测量工作,以确保施工质量符合设计要求。检查和验收工作:每道工序完成后,都要通过测量检查工程各部位的实际位置和高程是否符合要求,根据实测验收的记录,编绘竣工图和资料,作为验收时鉴定工程质量和工程交付后管理、维修、扩建、改建的依据。变形观测工作:当工程开始施工到一定的阶段以后,就需要测定建(构)筑物的位移和沉降,作为鉴定工程质量和验证工程设计、施工是否合理的依据。最后还要进行竣工测量,提出竣工测量成果,绘制竣工图。

二、施工测量的特点

施工测量是现场施工操作的第一步,测量质量的好坏直接影响工程质量是否能满足设计的要求,因此它必须与设计图纸和施工组织计划一致。

在测量工作前必须作好准备工作,充分熟悉图纸,了解对测量数据的精度要求,在测量过程中按正确的操作方法进行,保证测量成果的精度。

施工测量的精度应满足规范和设计图纸的要求。施工测量的精度取决于工程建设的性质、建(构)筑物的用途、材料和施工方法等。一般建(构)筑物的测量精度应满足规范和设计要求,精度要求过高,将导致人力及时间的浪费,过低则会影响施工质量,甚至造成工程事故。

由于施工现场各种工序交叉作业、材料堆放、运输频繁、场地变动及施工机械振动等使测量标志易遭破坏,因此测量标志从形式、选点到埋设均应考虑便于使用、保管和检查,如有破坏应及时恢复。

三、施工测量的原则

随着建筑业的迅速发展,现在的工程项目往往包含多个单项工程,且施工场地大,建(构)筑体形复杂,有的还采取分期开工,这就要求我们在测量过程中既要使各个建(构)筑物能互相连成统一的整体,又要保证每个建(构)筑物都能找到满足设计要求的控制点,那么在测量中就必须遵循"由整体到局部,先控制后细部,高级控制低级"的原则。即先在施工现场建立统一的平面控制网和高程控制网,然后以此为基础,测设出各个建(构)筑的细部。

任务二　施工测量的基本工作

施工测量就是根据已有控制点或地物点,按照工程设计要求,将建(构)筑物的特征点在实地标定出来。因此,首先要确定特征点与控制点或原有的建筑物之间的角度、距离和高程关系,这些基本关系称为测设数据;然后利用测量仪器,根据测设数据将特征点测设到实地,施工测量的基本工作主要包括水平距离测设、水平角度测设和高程测设等。

一、测设已知水平距离

测设已知的水平距离是从一个已知点出发,沿指定的方向,量出给定的水平距离定出这段距离的另一个端点。下面主要介绍钢尺测设法、电磁波测距仪测设法和全站仪测设法。

(一)钢尺测设法

根据对测设精度的要求不同又可分为一般方法和精确方法。

(1)一般方法　当测设精度要求不高时,可从已知起始点开始,沿给定的方向和设计的水平距离,用钢尺量距,定出另一端点。为了校核,可将钢尺移动一段距离,一般多采用10 cm或20 cm,再测设一次。如两次测设之差在允许范围之内,取其平均值作为最后的结果。

(2)精确方法　当测设要求较高时,应采用经纬仪定线,使用鉴定过的钢尺测设。即根据给定的水平距离,经过尺长改正、温度改正和倾斜改正后,计算出地面上应测设的距离。具体的测设过程如下:

1)将经纬仪安置在端点 A 上,按给定的方向定出 AB 方向线,并测量出要求的距离(如图7-1中25 m),打下尺段桩和端点桩。桩顶刻上十字标志或钉上钉子。

2)用水准仪测定出各相邻桩顶间的高差。

3)按精密量距的方法先丈量出整尺段的距离,并施工加尺长改正、温度改正和高差改正,计算出每个尺段的长度及各尺段长度之和,得出最后结果为 D_0 。

4)用已知应测设的水平距离 D 减去 D_0 得余长 ΔD ,即 $D-D_0=\Delta D$,然后计算余长段应测设的距离 $\Delta D'$ 。

$$\Delta D' = \Delta D - \Delta l_d - \Delta l_t - \Delta l_h \tag{7-1}$$

式中, Δl_d 、 Δl_t 、 Δl_h 分别为相应余长的尺长改正数、温度改正数和高差改正数。

5)根据 $\Delta D'$ 在地面上测设余长段,并在终点桩上做出标志,即为所测设的终点 B 。如果需要测设的距离校短,不大于一整尺长时,可根据给定的水平距离 D ,先经过尺长改正、温度改正和高差改正后,计算出地面应测设的距离 L ,直接在地面上丈量出 L ,并写出端点。放样的计算公式为

$$L = D - (\Delta L_d + \Delta L_t + \Delta L_h) \tag{7-2}$$

式中, ΔL_d 、 ΔL_t 、 ΔL_h 分别为尺长改正数、温度改正数和高差改正数。

6)然后用钢尺直接进行距离测设,找到线段的端点,并打桩做出标志。

具体说明如下例:

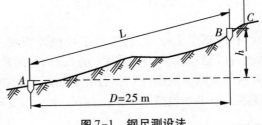

图 7-1 钢尺测设法

如图 7-1,沿已知 AC 方向测设出 B 点,使水平距离 $D=25$ m,所用钢尺的尺长方程式为:(设钢尺的名义长度为 30 m)

$$L_t = 30 \text{ m} + 0.005 \text{ m} + 1.25 \times 10^{-5} \times 30 \times (t-20\text{℃}) \text{ m}$$

测设前,通过估测定出了 B 点的大致位置,并测得 A、B 两点的高差 $h=+1.665$ m。测设时温度 $t=12$ ℃,测设时拉力与检定钢尺时拉力相同,均为 100 N。试求出 L 的长度,并确定 B 点的位置。

根据项目四的公式求出 ΔL_d、ΔL_t、ΔL_h 三项改正数。由于 D 与 L 相差不大,故式中 L 可用 D 代替。计算如下:

$$\Delta L_d = D \times \frac{\Delta l}{l_0} = 25 \times \frac{0.005}{30} = 0.004$$

$$\Delta L_t = \alpha(t-t_0)D = 1.25 \times 10^{-5} \times 30 \times (12-20\text{℃}) = -0.003$$

$$\Delta L_h = -\frac{h^2}{2D} = -\frac{1.665^2}{2 \times 25} = -0.055$$

$$L = 25 - (0.004 - 0.003 - 0.055) = 25.054 \text{ m}$$

求出 L 后就可以沿 AC 方向用钢尺实量 25.054 m,定出 B 点。

(二)电磁波测距仪测设法

在中、短程距离(短程 3 km 以下;中程 3 ~ 5 km)的测设中,目前多采用电磁波测距仪法。

如图 7-2 所示,测设时安置测距仪于 A 点,按当时的气温、气压在仪器上设置改正值,瞄准 AB 方向,在观测者的指挥下,持棱镜者在已知方向上前后移动,使仪器显示值略大于测设的距离,定出 B_1,在 B_1 点上安置反光棱镜,测出竖直角 α 及 L,计算水平距离 $D_1 = L\cos\alpha$,求出 D_1 与应测设的水平距离 D 之差 $\Delta D = D_1 - D$。根据 ΔD 的符号在实地用钢尺沿测设方向将 B_1 改正到 B 点,并用木桩标定其点位。最后还要将反光镜安置于 B 点上,进行校核,看实测的 AB 距离与 D 的差值,其差值应在限差之内,否则应再次进行改正,直至符合限差为止。

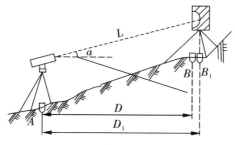

图 7-2 电磁波测距仪法

（三）全站仪测设法

全站仪是一种多功能仪器,除能自动测距、测角和测高差三个基本要素外还能测定坐标以及放样等,具有高速、高精度和多功能的特点。它由电子测角、电子测距、电子计算和数据存储单元组成的三维坐标测量系统,测量结果能自动显示,并能与外围设备交换信息。用全站仪测设水平距离,比电磁波测距仪测设水平距离更快捷,其竖直角 α、斜距 L 及水平距离 D 均能自动显示(测设精度要求较高时应加测气象改正数),给测设工作带来极大的方便。测设时,反光棱镜在已知方向上前后移动,使仪器显示的水平距离等于测设的距离即可。

二、测设已知水平角

水平角的测设是根据已知方向和水平角的数值,把该角的另一个方向在地面上标定出来。

（一）一般方法

用下面的例题做以说明:如图 7-3 所示,已知地面上 OA 方向,从 OA 向右测设水平角 β,定出 OB 方向。

具体的测设步骤如下:

（1）在 O 点安置经纬仪,以盘左位置瞄准 A 点,并使度盘读数为 $0°00'00''$。

（2）松开水平制动螺旋,旋转照准部使,度盘读数为 β 角值,在此方向上定出 B' 点。

（3）纵转望远镜成盘右位置,以同样方法测设 β 角,定出 B'' 点,取 B' 和 B'' 的中点 B,则 $\angle AOB$ 就是要测设的角度。

（4）校核:实测 $\angle AOB$,实测值与已知水平角相比应在 $\pm1'$ 范围内。

（二）精确方法

当测设精度要求较高时,用一般方法难以达到,此时应采用精密方法测设。

如图 7-4,具体步骤如下:

（1）先用一般方法测设出 B' 点。

（2）$\angle AOB$ 观测若干个测回(测回数由测设精度确定或按有关规范规定),求出各测回平均值 β',并计算出 $\Delta\beta=\beta-\beta'$。

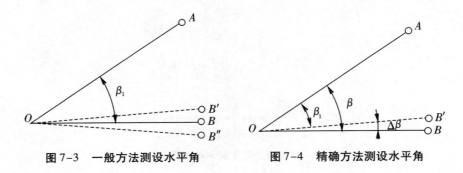

图7-3 一般方法测设水平角　　　图7-4 精确方法测设水平角

（3）量取 OB' 的水平距离。

（4）计算改正距离

$$BB' = OB'\tan \Delta\beta \approx OB' \times \frac{\Delta\beta}{\rho} \tag{7-3}$$

（5）自 B' 点沿 OB' 的垂直方向量出距离 BB'，定出 B 点，则 $\angle AOB$ 就是要测设的角度。

量取改正距离时，如 $\Delta\beta$ 为正，则沿 OB' 的垂直方向向外量取；如 $\Delta\beta$ 为负，则沿 OB' 的垂直方向向内量取。

三、测设已知高程

根据已知水准点，将设计的高程测设到现场作业面上，称为测设已知高程。

如图7-5所示，有一已知水准点 A 的高程为 H_A，需要测设点 P 的设计高程为 H_P。将水准仪安置在已知水准点 A 与需测设点 P 之间，在已知水准点 A 上立尺读数为 a，则水准仪视线高程为

$$H_i = H_A + a \tag{7-4}$$

P 点尺上应有的读数为

$$b = H_i - H_P = (H_A + a) - H_P \tag{7-5}$$

然后将水准尺紧靠 P 点木桩侧面上下移动，直到水准尺读数为 b 时，沿尺底在侧面画线，此线就是测设的高程位置。现举例如下（图7-5）。

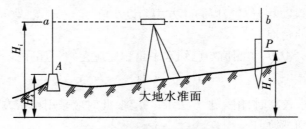

图7-5 地坪测设已知高程

设某拟建建筑物的设计室内地坪高程为 $H_P = 50.000$ m，而附近有一个水准点 A，其高

程 $H_A = 49.026$ m。要求把建筑物的室内地坪标高测设到木桩 P 上。

首先,在 A 和 P 两点之间安置水准仪,先在水准点 A 上立尺,若 A 点上水准尺的读数 $a = 1.266$ m,按式(7-4)得仪器视线高程

$$H_i = H_A + a = 49.026 \text{ m} + 1.266 \text{ m} = 50.292 \text{ m}$$

则由式(7-5)得

$$b = H_i - H_P = 50.292 \text{ m} - 50.000 \text{ m} = 0.292 \text{ m}$$

然后在 P 点立尺,使尺下端部紧贴木桩 P 一侧上下移动,直至水准仪视线在尺上读数为 0.292 m 时,在木桩 P 上紧靠尺底端位置画一道标志线,此线就是拟建建筑物的设计室内地坪标高的位置。

另外还有一种高程的测设方法,称为高程传递法,主要适用于测设较深基坑标高和安装厂房内的吊车轨道等高差较大的高程测设。由于高差较大,只用水准尺是无法测定点位高程的,此时就需要用钢尺代替水准尺将地面水准点的高程传递到临时水准点上,然后再根据临时水准点测设所求点的高程。

下面以测设深基坑内的高程为例加以说明。

如图 7-6 所示,已知水准点 A 的高程 H_A,现要求测设出深基坑内临时水准点 B(如可设 B 点距设计基坑底 30~50 cm)的位置。

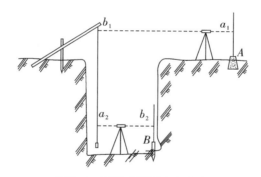

图 7-6 基坑内测设已知高程

测设前先在基坑一边架设吊杆,杆上吊一根零点在下端的钢尺,尺的下端挂上质量相当于钢尺检定时拉力的重锤,并放入油桶中。在地面上和坑内各放一次(或一台)水准仪。设地面放置仪器时对 A 点所立尺的读数为 a_1,对钢尺的读数为 b_1;在坑底放置仪器时对钢尺读数为 a_2。如图 7-6,则 B 点和高程 H_B 的计算公式为

$$H_B - H_A = h_{AB} = a_1 - (b_1 - a_2) - b_2$$

则
$$b_2 = a_1 - (b_1 - a_2) - h_{AB} \tag{7-6}$$

用逐渐打入木桩或在木桩上画线的方法,使立在 B 点的水准尺上读数为 b_2,这样就可以定出临时水准点 B 的高程位置。

为了检核,可采用变动悬吊钢尺位置后,再用上述方法进行读数,再次测得的高程之差不应超过 ±3 mm。

用同样方法,可从低处向高处测设已知高程的点。

四、已知坡度直线的测设

在平整场地、铺设管道及修筑道路路面等工程中,经常需要在地面上测设给定坡度的坡度线。坡度线的测设是根据附近水准点的高程、设计坡度和坡度线端点的设计高程,用高程测设的方法,将坡度线上各点的设计高程标定在地面上。

如图 7-7 所示,A、B 两点线路纵坡线上的两个端点,两点间的水平距离为 D。已知 A 点的高程为 H_A,AB 纵坡线的设计坡度 $i = x\%$,为施工方便,要求每隔一定距离(间距为 D_i)打一个木桩 P,要求在木桩上做出该点坡度线标志,具体步骤如下:

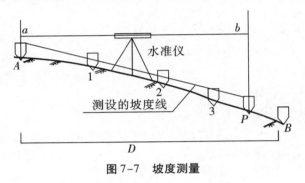

图 7-7 坡度测量

(1)根据 A 点的设计高程 H_A 和间距 D_i 计算任一点 P 的设计高程 H_p 为

$$H_p = H_A + i \cdot D_i \qquad\qquad (7-7)$$

式中,H_p——P 点的设计高程,m;

$\quad H_A$——A 点的设计高程,m;

$\quad i$——AB 纵坡线的设计坡度,%;

$\quad D_i$——AB 直线间任意一点 P 到 A 点的距离的,m;

(2)若 $D \leqslant 100$ m 时,在 AB 中间架设水准仪,若 $D \geqslant 100$ m 时,分次架设仪器测量;测量时在 A 点水准尺的读数为 a,则计算出待测点 P 上水准尺读数 b 为

$$b = H_A + a - H_p$$

(3)从 A 点沿 AB 方向线上用钢尺量取距离 D_i,并打下木桩,然后在 P 点木桩侧面立尺,上下移动水准尺,直至水准仪视线在尺上读数为 b 时,在木桩 P 上紧靠尺底端位置画一道标志线,此线就是 P 点在地面上坡度线的位置。

最后依次在 AB 方向线上测设出 AB 间的各点,分别在 1、2、3 处打下木桩,使各木桩上水准尺的读数均为 b_i,此时各桩的桩顶连线即为所需测设的坡度线。若设计坡度较大,测设时超出水准仪脚螺旋所能调节的范围,则可用经纬仪进行测设。

任务三　点的平面位置的测设

测设设计的平面点位置的方法有直角坐标法、极坐标法、距离交会法、角度交会法及全站仪自由设站法等。在施工中具体采用什么方法,主要根据施工控制网的形式、平面控制点的分布情况、地形情况、施工现场条件、仪器设备和施工放样的精度要求面选择适当的方法。

一、直角坐标法

直角坐标法是根据直角坐标原理,利用纵横坐标之差,测设点的平面位置。当建筑场地的施工控制网为方格网或建筑基线形式时,或者说建筑物附近有彼此垂直的主轴线,且场地较为平坦宜于量距时,采用直角坐标法较为方便。

下面举例说明:如图 7-8 所示,A、B、C、D 为建筑施工场地的建筑方格网点,a、b、c、d 为欲测设建筑物的四个角点,根据设计图上各点坐标值,可求出建筑物的长度、宽度及测设数据。

建筑物的长度 $= y_c - y_a = 1\ 320.00 - 1\ 220.00 = 100.00$ m

建筑物的宽度 $= x_c - x_a = 986.00 - 946.00 = 40.00$ m

测设 a 点的数据(A 点与 a 点的纵横坐标之差)如下。

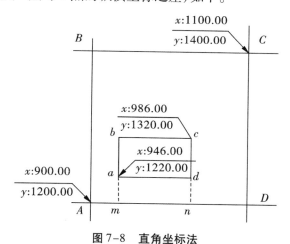

图 7-8 直角坐标法

$$\Delta x = x_a - x_A = 946.00 - 900.00 = 46.00 \text{ m}$$

$$\Delta y = y_a - y_A = 1\ 220.00 - 1\ 200.00 = 20.00 \text{ m}$$

具体测设步骤如下。

(1)在 A 点安置经纬仪,瞄准 D 点,沿视线方向测设距离 20.00 m,定出 m 点,继续向前测设 100.00 m,定出 n 点。

(2)在 m 点安置经纬仪,瞄准 D 点,按逆时针方向测设 90°角,由 m 点沿视线方向测设距离 46.00 m,定出 a 点,做出标志,再向前测设 40.00 m,定出 b 点,做出标志。

(3)在 n 点安置经纬仪,瞄准 A 点,按顺时针方向测设 90°角,由 n 点沿视线方向测设距离 20.00 m,定出 d 点,做出标志,再向前测设 40.00 m,定出 c 点,做出标志。

(4)检查建筑物四角是否等于 90°,各边长是否等于设计长度,其误差均应在限差以内。

二、极坐标法

极坐标法是根据一个角度和一段水平距离,测设点的平面位置。主要适用于量距方便,且待测设点距控制点较近的建筑施工场地。

如图 7-9 所示,A、B 为已知平面控制点,其坐标值分别为 $A(x_A、y_A)$、$B(x_B、y_B)$,P 点为建筑物的一个角点,其坐标为 $P(x_P、y_P)$。现根据 A、B 两点用极坐标法测设 P 点。

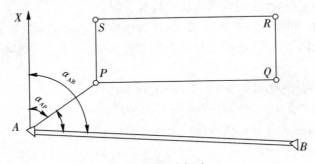

图 7-9 极坐标法

需要计算的测设数据如下。

A、P 两点间的水平距离为

$$D_{AP} = \sqrt{(x_P - x_A)^2 + (y_P - y_A)^2} = \sqrt{\Delta x_{AP}^2 + \Delta y_{AP}^2} \qquad (7-8)$$

AB 边的坐标方位角 α_{AB} 和 AP 边的坐标方位角 α_{AP} 为

$$\alpha_{AB} = \arctan \frac{y_B - y_A}{x_B - x_A} = \arctan \frac{\Delta y_{AB}}{\Delta x_{AB}} \qquad (7-9)$$

$$\alpha_{AP} = \arctan \frac{y_P - y_A}{x_P - x_A} = \arctan \frac{\Delta y_{AP}}{\Delta x_{AP}} \qquad (7-10)$$

AP 与 AB 之间的夹角为

$$\beta = \alpha_{AB} - \alpha_{AP} \qquad (7-11)$$

具体测设步骤如下。

(1)在 A 点安置经纬仪,瞄准 B 点,按逆时针方向测设 β 角,定出 AP 方向。

(2)沿 AP 方向自 A 点测设水平距离 D_{AP},定出 P 点,做出标志。

(3)用同样的方法测设 Q、R、S 点。全部测设完毕后,检查建筑物四角是否等于 90°,各边长是否等于设计长度,其误差均应在限差以内。

三、角度交会法

角度交会法是用经纬仪从两个控制点,分别测设出两个已知水平角的方向,交会出点的平面位置。它适用于待测点离控制点较远或量距较困难的地方。

如图 7-10 所示,A、B、C 为已知平面控制点,P 为待测设点,现根据 A、B、C 三点,用角度交会法测设 P 点,需要计算数据如下。

根据坐标反算公式,分别计算出 α_{AB}、α_{AP}、α_{BA}、α_{BP}、α_{CB} 和 α_{CP}。

计算水平角 β_1、β_2 和 β_3。

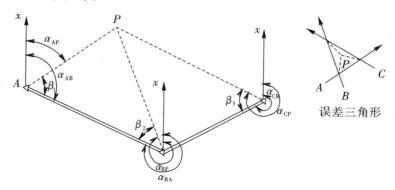

图 7-10　角度交会法

具体测设步骤如下：

在 A、B 两点安置经纬仪,分别测设水平角 β_1 和 β_2,定出两条视线,两条视线的交点即为测设点 P 的平面位置。当精度要求较高时,先在 P 点处打下一个大木桩,并在木桩上依 AP、BP 绘出方向线及其交点 P。然后在已知点 C 上安置经纬仪,同样可测设出 CP 方向。若交会没有误差,此方向应通过前两方向线的交点,否则将形成一个"误差三角形",如图 7-10 所示。若"误差三角形"的最大边长不超过 1 cm,则取三角形的重心作为待定点 P 的最终位置。若误差超限,应重新交会。

四、距离交会法

距离交会法是根据两段已知距离交会出点的平面位置。如建筑场地平坦,量距方便,且控制点离测设点的距离不大于一整尺长时,用此法比较适宜。在施工中细部位置测设常用此法。

如图 7-11 所示。设 A、B 是某建筑物的两个角点,1、2、3、4 点是已知的控制点。

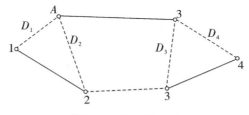

图 7-11　距离交会法

需要计算数据如下：

$$D_1 = \sqrt{(y_A - y_1)^2 + (x_A - x_1)^2}$$
$$D_2 = \sqrt{(y_A - y_2)^2 + (x_A - x_2)^2}$$
$$D_3 = \sqrt{(y_B - y_3)^2 + (x_B - x_3)^2}$$

$$D_4 = \sqrt{(y_B - y_4)^2 + (x_B - x_4)^2}$$

具体测设步骤如下:

首先用两把钢尺的零点分别对准控制点 1、2 标志,拉伸钢尺使其始终相交,最后同步拉伸使钢尺上的读数分别为 D_1、D_2,此时两把钢尺的交点位置即为 A 点。同样的方法可以定出 B 点。为了检核,还应量 AB 的长度与设计长度比较,其误差应在允许范围之内。

五、全站仪法

随着测绘技术的发展,全站仪的运用得到了普及。利用全站仪进行放样,减少了大量放样数据的计算,提高了工作效率。现在利用拓普康 GTS332 全站仪为例进行施工放样的介绍。

已知控制点 A 和 B,利用全站仪放样出坐标点 C 的位置。其步骤如下:

(1)将全站仪架设在已知控制点 A 上,把 A 作为测站点,控制点 B 作为定向点,完成定向工作。

(2)把待放样点 C 的坐标输入到放样点坐标中,此时全站仪自动计算放样的角度差(dHR)及距离差(dHD)。

(3)水平方向转动全站仪,使角度差(dHR)为零时,此方向为待放样点 C 的方向。

(4)在 AC 方向线上前后移动棱镜,并实时测量其距离,使距离差(dHD)为零,该点为待放样点 C 的位置。

任务四 施工坐标与测图坐标的相互转换

一、概述

所谓的施工坐标系,就是以建筑物的主要轴线为坐标轴建立起来的坐标系统。施工坐标的坐标轴与建筑物的主轴线方向一致,坐标原点设置在总平面图的西南角上,纵轴记为 A 轴,横轴记为 B 轴,用 A、B 坐标标定各建筑物的位置。在设计总平面图上,建筑物的平面位置通常是采用施工坐标系统的坐标来表示,而施工坐标系与测图坐标系一般不是同一个坐标系,这就需要我们在测设之前进行坐标转换,就是把一个点的施工坐标换算成测图坐标系中的坐标,或是将一个点的测图坐标换算成施工坐标系中的坐标。

二、坐标转换公式

如图 7-12 所示,AOB 为施工坐标系,xO_1y 为测图坐标系。设 P 为建筑基线上的一个主点,它在施工坐标系中的坐标为(A_P、B_P),在测图坐标系中的坐标为(x_P、y_P);施工坐标系原点 O 在测图坐标系中的坐标为(x_o、y_o),α 为 x 轴与 A 轴之间的夹角。将 P 点的施工坐标转换成测图坐标,其公式为

$$\left. \begin{array}{l} x_p = x_o + A_p\cos\alpha - B_p\sin\alpha \\ y_p = y_o + A_p\sin\alpha - B_p\cos\alpha \end{array} \right\} \qquad (7\text{-}12)$$

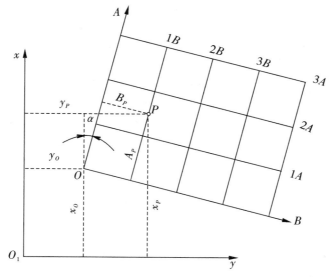

图 7-12　施工坐标系与测量坐标系的坐标转换

若将测图坐标转换成为施工坐标,其公式为

$$\left.\begin{array}{l} A_P = (x_p - x_o)\cos\alpha + (y_p - y_o)\sin\alpha \\ b_P = -(x_p - x_o)\sin\alpha + (y_p - y_o)\cos\alpha \end{array}\right\} \tag{7-13}$$

任务五　施工控制网的布设

一、施工控制测量概述

在工程勘测设计阶段,布设的控制网主要是为测图服务的,控制点的点位是根据地形条件来确定的,并未考虑拟建建筑物的总体布置,因而在点位的分布与密度方面都不能满足放样的要求。在测量精度上,测图控制网的精度按测图比例尺的大小确定,而施工控制网的精度则要根据工程建设的性质来决定,通常要高于测图控制网。因此,为了进行施工放样测量,必须以测图控制点为定向条件建立施工控制网。

(一)施工控制网的特点

施工控制网与测图控制网相比,具有以下特点。

(1)控制范围小,控制点密度大,精度要求高　与测图控制网所控制的范围相比,施工控制网的范围比较小。因为在工程勘测设计阶段,建筑物的位置尚未确定,为了进行多个方案比较,测图控制网的范围必然较大。而施工控制网则是在工程总体布置已定的情况下进行布设的,其控制范围就较小。二者相差 2～10 倍。在这样较小的范围内,各种建筑物布局错综复杂,必须有较多的控制点才能满足施工放样的需要。施工控制网点主要用于建筑物轴线的放样。这些轴线位置的放样精度要求较高。因此,施工控制网的精度要高于测图控制网的精度。

（2）使用频繁 在工程施工过程中,随着建筑物的增高,要随时放样不同高度上的特征点,又由于施工技术和混凝土的物理与化学性质的限制,混凝土也必须分层、分块浇注,因而每浇注一次都要进行放样工作。从施工到竣工,有的控制点要使用很多次。由此可见,施工控制点的使用是相当频繁的。

（3）易被扰动或破坏 建筑工程通常采用交叉作业方法施工,这就使建筑物不同部位的施工高度有时相差悬殊,常常妨碍控制点之间的相互通视。随着施工技术现代化程度的不断提高,施工机械也往往成为视线的严重障碍。有时因施工干扰或重型机械的运行,会造成控制点位移甚至破坏。因此,施工控制点的位置应分布恰当,具有足够的密度,以便在放样时有所选择。

（二）施工控制网的布设形式

施工控制网分为平面控制网和高程控制网两种。前者常采用 GPS 控制网、导线网、建筑基线或建筑方格等,后者则采用水准网。

施工平面控制网的布设应根据总平面图和施工地区的地形条件来确定。随着全站仪的应用,三角网在控制测量中已很少应用,当厂区地势起伏较大,通视条件较好的地区,例如扩建或改建工程的场地,则采用导线网;对于建筑物多为矩形且布置比较规则和密集的工业场地,可以将施工控制网布置成规则的矩形网,即建筑方格网;对于地面平坦而又简单的小型施工场地,常布置一条或几条建筑基线。高程控制可根据施工要求布设相应等级水准网。总之,施工控制网的布设形式应与设计总平面图的布局一致。

在工程现场施工中,一般将平面控制网分两级布设,首级网作为基本控制,目的是放样各个建筑物的主要轴线,第二级网为加密控制,它直接用于放样建筑物的特征点;高程控制网一般也分两级布设,基本高程控制布满整个测区,加密高程控制的密度应达到只设一个测站就能进行高程的放样的程度。

总之,布设施工控制网时,必须考虑施工的程序、方法,以及施工场地的布置情况。为防止控制点被破坏或丢失,施工控制网的设计点位应标在施工设计的总平面图上,以便破坏后重新布点。

二、建筑基线的布置及测设方法

（一）建筑基线的布置

当施工场地范围不大时,可在场地上布置一条或几条基线,作为施工场地的控制线,这各基线称为"建筑基线"。

如图 7-13 所示,建筑基线的布设是根据建筑物的分布、场地地形等因素确定的。常用的形式有"一"字形、"L"形、"T"形和"十"字形。

建筑基线应尽可能靠近拟建的主要建筑物,并与它们的轴线平行;尽可能与施工场地的建筑红线相联系,以便用比较简单的直角坐标法进行建筑物的放样。在城市建筑工地,场地面积较小时也可直接用建筑红线作为现场控制线。为便于复查建筑基线是否有变动,基线点不得少于 3 个。基线点位应选在通视良好和不易被破坏的地方,为能长期保存,要埋设永久性的混凝土桩。

图 7-13 建筑基线形式

(二)测设建筑基线的方法

(1)根据建筑红线测设建筑基线 在城市建设区,建筑用地的边界由城市规划部门在现场直接标定,图 7-14 的 D、E、F 点就是在地面上标定出来的边界点,其连线 DE、EF 通常是正交的直线,称为"建筑红线"。一般情况下,建筑基线与建筑红线平行或垂直,故可根据建筑红线用平行推移法测设建筑基线 OA、OB。当把 A、O、B 三点在地面上用木桩标定后,安置全站仪于 O 点,观测 ∠AOB 是否等于 90°,其不符值不应超过 ±20″。量 OA、OB 距离是否等于设计长度,其不符值不应大于其距离的 1/10 000;若误差超限,应检查推移平行线时的测设数据。若误差在许可范围内,则适当调整 A、B 点的位置。

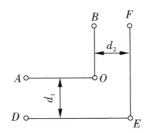

图 7-14 根据建筑红线测设建筑基线

(2)根据附近已有控制点测设建筑基线 对于新建筑区,在建筑场地中没有建筑红线作为时,可依据建筑基线点的设计坐标和附近已有控制点的关系,计算出放样数据,然后放样。如图 7-15 所示,A、B 为附近的已有控制点,D、E、F 为选定的建筑基线点。首先,根据已知控制和待定点的坐标关系反算出测设数据 β_1、D_1、β_2、D_2、β_3、D_3,然后用经纬仪和钢尺按极坐标法(或用其他方法)测设 D、E、F 点。由于存在测量误差,测设的基线点往往不在同一直线上,如图 7-16 所示中的 D′、E′、F′,故尚须在 E′ 点安置全站仪,测出 ∠D′E′F′ 的大小,若此角值与 180° 之差超过 ±15″,则应对点位进行调整。调整时,应将 D′、E′、F′ 点沿与基线垂直方向各移动相同的调整值。其值按下列公式计算

$$d = \frac{ab}{a + b}\left(90° - \frac{\angle D'E'F'}{2}\right)\frac{1}{\rho''} \qquad (7-14)$$

式中,d——各点的调整值;

a、b——DE、EF 的长度值。

除了调整角度之外,还应调整 E、E、F 点之间的距离。先用钢尺检查 DE 及 EF 的距离,若丈量长度与设计长度之差的相对误差大于 1/20 000,则以 E 点为准,按设计长度调整 D、F 两点。

以上再次调整应反复进行,直至误差在允许范围之内为止。

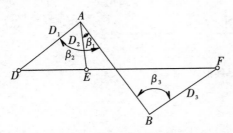

图 7-15　根据已有控制点测设建筑基线

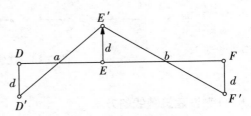

图 7-16　测设误差调整

三、建筑方格网的布置及测设

（一）建筑方格网的布置

由正方形或矩形格网组成的施工平面控制网称为建筑方格网。对地势平坦的新建或扩建的大中型建筑场地,常采用建筑方格网,如图 7-17 所示。

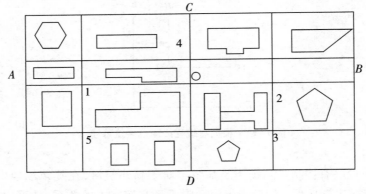

图 7-17　建筑方格网

布设时应考虑以下几点:

（1）根据设计总平面图布设,使方格网的主轴线位于建筑场地的中央,并与主要建筑物的轴线平行或垂直;使控制点接近测设对象,特别是测设精度要求较高的工程对象。

（2）根据实际地形布设,使控制点位于测角、量距比较方便的地方,并使埋设标桩的高程与场地的设计高程相差不大。

（3）方格网的边长一般为 100～200 m,边长的相对精度视工程要求而定,一般为 1/10 000～1/20 000;点的密度根据实际需要而定。

（4）方格网各转折角应严格成 90°。

（5）控制点应便于保存,尽量避免土石方的影响,最好将高程控制点与平面控制点埋设在同一块标石上。

（6）当场地面积较大时,应分成两级布网。首先可采用"十"字形、"口"字形或"田"字形,然后再加密方格网。若场地面积不大,则尽量布设成全面方格网。

（二）建筑方格网的测设

（1）主轴线的放样　如图7-18所示，*MN*、*CD*为建筑方格网的主轴线，它是建筑方格网扩展的基础。当场区很大时，主轴线很长，一般只不测设其中一段，如图7-18中的*AOB*段。该段上*A*、*B*、*O*点是主轴线的主位点，称主点。主点的施工坐标一般由设计单位给出，也可在总平面图上用图解法求得一点的施工坐标后，再按主轴线的长度推算其他主点的施工坐标。当施工坐标系与国家测量坐标系不一致时，在施工方格网测设之前，应把主点的施工坐标换成测量坐标，以便求得测设数据。

在图7-18中，先测设主轴线*AOB*，其方法与建筑基线测设方法相同，但∠*AOB*与180°的差应在±5″之内。*A*、*O*、*B*三个主点测设好后，如图7-19所示，将全站仪安置在*O*点，瞄准*A*点分别向左、向右旋转90°，测设另一主轴线*COD*，同时用混凝土桩在地上定出其概略位置*C*′和*D*′。然后精确测出∠*AOC*′和∠*AOD*′，分别算出它们与90°之差ε_1和ε_2，并计算出调整值l_1和l_2，公式为

$$l = L\frac{\varepsilon''}{\rho''} \tag{7-15}$$

式中，*L*——*OC*′或*OD*′的长度。

将*C*′沿垂直于*OC*′方向移动l_1距离得*C*点；将*D*′点沿垂直于*OD*′方向移动l_2距离得*D*点。点位改正后，应检查两主轴线的交角及主点间距离，均应在规定限差之内。

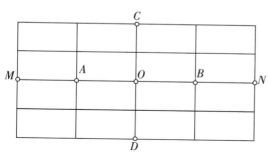

图7-18　主轴线放样

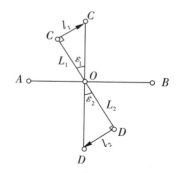

图7-19　轴线放样改正

（2）方格网点的放样　主轴线测设好后，分别在主轴线端点安置全站仪，均以*O*点为起始方向，分别向左、向右精密地测设出90°，并测量各相邻点间的距离，看其是否与设计边长相等，误差均应在允许的范围之内。此后再以基本方格网点为基础，加密方格网中其余各点。

四、高程控制网

建筑场地的高程控制测量必须与国家水准点联测，以便建立统一的高程系统，并在整个施工区域内建成水准网。在建筑工程施工区域内最高的水准测量等级一般为三等，点位应单独埋设，点间距离通常以600 m为宜，可在400～800 m之间变动，其距厨房或高大建筑物一般不小于25 m，在震动影响范围以外不小于5 m，距回填土边线不小于15 m。

四等水准测量是建筑场地使用最多的测量等级,一般可利用平面控制点作水准点。有时,普通水准测量也可满足要求。测量时,应严格执行国家水准测量规范。水准点应布设在土质坚实、不受震动影响、便于长期使用的地点,并埋设永久标志。

水准测量等级的布设一般应满足如下要求:

(1)高程测量精度要求在 $1 \sim 3$ mm 以内时,应按建筑物的分布设置三等水准点,采用三等水准测量。这种水准点一般关联范围不大,只要在局部有 $2 \sim 3$ 个点就能满足要求。在某些工业安装和局部高程测量精度要求较高的情况采用。

(2)精度要求在 $3 \sim 5$ mm 以内时,可在三等水准点以下建立四等水准点,或单独建立四等水准点。

(3)在测设建筑物±0.000 时为便于施工引测,常采用普通水准测量在建筑场地内每隔一段距离放样出±0.000 标高。

任务六 民用建筑的定位和放样

一、民用建筑施工测量概述

民用建筑是指供人们居住、生活和进行社会活动用的建筑物,如住宅、办公楼、教学楼、商厂、影剧院、门诊楼等。而施工测量就是按设计要求把建筑物的位置测设到地面上。其工作主要包括建筑物的定位和放线、基础施工测量、墙体施工测量等。在进行施工测量之前,除了要做好测量仪器和工具的检查外,还要做好以下几项准备工作。

(一)熟悉设计图纸

设计图纸是施工测量的依据,在测设前应从设计图纸上了解工程全貌和施工建筑物与相邻地物的相互关系,了解该工程对施工的要求,核对有关尺寸,以免出现差错。

(二)现场踏勘

通过对现场进行踏勘,了解建筑场地的地物、地貌和原有测量控制点的分布情况,并对建筑场地上的平面控制点、水准点进行检核,无误后方可使用。

(三)制订测设方案

根据设计要求、定位条件、现场地形和施工方案等因素制订施工放样方案。如图7-20所示,按设计要求拟建2号楼,1号楼已建成且已知两楼平行,想邻30 m,西墙在一条直线上。从图上分析,利用直角坐标法进行放样是最为方便的。

(四)准备放样数据

除了计算出必要的放样数据外,还要从下列图纸上查取房屋内部平面尺寸和高程数据。

需要的数据如下:

(1)从建筑总平面图上(图7-20)查出或计算拟建建筑物与原有建筑物或测量控制点之间的平面尺寸和高差,作为测设建筑物总体位置的依据。

(2)从建筑平面图中(图7-21)查取建筑物的总尺寸和内部各定位轴线之间的关系

尺寸,作为施工放样的基础资料。

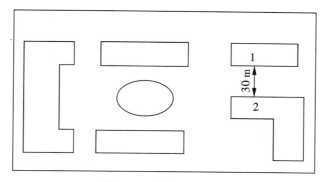

图 7-20　建筑总平面图

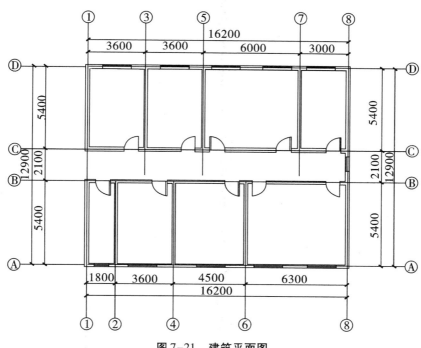

图 7-21　建筑平面图

（3）从基础平面图上查取基础边线与定位轴线的平面尺寸,以及基础布置与基础剖面位置的关系。

（4）从基础详图中查取基础立面尺寸,设计标高,以及基础边线与定位轴线的尺寸关系,作为基础高程放样的依据。

（5）从建筑物的立面图和剖面图上,查取基础地坪、楼板、门窗等设计高程,作为高程放样的主要依据。

（五）绘制放样略图

图 7-22 是根据设计总平面图和基础平面图绘制的放样略图。图上标有已建楼房和

拟建楼房之间的平面尺寸,定位轴线间平面尺寸和定位轴线控制桩等。

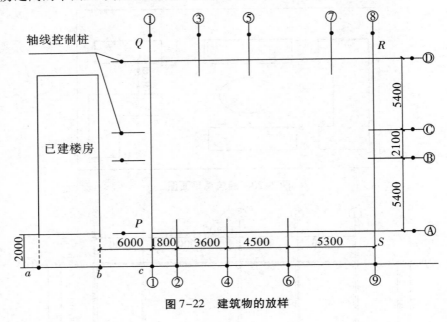

图 7-22　建筑物的放样

二、民用建筑的定位和放线

(一) 建筑轴线的定位

对于民用建筑的施工测量,首先应根据总平面图上所给出的建筑物设计位置进行定位。也就是把建筑物的墙轴线交点标定在地面上,如图 7-22 中 P、Q、R、S 等点,然后再根据这些交点进行详细放样。建筑物轴线的测设方法,依施工现场情况和设计条件而不同,一般有以下几种方法。

(1)根据规划道路红线测设建筑物轴线　规划道路的红线点是城市规划部门所测设的城市道路规划用地与单位用地的界址线,新建筑物的设计位置与红线的关系应得到政府规划部门的批准。因此,靠近城市道路的建筑物的设计位置应以城市规划道路红线为依据。如图 7-23 所示。

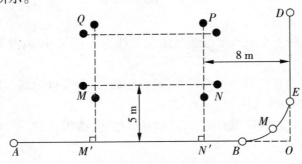

图 7-23　根据道路红线测设建筑物主轴线

A、B、M、E、D 为城市规划道路红线点,其中,A-B,E-D 为直线段,B 为圆曲线起点,B 为圆曲线终点,O 为两直线段的交点,设交角为 $90°$;M、N、P、Q 为设计建筑物的外墙中线,设计 M-N 轴线离道路红线 A-B 为 5 m,且与红线平行;N-P 轴线离道路红线 D-E 为 8 m。测设建筑物轴线时,在红线上从 O 点量取 8 m 得到 N' 点,再量建筑物长度 MN 得 M' 点。在这两点上分别安置全站仪或经纬仪,测设 $90°$ 角,并量 5 m 得到 M、N 两点,并延长建筑物宽度 NP 得到 P、Q 两点。四个角点定出以后要进行建筑物轴线长度检验和矩形检验,必要时作适当调整。测设 M、N、P、Q 轴线点后,在轴线的延长线上打控制桩,以便在开挖基槽后作为恢复轴线的依据。

（2）根据已有建筑物关系测设建筑物轴线　如果拟建建筑物的周围有已建建筑物,且二者某些边在同一直线上、平行或者垂直的关系,那么根据原有建筑物定位是比较方便的。

如图 7-24 所示,画有斜线的为原有建筑物,未画斜线的为拟建建筑物。在图（a）中 AB 轴线在 MN 的延长线上,测设 A、B 两点时,可以先作 MN 边的平行线 $M'N'$,为此将 PM 和 QN 向外延至 $M'N'$,然后,沿着 $M'N'$ 延长线的方向根据所设计的尺寸用钢尺量距,依次钉出 A' 和 B' 点,再安置经纬仪器于 A' 和 B' 点作垂线,从而得轴线 AB。

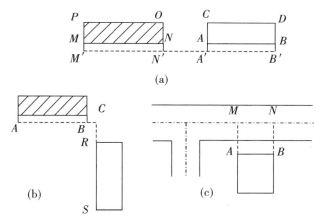

图 7-24　根据现有建筑测设建筑物主轴线
（a）延长直线法;（b）直角坐标法;（c）平等线法

在图（b）中,按延长直线法测出 C 点后,安置经纬仪于 C 点,作垂线并量距,从而得到轴线 RS。

在图（c）中,拟建建筑物的主轴线平行于已有道路中心线,则先找出路中线,然后用经纬仪测设垂线和量距,即可得建筑物轴线 AB。

（二）建筑物的放样

建筑物的放样实际上就是建筑的放线,是指根据已定位的外墙轴线交点桩详细测设出建筑物的交点桩（或称中心桩）,然后根据交点桩用白灰撒出基槽开挖边界线。如图 7-25 所示,量距精度应达到 1∶2 000～1∶500。

由于角桩和中心桩在开挖基槽时将被挖掉,为了在施工中恢复各轴线的位置,需要把各轴线适当延长到基槽开挖线以外,并做好标志。其方法有设置轴线控制桩和龙门板两种形式。

(1)设置轴线控制桩 轴线控制桩设置在基槽外基础轴线的延长线上,作为开槽后各阶段施工中恢复轴线的依据。如图 7-26 所示,控制桩一般钉在槽边外 2~4 m,不受施工干扰并便于引测和保存桩位的地方。若附近有建筑物,也可将轴线投测到建筑物的墙上。

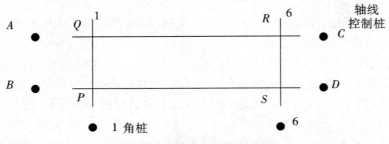

图 7-25 轴线控制桩的设置

(2)设置龙门板 龙门板在小型民用建筑物的放线中使用较多。如图 7-26 所示,为了方便施工,在建筑物四角与隔墙两端基槽开挖边线以外一定距离处钉设龙门板。钉设龙门板的步骤和要求如下:

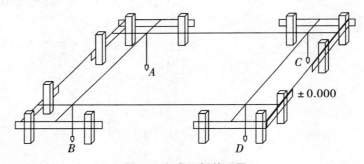

图 7-26 龙门板的设置

1)在建筑物四角和隔墙两端基槽开挖边线以外的 1~2 m 处(根据土质情况和挖槽深度确定)钉设龙门桩,龙门桩要钉得竖直、牢固,木桩侧面与基槽平行。

2)根据建筑场地的水准点,在每个龙门桩上测设±0.000 m 标高线,在现场条件不许可时,也可测设比±0.000 m 高或低一定数值的线作为标高控制线。

3)在龙门桩上测设同一高程线,钉设龙门板,这样龙门板的顶面标高就在一个水平面上了。龙门板标高测定的容许误差一般为±5 mm。

4)根据轴线桩,用全站仪将墙、柱的轴线投到龙门板顶面上,并钉上小钉标明,称为轴线投点,投点容许误差为±5 mm。

5)用钢尺沿龙门板顶面检查轴线钉的间距,经检查合格后,以轴线钉为准,将墙宽、基槽宽划在龙门板上,最后根据基槽上口宽度拉线,用石灰撒出开挖边线。

一般在机械开挖土方时,只测设控制桩而不设龙门板和龙门桩。

三、民用建筑的基础施工测量

建筑物轴线测设完成后,再根据基础详图的尺寸和标高要求,并考虑防止基槽坍塌而增加的放坡尺寸,在地面上用白灰撒出开挖边线,即可进行基础施工。

(一)基槽开挖深度控制

为了控制基槽开挖深度,当快到基底设计标高时,可用水准仪根据地面上±0.000 m点在基槽上测设一些水平小木桩,使木桩的上表面离槽底的设计标高为一固定值(如0.500 m等),用以控制挖槽的深度,如图 7-27 所示。为了施工时使用方便,一般在槽壁各拐角处、深度变化处和槽壁上每隔 3 ~ 4 m 测设一水平桩,作为清理基底和打基础垫层时控制标高的依据,其测量限差一般为±10 m。

(二)基槽底面和垫层轴线投测

基槽挖至规定标高并清理槽底以后,将经纬仪安置在轴线控制桩上,瞄准轴线另一端的控制桩,即可把轴线投测到槽底,作为确定槽底边线的基准线,如图 7-28 所示。垫层打好后,用经纬仪或用拉绳挂垂球的方法把轴线投测到垫层上,并用墨线弹出墙中心线和基础边线,作为砌筑基础或支基槽混凝土模板的依据。由于整个墙身砌筑均以此线为准,所以基础轴线投测是确定建筑物位置的关键环节,要严校核,满足要求后方可进行下一步工作。

(三)基础标高的控制

房屋基础墙的高度是利用基础皮数杆来控制的,皮数杆实际上就是划有每皮砖厚度的木杆,在杆上事先按照设计尺寸,将砖、灰缝厚度画出线条,并标明±0.000 m 和防潮层等的标高位置。立皮数杆时,可先在立杆处打一木桩,用水准仪在木桩侧面定出一条高于垫层标高某一数值(如 10 cm)的水平线,然后将皮数杆高度与其相同的一条线与木桩上的水平线对齐,并用大铁钉把皮数杆与木桩钉在一起,作为基础墙的标高依据。

基础施工结束后,应检查基础面的标高是否符合设计要求(也可检查防潮层)。可用水准仪测出基础面上若干点的高程与设计高程进行比较,允许误差为±10 mm。

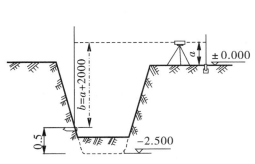

图 7-27　基槽开挖的深度控制

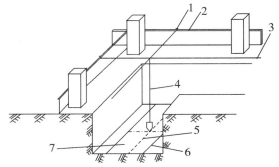

图 7-28　基槽底面和垫层轴线投测

1-小钉;2-龙门板;3-细线;4-线锤;

5-墙中线;6-基础边线;7-垫层

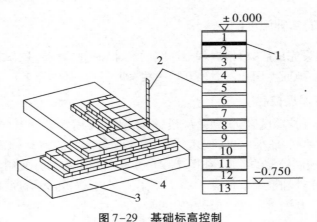

图 7-29 基础标高控制
1-防潮层;2-皮数杆;3-垫层;4-大放脚

四、民用建筑的墙体施工测量

(一)墙体定位

如图 7-30 所示,利用轴线控制桩或龙门板上的轴线和墙边线标志,用经纬仪或拉细线绳挂垂球的方法将轴线投测到基础面或防潮层上,然后用墨线弹出墙中线和墙边线。检查外墙轴线交角是否符合要求(等于 90°),然后把墙轴线延伸并画在外墙基础上,作为向上投测轴线的依据。同时也把门窗和其他洞口的边线在外墙基础立面上画出。

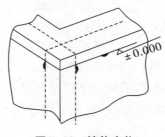

图 7-30 墙体定位

(二)墙体各部位标高的控制

在墙体施工中,墙身各部位高程常也用皮数杆控制。在内墙的转角处树立皮数杆,每隔 10～15 m 立一根。墙身皮数杆上根据设计尺寸,按砖、灰缝厚度画出线条,标明 ±0.000 m、门、窗、楼板等标高位置,如图 7-31 所示。立杆时要用水准仪测定此数杆的标高使此数杆上 ±0.000 m 标高与房屋的室内地坪标高相吻合。然后就可以根据墙的边线和皮数杆来砌墙。一般在墙身砌起 1 m 以后,就在室内墙身上定出 +0.500 m 的标高线,作为该层地面施工和安装上层构件的控制线。

当墙体砌至窗台时,要在外墙面上根据的轴线量出窗的位置,以便砌墙时预留窗洞的位置,然后按设计图上的窗洞尺寸砌墙即可。墙垂直度用托线板进行校正,使用方法是把托线板(图7-32)的侧面紧靠墙面,看托线板上的垂球是否与板的墨线对准,如果有偏差,可以校正砖的位置。

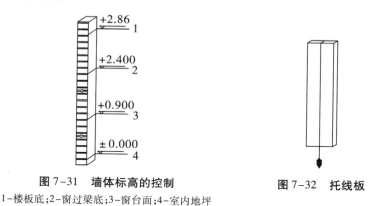

图7-31 墙体标高的控制
1-楼板底;2-窗过梁底;3-窗台面;4-室内地坪

图7-32 托线板

墙砌到窗台上时,要在内墙面上高出室内地坪30 cm或50 cm的地方用水准仪测出一条标高线,并用墨线在内墙面的周围弹出标高线的位置。这样在安装楼板时,可以用这条标高线来检查楼板底面的标高。使底层的墙面标高都等于楼板的底面标高后,再安装楼板。同时,标高线还可以作为室内地坪和安装门窗等标高位置的依据。

楼板安装好后,二层楼的墙体轴线是根据底层的轴线,用垂球先引测到底层的墙面上,然后再用垂球引测到二层楼面上。在砌二层楼的墙体时,要重新在二层楼的墙角处立皮数杆,皮数杆上的楼面标高位置要与楼面的标高一致,这时可以把水准仪放在楼板面上进行检查。同样,当墙砌到二层楼的窗台时,要用水位仪在二层楼的墙面上测定出一条高于二层楼面30 cm或50 cm的标高线,以控制二层楼面的标高。

框架结构的民用建筑,墙砌筑是在框架施工后进行的,所以可在柱面上画线,代替皮数杆。

任务七 工业建筑的定位和放样

一、概述

工业建筑以厂房为主要建筑物,分单层和多层。目前,我国较多采用预制钢筋混凝土柱装配式单层厂房。施工中的测量工作包括:厂房矩形控制网测设;厂房柱列轴线放样;杯形基础施工测量;厂房构件与设备的安装测量等。进行放样前,除做好与民用建筑相同的准备工作外,还应做好以下两方面的工作。

(一)制订控制网放样方案及计算放样数据

一般厂区已有的控制点的密度不能满足放样的需要,因此对于每个厂房,还应在厂区控制网的基础上建立适应厂房规模和外形轮廓,并能满足该厨房特殊精度要求的独立矩形控制网,作为厂房施工测量的基本控制。

对于一般中、小型工业厂房,在其基础的开挖线以外 4 m 左右,测设一个与厂房轴线平行的矩形控制网,即可满足放样的需要。对于大型厂房或设备基础复杂的工业厂房,为了使厂房各部分精度一致,须先测设主轴线,然后根据主轴线测设矩形控制网。对于小型厂房,也可采用民用建筑定位的方法进行控制。

厂房矩形控制网的放样方案是根据厂区平面图、厂区控制网和现场地形情况等资料制订的。主要内容包括确定主轴线、矩形控制网、距离指标桩的点位、形式及其测设方法和精度要求等。在确定主轴线点及矩形控制网的位置时,必须保证控制点能长期保存,因此要避开地上和地下管线,并与建筑物基础开挖边线保持 1.5 ~ 4 m 的距离。距离指标桩的间距一般等于柱子间距的整数倍,但不超过所用钢尺的长度。

如图 7-33 所示,矩形控制网 M、N、P、Q 四个点可根据厂区建筑方格网用直角坐标法进行放样,故其四个角点的坐标是按四个房角点的设计坐标加减 4 m 算得的。

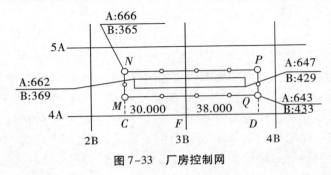

图 7-33　厂房控制网

(二)绘制放样图

如图 7-33 是根据设计总平面图和施工平面图,按一定比例绘制的放样图。图上标有厂房矩形控制网的两个对角点 N、Q 的坐标,及 M、Q 点相对于方格网点 F 的平面尺寸数据。

二、厂房矩形控制网的测设

(一)单一厂房矩形控制网的测设

测设单一的中小型厂房矩形控制网时,一般是先测出一条长边,然后以这条长边为基线推出其余三边。矩形控制网的测设可以分别采用直角坐标法、极坐标法和角度交会法等。在丈量矩形控制网各边长时,应同时测出距离指标桩。检核时矩形网的直角误差限值为 $\pm 10''$,矩形边长精度应为 $1/10\ 000 \sim 1/25\ 000$。

(二)根据主轴线测设控制网

大型厨房或系统工程采用的由四个矩形组成的控制网,其各矩形边均根据主轴线引测,故误差分配均匀,能使建筑物或结构物各部分放线精度一致。

图 7-34 所示为拟测设的矩形控制网,AOB 与 COD 为主轴线。测设时首先将长轴 AOB 测定于地面,再以长轴为基础测设出短轴,并进行方向改正,使纵、横轴严格正交,主轴线交角限差为 $\pm 5''$。轴线的方向调整好后,应以 O 为起点,用全站仪测量其距离,测定

纵、横轴线端点位置,主轴线长度相对精度为 1/5 000。

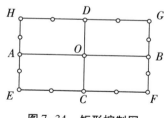

图 7-34　矩形控制网

　　主轴线测设后,就可以测设矩形控制网。测设时首先在纵、横轴端点 A、B、C、D 分别安置经纬仪,瞄准 O 点作为起始方向测设直角,交会定出 E、F、G、H 四个角点,然后再精密丈量 AH、AE、BG、BF、CF、DH、DG,其精度要求与主轴线相同。若量距所得角点位置与角度交会法定点所得的点位不一致时,则应调整。为了便于以后进行厂房细部施工放样,在测定矩形控制网各边时,应按一定间距测出距离指标桩。

三、厂房柱列轴线与柱基的测设

(一)厂房柱列轴线测设

　　厂房柱列轴线的测设工作是在厂房控制网的基础上进行的。为此,要先设计厂房控制网角点和主轴线的坐标,根据建筑场地的控制网(建筑方格网或建筑基线等)或根据点位的测设方法测设这些点、线的位置,然后按照厂房跨距和柱列间距定出柱列轴线。

　　如图 7-35 所示为一个两跨九列柱子的厂房,厂房控制网以 M、N 和 Q、P 为主轴线上的点。为了便于检查和保存这些点,再测设辅助点 M'、N'、P'、Q'。在 M、N、P、Q 各点安置全站仪,按主轴线方向转 90°,并测量其距离,定出厂房控制桩 A、B、C、D 点以及各柱列控制桩(图中黑圆点)的位置。

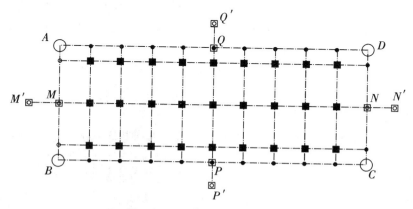

图 7-35　厂房柱列轴线的测设

(二)厂房柱基测设

柱基测设就是根据基础平面图和基础大样图的有关尺寸,把基坑开挖的边线用白灰标示出来以便开挖柱基础土。为此可用两架经纬仪安置在两条互相垂直的柱列轴线的轴线控制桩上,沿轴线方向交会出每一个柱基中心的位置,并在距柱基挖土边线 0.5 ~ 1 m 处打四个定位小木桩,桩顶用小钉标明位置,作为修坑和立模的依据,并按柱基图上的尺寸用灰线标出挖坑范围。当柱基之间距离不大,可每隔一两个或几个柱基打一个定位桩,但两定位桩的间距以不超过 20 m 为宜,以便拉线恢复中间柱基的中线。

在进行柱基测设时,应注意柱列轴线不一定都是柱基中心线,一个厂房的柱基类型很多,尺寸不一,放样时细心。

(三)厂房柱基施工测量

当基坑挖到一定深度时,要在基坑四壁离坑底 0.5 m 处测设几个水平桩,作为基坑修坡和检查坑深的依据。此外,还应在基坑内测设垫层的标高,即在坑底设置小木桩,使桩顶高程恰好等于垫层的设计标高。

打好垫层后,根据坑边定位小木桩,用拉线吊垂球的方法把柱基定位线投到垫层上,弹出墨线;用红漆画出标记,作为柱基立模板和布置钢筋的依据。立模板时,将模板底线对准垫层上的定位线,并用垂球检查模板是否竖直,最后将柱基顶面设计标高测设在模板内壁。

四、厂房柱的安装测量

在单层工业厂房中,柱、吊车梁、屋架等构件是先进行预制,而后在施工现场吊装的。这些构件安装就位不准确将直接影响厂房的正常使用,严重时甚至导致厂房倒塌。其中带牛腿柱的安装就位正确性对其他构件(吊车梁、屋架)的安装产生直接影响,因此,整个预制构件的安装过程中柱的安装就是关键。柱子安装就位应满足下列限差要求。

(1)柱中心线与柱列轴线之间的平面关系尺寸容许偏差为±5 mm。

(2)牛腿顶面及柱顶面的实际标高与设计标高容许偏差:当柱高≤5 m 时应不大于±5 mm;柱高>5 m 时应不大于±8 mm。

(3)柱身的垂直度容许偏差:当柱高≤5 m 时应不大于±5 mm;柱高在 5 ~ 10 m 时应不大于±10 mm;当柱高超过 10 m 时,限差为柱高的 1/1 000,且不超过 20 mm。

(一)厂房柱吊装前的准备工作

(1)投测柱列轴线。在杯形基础拆模以后,应对基础纵横轴线和标高线进行复核,然后根据柱列轴线控制桩用经纬仪把柱列轴线投测在杯口顶面上,如图 7-36 所示,并弹出墨线,用红漆画上标志,作为吊装柱中心线。此外,还要在杯口内壁,用水准仪测设一条一般为-60 cm 的标高线。也可测设一条已知标高线,从该线起向下量取一个整分米数即为杯底的设计标高,用以检查杯底标高是否正确。

(2)柱身弹线。柱子吊装前,应将每根柱子按轴线位置进行编号,在柱身的三个面上弹出柱中心线,在每条线上端和近杯口处画上三角形标志,以供校正时使用。

(3)柱身检查与杯底找平。如图 7-37 所示,为了保证吊装后的柱子牛腿面符合设计

高程 H_2，必须使杯底高程 H_1 加上柱脚到牛腿面的长度 l 等于 H_2。常用的检查方法是沿柱子中心线根据 H_2 用钢尺量出 -0.6 m 标高线，及此线到柱底四角的实际高度进行比较，从而确定杯底四角找平厚度。由于浇注杯底时，通常使其低于设计高程 3 ~ 5 cm，故可用水泥砂浆根据确定的找平厚度进行找平，从而使牛腿面的标高符合设计要求。

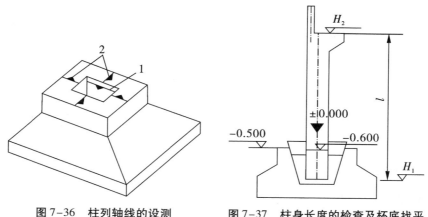

图 7-36　柱列轴线的设测　　　图 7-37　柱身长度的检查及杯底找平
1-控制标高线；2-柱中心线

（二）厂房柱安装时的测量工作

安装柱子时的要求是保证立柱的平面与高程位置符合设计要求，且柱身垂直。柱子起吊插入杯口后，要使柱底中心线与杯口中心线对齐，用木楔或钢楔初步固定，容许误差为 ±5 mm。柱子立稳后，立即用水准仪检测柱身上的 ±0.000 标高线，看其是否符合设计要求（允许误差为 ±3 mm）。柱子初步固定后，即可进行竖直校正，校正方法如图 7-38 所示。在柱基的纵横中心线上离柱基的距离为 1.5 倍柱高处两台经纬仪，用望远镜照准柱底中线，固定照准部后缓慢抬高望远镜，观测柱身上的中心标志或所弹的中心线，若同十字丝竖丝重合，则柱子在此方向是竖直的；若不重合，则应调整使柱子垂直。

在实际工作中，一般是先将成排的柱子吊入杯口并临时固定，然后再逐根进行竖直校正。如图 7-39 所示，先在柱列轴线的一侧与轴线成 $\beta \leqslant 15°$ 的方向上安置经纬仪，在一个位置可先后进行多个柱子校正。校正时应注意经纬仪瞄准的是柱子中心线，而不是基础杯口顶面的柱子定位线。对于变截面柱子，校正时经纬仪必须安置在相应的柱子轴线上。柱子校正以后，应在柱纵、横两个方向检测柱身的垂直度偏差值。满足要求后，要立即灌浆，固定柱子位置。

前面已经提到，整个预制构件的安装过程中柱的安装是非常关键的，因此为了保证柱子的安装施工质量，在柱安装时还要注意校正时，除保证柱子的垂直外，还应随时检查柱子中线是否对准杯口柱列轴线标志，以防柱子吊装就位后，产生水平位移；此外，在日照下校正，应考虑日照使柱顶向阴面弯曲的影响，为避免此种影响，宜在早晨或阴天校正。

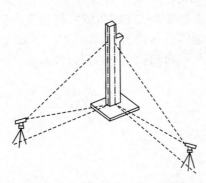 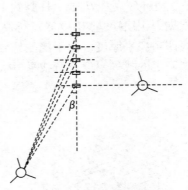

图 7-38　柱安装时的校正测量　　　　图 7-39　多根柱的校正测量

五、吊车梁吊装测量

(一) 吊车梁吊装前的测量准备工作

在吊装吊车前要做好下面几点工作。

(1)吊装前在吊车梁两端面上,弹出梁的中心线。同时在地面上根据厂房定位时的控制桩点,测设吊车梁中心线(也是吊车轨道中心线)两端控制桩,如图 7-40 中 A'、A''。

(2)在 A' 点安置经纬仪,严格对中、整平,后视 A'' 点,仰起望远镜,将中心线投测到牛腿面上。吊装时,只需使梁端中心线与牛腿面上的中心线吻合,吊车梁即为就位。

(3)根据柱面上±0.000 m 标高线,用钢尺沿柱面上量出吊车梁顶面设计标高线作为调整梁面标高用。

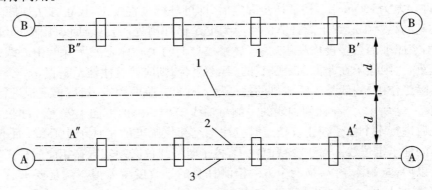

图 7-40　吊车梁吊装测量

1-厂房中心线;2-吊车梁中心线;3-柱中心线

(二) 吊装和吊装后的校正测量工作

吊车梁吊装时,将梁上的端面就位中心线与柱子牛腿侧面的吊车轨道中心线对齐,完成吊车梁平面就位。

吊车梁安装就位后,应进行吊车梁顶面标高检查。将水位仪置于吊车梁面上,根据柱上吊车梁顶面设计标高线检查吊车梁顶标高,不满足时用抹灰调整。吊车梁位置校正时,应先检查校正厂房两端的吊车梁平面位置,然后在已校好的两端吊车梁之间拉上钢丝,以此来校正中间的吊车梁,使中间吊车梁顶面的就位中心线与钢丝线重合,两者的偏差应不大于±5 mm。在校正吊车梁平面位置的同时,用吊垂球的方法检查吊车梁的垂直度,不满足时在吊车梁支座处加垫铁纠正。

六、屋架安装测量

屋架吊装前,用经纬仪在柱顶面上放出屋架定位轴线,并应弹出屋架两端的中心线,以便进行定位。屋架吊装就位时,应该使屋架的中心线与柱顶上的定位线对准,要求的允许误差为±5 mm。如图 7-41 所示。

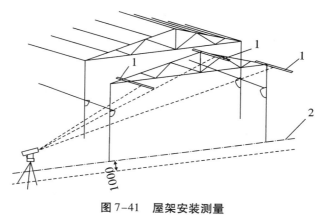

图 7-41　屋架安装测量
1-卡尺;2-柱轴线

屋架的垂直度可用垂球或经纬仪进行检查。用经纬仪检查时,可在屋架上安装三把卡尺,一把卡尺安装在屋架上弦中点附近,别处两把分别安装在屋架的两端。自屋架几何中心沿卡尺向外量出一定距离,一般为 500 mm 或 1 000 mm,并作标志。然后在地面上距屋架中线同样距离处安置经纬仪,观测三把卡尺上的标志是否在同一竖直面内,若屋架竖向偏差较大,则用机具校正,最后将屋架固定。垂直度允许偏差:薄腹梁为 5 mm,桁架为屋架高的 1/250。

任务八　烟囱、水塔的施工测量

烟囱和水塔都属于构筑物,它们的共同特点是筒身和基础的截面面积小,主体的筒身高度很大,整个主体垂直度又由通过基础圆心的中心铅垂线控制,筒身中心线的垂直偏差对其整体稳定性影响较大,因此在烟囱施工中对筒身中心线的垂直度控制是最为关键的工作。当烟囱高度 H 大于 100 m 时,筒身中心线的垂直偏差应小于 0.000 5H,烟囱砌筑圆环的直径偏差值不得大于 3 cm。

下面就以烟囱的施工测量为例来说明圆形构筑物的施工测量内容。

一、烟囱的定位

如图 7-42 所示,在烟囱施工前,首先按图纸要求根据场地控制网,在实地定出烟囱的中心位置 O 点,然后再定出以 O 点为交点的两条相互垂直的定位轴线 AB 和 CD,同时定出第三个方向作为检核。为了便于在施工过程中检查烟囱的中心位置,可在轴线上多设置几个控制桩,各控制桩到烟囱的中心 O 的距离,视烟囱高度而定,一般为烟囱高度的 1.5 倍。各桩点应做成半永久性的,并妥为保存。烟囱中心 O 点,常打入大木桩,上部钉一小钉,以示中心点位。

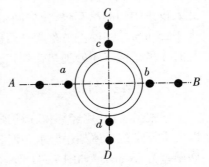

图 7-42 烟囱基础施工测量

二、烟囱基础施工测量

在开挖基坑土方时,首先要定出开挖的边界线,这时可利用中心点 O 为圆心,以烟囱底部半径 r 加上基坑放坡宽度为半径,在地面上用皮尺画圆并撒灰线,标明挖土的范围。当挖到设计深度时,坑内测设水平桩作为检查坑底标高和打垫层的依据。为使基础开挖后能恢复基础中心点 O,还应在基础开挖边线外侧的轴线上测设出四个定位小木桩 a、b、c、d,如图 7-42 所示。

烟囱基础施工完后,在基础中心处埋设一块钢板,根据基础定位小木桩用经纬仪将中心点 O 引测到钢板上,并刻出"+",作为烟囱竖向投测点和控制筒身半径的依据。

三、烟囱筒身施工测量

在烟囱施工中,应随时将中心点引测到施工的作业面上。烟囱高度不大的烟囱一般多采用垂球引测,即在施工面上固定一根枋子,下悬一个质量约为 8 kg 的大垂球,烟囱越高垂球质量应越重。投测时,首先调整钢丝长度使垂球接近基础面,调整木方位置使垂球尖对准标志"+"的交点,则木枋钢丝悬吊点即为该工作面的筒身中心点,并以此点复核工作面的筒身半径长度。砖烟囱每砌一步架引测一次;混凝土烟囱每升一次模板引测一次;每升高 10 m 要用经纬仪复核一次。复核时把经纬仪安置在各轴线控制桩上,瞄准各轴线相应一侧的定位小木桩 a、b、c、d,将轴线投测到施工面边上并作标记,然后将相对的两个标记拉线,两线交点为烟囱中心点。将该点与垂球引测点比较,超过限差时以经纬仪投测点为准,作为继续向上施工的依据。垂球引测法简单,但易受风的影响,高度越高影响越大。

对较高的混凝土烟囱,为保证精度要求,采用激光铅垂仪进行烟囱铅垂定位。定位时将激光铅垂仪安置在烟囱基础的"+"字交点上,在工作面中央处安放激光铅垂仪接收靶,每次提升工作平台前、后都应进行铅垂定位测量,并及时调整偏差。在筒身施工过程中激光铅垂仪要始终放置基础的"+"字交点上,为防止高空坠物对观测人员及仪器的危害,在仪器上方应设置安全网及交叉设置数层跳板,仅在中心铅垂线位置上留 100 mm 见方的孔洞以使激光束透过。每次投测完毕后应及时将小孔封闭。

　　烟囱筒身标高控制是先用水准仪在筒壁测设出+0.5 m 的标高线,以此位置用钢尺竖直量距来控制烟囱施工的高度。

任务九　高层建筑施工测量

　　在高层建筑的施工测量中,由于地面施工部分测量精度要求较高,高层施工部分场地较小,测量工作条件受到限制,并且容易受到施工干扰,所以施工测量的方法和所用的仪器与一般建筑物施工测量都有所不同。

一、平面控制网和高程控制网的布设

　　高层建筑的平面控制网通常布设于建筑物的室内地坪面上,其形式一般为一个矩形或若干个矩形,且布设于建筑物内部,以便逐层向上投影,控制各层细部(墙、柱、电梯井筒、楼梯等)的施工放样。平面控制点点位的选择应与建筑物的结构相适应,选择点位应满足的条件有:矩形控制网的各边应与建筑轴线相平行;建筑物内部的细部结构不妨碍控制点之间的通视;控制点向上层作垂直投影时,要在各层楼板上设置上下贯通的透视孔,因此通过控制点的铅垂线方向应避开横梁和楼板中的主要受力钢筋。

　　平面控制点一般为埋设于地坪层地面混凝土上面的一块小铁板,上面画一十字线,交点上锃一小孔,代表点位中心。控制点在结构和外墙施工期间应妥善保护。平面控制点之间的距离测量精度不应低于 1/10 000,矩形角度测设的误差不应大于±10″。

　　高层建筑施工的高程控制网为建筑场地内的一组水准点,且一般不少于三个。待建筑物基础和地平层建造完成后,在墙上或柱上从水准点测设“一米标高线”或“半米标高线”,作为向上各层测设设计高程之用。

二、轴线投测

　　高层建筑施工测量的主要任务是将建筑物基础轴线准确地向上部各层引测,并保证各层相应的轴线位于同一竖直面内。高层建筑由于高度大、层数多,如果出现较大的竖向倾斜,不仅影响建筑物的外观,而且直接影响到房屋结构的承载力,因此规范对竖向偏差做出了严格的规定。在规范中要求在本层内的竖直偏差值不超过 5 mm,整个楼的总高偏差值不超过 20 mm。如何减少竖向偏差,也就是如何精确地向上引测轴线,是高层建筑施工测量的主要内容。

　　轴线投测的方法有经纬仪投测法和激光铅垂仪投测法。

(一)经纬仪投测法

　　高层建筑物的基础轴线是根据建筑方格网或矩形控制网测设的,量距精度国求较高,且向上投测的次数越多,对距离测设精度要求就越高,一般不得低于 1/10 000。

　　高层建筑物的基础工程完工后,须用经纬仪将建筑物的主轴线精确地投测到建筑物底部,并设标志,以供下一步施工与向上投影之用。另以主轴线为基准,重新把建筑物角点投测到基础顶面,并对原来所作的柱列轴线进行复核。然后,再分量各开间柱列轴线间的距离,往返丈量距离的精度要求与基础轴线测设精度相同。

随着建筑物的升高,要逐层将轴线向上投测传递。向上投测传递轴线时,是将经纬仪安置在远离建筑物的轴线控制桩上,取下、倒镜两次投测点的中点,即得投测在该层上的轴线点。按此方法分别在建筑物纵、横主轴线的四个轴线控制桩上架设经纬仪,就可在同一层楼面上投测出四个轴线点。楼面上纵、横轴线点连线的交点,即为该层楼面的投测中心。

当建筑物层数增至相当高度时(一般为 10 层以上),经纬仪向上投测的仰角增大,则投点的误差也随着增大,投点精度降低,且观测操作不方便。因此,必须将主轴线控制桩引测到远处的稳固地点或附近建筑物的屋面上,以减小仰角。

下面就以图 7-43 和图 7-44 讲述经纬仪轴线投测的具体方法。如图 7-43 为某高层建筑基础平面示意图。在各轴线中 3 轴和 C 轴处于中间位置,叫作中心轴线。建筑物定位后,分别在两中心轴线上选定 3、3′、C、C′点。并埋设半永久性轴线控制桩,称为引桩,用作经纬仪投点的观测站。引桩至建筑物的距离不应小于建筑物的高度,否则因经纬仪仰角过大,影响投测精度。基础完工时,用经纬仪将 3 轴和 C 轴引测在基础的侧面上,得到 p、q、m、n 四点并作标记。

向上投测轴线时,将经纬仪安置在轴线引桩 3′上,如图 7-44 所示,瞄准 q 点,然后用盘左、盘右分别向上投测,在楼板或墙柱上做出标记,取其中点 q′即为投测轴线的一个端点。把经纬仪安置在轴线的另一端引桩上,投测出另一端点 p′,边线 p′q′就是楼层上中心轴线,同理,投测出另一中心轴线 m′n′,中心轴线投测完成后,用平行推移的方法确定出其他各轴线,弹出墨线,最后还须检查所投测轴线的间距和交角,合格后方可进行该楼层的施工。

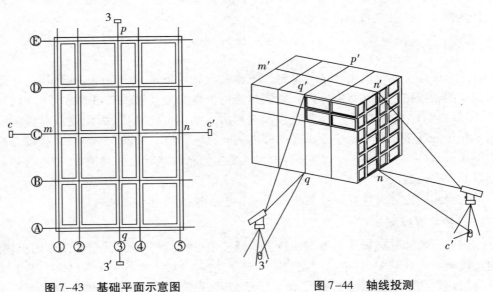

图 7-43　基础平面示意图　　　　　　　　图 7-44　轴线投测

为了保证投测质量,使用的经纬必须经过严格的检验校正,尤其是照准部水准管轴应严格垂直仪器竖轴。为避免光照、风等不利影响,宜在阴天、无风时进行投测。

(二)激光铅垂仪投测法

高层建筑物轴线投测除按经纬仪引桩正倒镜分中投点法外,还可以利用激光铅垂仪投测。

激光铅垂仪是一种供铅直定位的专用仪器,适用于高层建筑、烟囱和高塔架的铅直定位测量。主要由氦氖激光器、竖轴、发射望远镜、管水准器和基座等部件组成。

为了把建筑物轴线投测到各层楼面上,根据梁、柱的结构尺寸,投测点距轴线 500 ~ 800 mm 为宜。每条轴线至少需要两个投测点,其连线应严格平行于原轴线。为了使激光束能从底层直接照到顶层,在各层楼面的投测点处需预留孔洞,或利用通风道、垃圾道以及电梯升降道等。

激光铅垂仪投测可以采用天顶和天底准直法两种方法进行竖向投测。

天顶准直法是使用能铅直向上测量的仪器,如激光铅垂仪,进行竖向投测的方法。投测时是将仪器安置在底层轴线控制点上,进行严格整平和对中。在施工层预留孔中央设置用透明聚酯膜片绘制的接收靶,起辉激光器,经过光斑聚焦,使在接收靶上形成一个最小直径的激光光斑。接着水平旋转仪器,检查光斑有无画圆情况,以保证激光束铅直,然后移动靶心使其与光斑中心重合,将接收靶固定,则靶心即为欲铅直投测的轴线点。

天底准直法是使用能测设铅直向下方向的垂准仪器,进行竖向投测的方法。投测时将垂准经纬仪安置在浇筑后的施工层上,通过在每层楼面相应于轴线点处的预留孔,将底层轴线点引测到施工层上。

三、高程传递

高层建筑物施工中,要由下层楼面向上层传递高程,以使上层楼板、门窗口、室内装修等工程的标高符合设计要求。传递高程的方法有以下几种。

(一)利用皮数杆传递高程

在皮数杆上自±0.000 m 标高线起,门窗口、过梁、楼板等构件的标高都已注明。一层楼砌好后,则从一层皮数杆起一层一层往上接。

(二)用钢尺直接丈量

在标高精度要求较高时,可用钢尺沿某一墙角自±0.000 m 标高处起向上直接丈量,把高程传递上去。然后根据由下面传递上来的高程立皮数杆,作为该层墙身砌筑和安装门窗、过梁及室内装修、地坪抹灰时控制标高的依据。

(三)悬吊钢尺法

在楼梯间悬吊钢尺,钢尺下端挂一重锤,使钢尺处于铅垂状态,在下面与上面楼层分别安置水准仪同步读数,按水准测量原理把高程传递上去。

(四)全站仪天顶测距法

高层建筑中的垂准孔(或电梯井等)为光电测距提供了一条从底层至顶层的垂直通道,利用此通道,在底层架设全站仪,将望远镜指向天顶,在各层的垂直通道上安置反射片,即可测得仪器横轴至反射片的垂直距离(由于反射片较薄,厚度可忽略不计)即为两者间的高差,利用已知高程点的高程进而计算出某层控制点的高程。具体的测量方法是:在需要传递高程的层面垂准孔上固定一块铁板(400×400×2,中有ϕ30孔),对准铁板上的孔,可将反射片平放于其上。在底层控制点上架设全站仪,置平望远镜(屏幕显示垂直角为0°或天顶距为90°),向立于已知标高点A(其高程为Ha)上的水准尺读数b,此时$Ha+b$即为全站仪横轴中心位置高程。然后将望远镜指向天顶(天顶距为0°或天顶距为90°),按测距键测得垂直距离。根据全站仪横轴中心位置高程、垂直距离得到某层楼面垂准孔上铁板上放射片P的高程Hp,然后把P点作为高程基准点,利用普通水准测量的方法测设出该层一米标高线。

四、建筑结构细部测设

高层建筑各层上建筑结构细部有外墙、承重墙、立柱、电梯井筒、梁、楼板、楼梯等,另外还有各种预埋件,施工时,均需按设计要求测设其平面位置和高程。根据各层的平面控制点,用经纬仪按极坐标法、距离交会法、直角坐标法等测设其平面位置;根据一米标高线用水准仪测设其标高。

五、高层框架结构构件吊装

以梁、柱组成框架作为建筑物的主要承重构件,楼板置于梁上,此种结构形式即称为框架结构。若柱、梁为现浇时,要严格校正模板的垂直度。校核方法是首先用吊锤法或经纬仪投测法,将轴线投测到相应的柱面上,定出标志,然后在柱面上(至少两个面)弹出轴线,并以此作为向上传递轴线的依据。在架设立柱模板时,把模板套在柱顶的搭接头上,并根据下层柱面上已弹出的轴线,严格校核模板的位置和垂直度。按此方法,将各轴线逐层传递上去。

在预制柱安装时,除按第七节的有关操作外,还应注意以下几点。

(1)对每根柱子随着工序的进展和荷载变化,须重复多次校正和观测垂直偏移值。先是在起重机脱钩以后、电焊以前对柱子进行初校。在吊装梁和楼板后,柱上增加了荷载,尤其是在荷载不对称时,柱的偏移更为明显,都应进行观测。对于数层一节的长柱,在每层梁、板吊装前后,也须观测柱子的垂直偏移值。总之,要使柱子的最终偏移控制在容许范围内。

(2)多节柱分节吊装时,要力求下节柱子位置正确,否则可能会导致上层形成无法矫正的累积偏差。当下节柱子经矫正后,虽其偏差在容许范围内但仍有偏差时,上节柱的底部在就位时,应对准定位中心与下柱中心的中点。而在矫正上节柱的顶部时,仍应以标准定位中心线为准。吊装时,以此法向上进行观测校正。

(3)由于阳光照射,多层装配式结构的细长柱的各垂直面的阴面与阳面产生温度差。当温度差较大时,柱子会向阴面弯曲,使柱顶产生较大的偏移,从而影响校正精度和结构的质量。所以,对于高层建筑和柱子垂直度有严格控制的工程,宜在阴天、早晨或夜间无阳光影响时进行柱子校正。

任务十　激光定位技术在施工测量中的应用

激光定位仪器主要由氦氖激光器和发射望远镜构成。这种仪器提供了一条空间可见的红色激光束。该光束发散角很小,可成为理想的定位基准线,如果配以光电接收装置,不仅可以提高精度,还可在机械化自动化施工中进行动态导向定位。基于这些优点,激光定位仪器得到了迅速发展,相继出现了多种激光定位仪器。

一、激光定位仪

(一)激光水准仪

国产的激光水准仪是在 DS$_3$ 型水准仪望远镜筒上固装激光装置而制成的。激光装置由氦氖激光器和棱镜导光系统组成。从氦氖激光器发射的激光束,经棱镜转向聚光镜组,通过针孔光缆到达分光镜,再经分光镜折向望远镜系统的调焦镜和物镜射出激光束(激光束的有效射程:白天 200 m;晚上 1 000 m。激光发散度:1 000 m 处光斑直径小于 5 mm)。

使用激光水准仪时,首先按水准仪的操作方法安置,整平仪器,并瞄准目标。然后接好激光电源,开启电源开关,待激光器正常起辉后,将工作电流调至 5 mA 左右,这时将有最强的激光输出,在目标上得到明亮的红色光斑。

(二)激光全站仪

激光全站仪的激光是通过望远镜发射出来的,与望远镜照准轴保持同轴、同焦。因此,激光全站仪除具有电子全站仪的所有功能外,还提供一条可见的激光束,十分利于工程施工。同时望远镜可绕过支架作盘左盘右测量,保持电子全站仪的测角精度。也可向天顶方向垂直发射光束,作一台激光垂准仪。若配置弯管读数目镜,则可根据竖盘读数对垂直角进行测量。当望远镜照准轴精细调成水平后,又可作激光水准仪及激光扫平仪用。若不使用激光,则可作为电子全站仪使用。激光全站仪可用于定线、定位、测角、测设已知的水平角和坡度等,与光电接收器相配合可进行准直工作,亦可用于观测建筑物的水平位移。

(三)激光铅垂仪

激光铅垂仪是一种专用的铅直定位仪器,适用于高烟筒、高塔架和高层建筑的高直定位测量。仪器的竖轴是一个空心筒轴,两端有螺扣连望远镜和激光器的套筒,将激光器安装在筒轴的下端,望远镜安装在上端,构成向上发射的激光铅垂仪。也可反向安装,成为向下发射的激光铅垂仪。将仪器对中、整平后,接通激光电源,起辉激光器,便可铅直发射激光束。

(四)激光平面仪

激光平面仪主要由激光准直器、转镜扫描装置、安平机构和电源等部件组成。激光准直器竖直地安置在仪器内。转镜扫描装置如图 7-45 所示,激光束沿五角棱镜旋转轴 *OO'*

入射时,出射光束为水平光束,当五角棱镜在电机驱动下水平旋转时,出射光束成为激光平面,可以同时测定扫描范围内任意点的高程。图7-46为LP3A自动安平激光平面仪,除主机外还配有2个受光器(即光电接受靶)。受光器上有开关受光板、液晶显示屏和受光灵敏度切换钮,此钮从L转至H,受光感应灵敏度由低感度(±2.5 mm)转变到高感度(±0.8 mm),可根据测量要求进行选择。受光器也可通过卡具安装在水准尺或测量杆上,即可测出任意点的标高或用以检测水平面等。

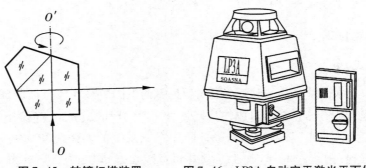

图7-45 转镜扫描装置　　　图7-46 LP3A自动安平激光平面仪

二、激光定位仪器的应用

激光定位仪器可以提供可见的空间基准线或基准面,施工人员可主动地进行定位工作,它具有直观、精确、高效率等优点,尤其在阴暗或夜间作业更显示其优越性。如把光电接收靶和自控装置装在一起,还可实现动态定位或自动导向。下面列举几种用法。

(一)利用激光水准仪为自动化顶管施工进行动态导向

目前一些大型管道施工经常采用自动化顶管施工技术,不仅减小了劳动强度,还可以加快掘进速度,是一种先进的施工技术。如图7-47所示,将激光水准仪安置在工作坑内,按照水准仪操作方法,调整好激光束的方向和坡度,用激光束监测顶管的掘进方向。在掘进机头上装置光电接收靶和自控装置。当掘进方向出现偏位时,光电接收靶便给出偏差信号,并通过液压纠偏装置自动调整机头方向,继续掘进。

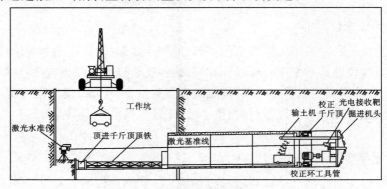

图7-47 利用激光水准仪为自动化施工进行动态导向

（二）激光铅垂仪用于高层建筑物的铅直定位

高层建筑的施工，可采用激光铅垂仪向上投测地面控制点。如图7-48所示，首先将激光铅垂仪安置在地面控制点上，进行严格对中、整平，按通激光电源，起辉激光器即可发射出铅直激光基准线，在楼板的预留孔上放置绘有坐标网的接收靶，激光光斑所指示的位置，即为地面控制点的铅直投影位置。

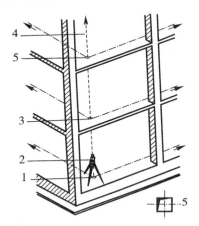

图7-48 用垂准仪进行平面制点垂直投影

1-底层平面控制点；2-垂准仪；3-垂准孔；

4-铅垂线；5-垂准孔边弹墨线标记

（三）利用激光平面仪进行建筑装饰

使用时，将LP3A自动安平激光平面仪安置在三脚架上，调节基座螺旋使圆不水准器居中（即仪器粗平），将激光电源开关拨至ON，几秒钟后即自动产生激光水平面。此时，手持受光器在待测面上上下移动，当受光板接收到的水平面激光束的光信号高（或低）于所选择的受光感应灵敏度时，液晶显示屏上则显示出指示受光器移动方向的提示符"↑"（或"↓"），按提示符移动受光器，当接收的光信号正好处于预先的灵敏范围内，则液晶显示屏上显示出一条水平面位置指示线"—"，此时即可用记号笔沿受光器右侧上的凹槽（即水平面指示线"—"的位置）在待测面上做出标记。如图7-49所示为自动安平激光平面仪进行室内装饰时，测护墙装饰板水平线、室内吊顶龙骨架水平面，检测铺设室内地坪的水平度等的示意图。

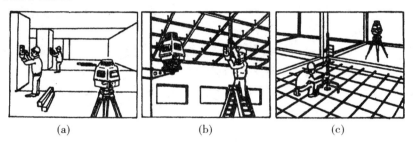

(a)　　　　　　　(b)　　　　　　　(c)

图7-49 利用自动安平激光平面仪进行室内装饰

项目小结

本章主要讲述了施工测量的原理和各种方法。施工测量,又称测设或放样,一般应遵循的原则和工作程序是"由整体到局部""先控制后细部"。施工测量中首先是根据工程总平面图和地形条件建立施工控制网,然后进行场地平整,根据施工控制网点在实地定出各个建筑物的主轴线和辅助轴线,再根据主轴线和辅助轴线标定建筑物的各个细部点。在工程竣工后,还须进行竣工测量,施工期间和建成后还要定期进行变形观测。

施工测设的基本工作是测设已知水平距离、已知水平角和已知高程。测设点的平面位置的方法有直角坐标法、极坐标法、前方交会法等。

施工控制网的建立也应遵循"先整体""后局部"的原则,由高精度到低精度进行建立。在设计的总平面图上,建筑物的平面位置一般采用施工坐标系的坐标来表示,在施工过程中,经常需要进行施工坐标与测图坐标系之间的转换。平面控制网一般分两级布设。高程控制网当场地面积不大时一般按四等或等外水准测量布设,场地面积较大时可分为两级布设。

民用建筑物工程测量就是按照设计要求将民用建筑的平面位置和高程测设出来。过程主要包括建筑物的定位、细部轴线放样、基础施工测量和墙体施工测量等。

工业建筑工程测量主要包括厂房矩形控制网的测设,厂房柱列轴线和柱基测设,厂房预制构件安装测量,烟囱、水塔施工测量等。

高层建筑工程施工测量中,施工测量精度要求很高。其主要工作内容有建筑物的定位、基础施工、轴线投测和高程传递等。

思考题

(1)施工测量的主要任务有哪些?

(2)施工测量的特点有哪些?

(3)测设已知水平角、水平距离和高程与测定水平角、水平距离和高程有何区别和联系?

(4)测设点的平面位置有哪些方法?各适用于什么场合?

(5)什么叫轴线控制桩?什么叫龙门板?它们的作用是什么?应如何设置?

(6)民用建筑施工测量包括哪些主要测量工作?

(7)怎样控制基槽开挖时开挖的深度?

(8)在测设三点"一"字形的建筑基线时,为什么基线点不应少于三个?当三点有在同一条直线上时,为什么横向调整量是相同的?

(9)建筑施工中,如何由下层楼板向上层传递高程?试述基础皮数杆和墙身皮数杆的立法。

(10)在工业厂房施工测量中,为什么要专门建立独立的厂房控制网?为什么在控制网中要设立距离指标桩？

(11)如何进行厂房柱子的垂直度矫正？应注意哪些问题？

(12)为了保证高层建筑物沿铅垂方向建造，在施工中需要进行垂直度和水平度观测，试问两者间有何关系？

(13)高层建筑物施工中如何将底层轴线投测到各层楼面上？

习　题

(1)欲在地面上测设一个直角∠AOB，先按一般方法测设出该直角，经检验测得其角值为89°58′24″，若 OB = 120 m，为了获得正确的直角，试计算 B 点的调整量并绘图说明其调整方向。

(2)某建筑场地上有一水准点 A，其高程 H_A = 50.218 m，欲测设高程为 51.006 m 的室内±0.000 标高，设水准仪在水准点 A 所立水准尺上的读数为 0.956 m，试说明其测设方法。

(3)设 A、B 为已知平面控制点，其坐标值分别为 A(65.186,36.228)、B(88.256,42.669)，P 为设计的建筑物特征点，其设计坐标为 P(70.000,52.768)。试计算用极坐标法测设 P 点的测设数据，并绘出测设略图。

实训题

1.全站仪放样的基本操作。

(1)目的与要求

1)对照仪器，了解全站仪型号、各部件名称和功能。

2)掌握全站仪基本操作。

3)练习全站仪放样点位测定。

(2)仪器与工具

1)全站仪 1 台、棱镜、三脚架、记录簿 1 本。

2)自备：铅笔、草稿纸。

(3)实训方法与步骤。全站仪放样实例：如图 7-50 所示，郑州市轨道交通 5 号线众意路站端头井基坑深 18 m，采用灌注桩围护结构，内设钢支撑；灌注桩的中心坐标设计院已经给出，控制点 A、B 的坐标分别为：X_a = 5 046.301，Y_a = 7 552.267；X_b = 5 017.851，Y_b = 7 512.526。169 号围护桩中心坐标为：X_{169} = 5 029.519，Y_{169} = 7 587.956。利用徕卡全站仪 TS06（图 7-51）把 169 号围护桩放样到实地。

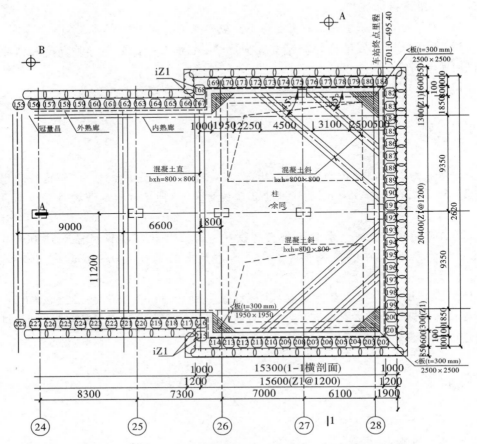

图 7-50　郑州市轨道交通 5 号线众意路站端头井灌注桩平面布置图

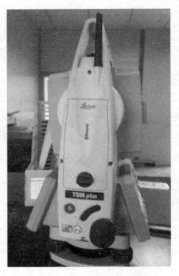

图 7-51　徕卡全站仪

操作步骤为：

第一步，全站仪架设在 A 点上，按 2 键进入放样程序，如图 7-52、图 7-53 所示。

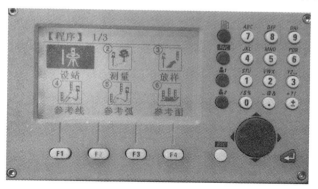

图 7-52

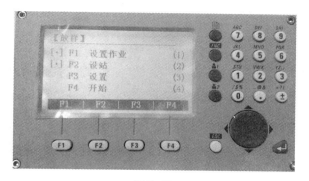

图 7-53

第二步，按 F1 设置作业进入图 7-54 界面，输入文件名 5，按 F4 继续，程序返回到图 7-53 界面。

图 7-54

第三步,按 F2 设站键,进入图 7-55 界面,按 F4 键进入图 7-56 界面,按 F3 坐标键进入图 7-57 界面,输入测站 A 点的坐标完成测站点的设置工作。

图 7-55

图 7-56

图 7-57

第四步,棱镜安置在 B 点上,转动全站仪的望远镜对准棱镜中心,按 F4 继续键进入图 7-58 界面,按 F3 坐标键进入图 7-59 界面,输入 B 点坐标,按 F4 继续进入图 7-60 界面,按 F2 测距键进入图 7-61 界面,完成定向点的测量工作,按 F3 记录键进入图 7-62 界面进行定向点校正程序,按 F4 计算键进入图 7-63 界面,按 F4 设定键完成测站定向工作,程序自动跳转到图 7-64 待放样点界面。

图 7-58

图 7-59

图 7-60

图 7-61

图 7-62

图 7-63

图 7-64

第五步,按 F4 翻页键进入图 7-65 界面,按 F3 坐标键进入图 7-66 界面输入待放样点 169 的坐标,按 F4 继续键进入 7-67 界面,水平方向转动仪器,使仪器显示图 7-68 状态时,即°Hz 为零时,这个方向正是 A-169 的方向线,让棱镜在该方向线上前后移动,使°HD(实测距离–设计距离的差)为零时,169 号围护桩中心位置就放样到实地了。

图 7-65

图 7-66

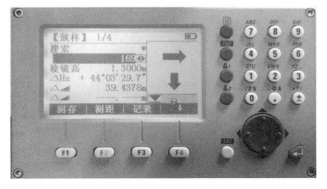

图 7-67

图7-68

第六步,重复第5步骤,继续放样其他围护桩的中心坐标。

(4)注意事项

1)在观测过程中,手切勿按扶在架腿上。

2)测量时不论用哪个眼睛观测,另一眼睛尽量不要闭上,更不要用手盖住眼睛。

(5)上交资料。每人上交全站仪的认识与技术操作实训报告一份。

项目八 线路与桥梁工程测量

知识目标　　了解线路工程测量的特点和主要内容。掌握线路工程中线测量,圆曲线的测设和纵横断面图的测绘、道路施工测量、管道竣工测量、桥梁工程测量的步骤和方法。

能力目标　　掌握线路工程中线测量、圆曲线的测设、纵横断面的测量步骤和方法。

任务一　中线测量和圆曲线的测设

一、线路测量的主要内容

随着社会的不断发展,城市建设中的配套设施,如道路、管线及各种工业管道等线路工程也要不断地发展建设。用于指导线路工程施工的测量工作也非常重要,因工程情况和施工方法不同,各种线路工程的测量内容也不同。

"线路"是指道路工程以及给水管、排水管、电力线、通讯线及各种工业管道等的总称。在这些线路工程的勘测设计和施工阶段所进行的测量工作称为线路工程测量。随着经济的发展,城市的不断扩大,城市建设中的线路工程也要不断地进行发展建设。这些线路工程的测量工作主要内容如下:

(1)收集规划设计区域内各种比例尺地形图、平面图和断面图资料,收集沿线水文、地质以及控制点等有关资料。

(2)根据工程要求,利用已有地形图,结合现场勘察,在中小比例尺图上确定规划路线走向、编制比较方案等初步设计。

(3)根据设计方案在实地标出线路的基本走向,沿着基本走向进行控制测量,包括平面控制测量和高程控制测量。

（4）结合线路工程的需要，沿着基本走向测绘带状地形图或平面图，在指定地点测绘点地形图。

（5）根据定线设计把线路中心线上的各类点位测设到实地，称为中线测量。中线测量包括线路起止点、转折点、曲线主点和线路中心里程桩、加桩等的测量工作。

（6）根据工程需要测绘线路纵断面图和横断面图。

（7）根据线路工程的详细设计进行施工测量。工程竣工后，对照工程实体测绘竣工平面图和断面图。

线路工程测量的精度要求应以满足设计和施工需要为准。对不同性质的工程其精度要求是不同的。如高速公路比普通公路的测量精度要高，自流管道比压力管道的高程测量精度要求高。同类线路在横向、纵向及高程方面的精度要求也各不相同。如对城市地下排水管道施工测量来说，高程精度要求最高，以确保正确的排水坡向及坡度；横向精度要求次之，以保证管道与道路及其他管线正确的平面关系；纵向精度要求相对较低，但也应保证预制管道在接口处能正确对接安装。

因工程情况和施工方法不同，各种线路工程的测量内容也不同。本章主要介绍中线测量，道路圆曲线的测设，纵横断面测量和道路、管道的施工放线测量。

二、中线测量

线路中线测量是根据定线设计将线路设计中心线测设在实地上。线路中线的平面线型由直线和曲线组成，曲线又由圆曲线和缓和曲线组成，如图 8-1 所示。

图 8-1　线路的平面线型

中线测量的主要工作是：测设中线交点 JD 和转点 ZD、量距和钉桩、测量转点上的转角△、测设曲线等。图中的 JD、ZD 为公路测量符号。测量符号可采用英文（包括国家标准或国际通用）字母或汉语拼音（包括国家标准或国际通用）字母。当该项工程需引进外资或为国际招标项目时，应采用英文字母；为国内招标时，可采用汉语拼音字母。一条公路宜使用一种符号。《公路勘测规范》（JTJ061—1999）对公路测量符号有统一规定，常用符号见表 8-1。

中线测量的主要内容有测设中线起点、终点、转点、量距和定桩，测量线路各转折角，测设圆曲线等。本节主要介绍测设中线交点与转点、测定转折角、测设里程桩和加桩等内容。

中线交点包括线路中线的起点、中点及终点，这些点是确定路线走向的关键点，习惯上用"JD"加编号表示，如"JD₆"表示第六号交点。当线路直线段较长或因地形变化通视较难时,在两个交点之间还应设定向桩点,称为转点(ZD)。这些点经踏勘选线后,在图纸上已设计出它的坐标以及与地面上已有控制点或者固定地物点之间的关系。测设时,根据图纸上已设计的定位条件,将它们测设在实地上。

表 8-1　公路测量符号

名　称	英文符号	汉语拼音或 国际通用符号	备　注 (中文简称)
交点	I.P	JD	(交点)
转点	T.P.	ZD	(转点)
导线点	R.P.	DD	(导点)
圆曲线起点	B.C.	ZY	(直圆)
圆曲线中点	M.C.	QZ	(曲中)
圆曲线终点	E.C.	YZ	(圆直)
复曲线公切点	P.C.C.	GQ	(公切)
第一缓和曲线起点	T.S.	ZH	(直缓)
第一缓和曲线终点	S.C.	HY	(缓圆)
第二缓和曲线终点	C.S.	YH	(圆缓)
第二缓和曲线起点	S.T.	HZ	(缓直)
公里标	K	K	
转角		$\triangle$	
左转角		$\triangle_L$	
右转角		$\triangle_R$	
缓和曲线角		β	
缓和曲线参数	A	A	
平、竖曲线半径	R	R	
曲线长(包括缓和曲线长)	L	L	
圆曲线长	L_e	L_y	(L圆)
缓和曲线长	L_s	L_h	
平、竖曲线切线长(包括设置缓和曲线所增切线长)	T	T	
平曲线外距(包括设置缓和曲线所增外距)、竖曲线外距	E	E	
方位角		θ	
水准点	B.M.	B.M.	

（一）交点的测设

交点的测设方法通常有以下几种。

1.根据与地物的关系测设

如图8-2所示，交点 JD$_{11}$的位置已在地形图上选定，图上交点附近有房屋、电杆等地物，可先在图上量出 JD$_{11}$至两房角和电杆的距离，然后在现场找出相应的地物，经复核无误后，用距离交会法测出该交点。

该方法适用于定位精度要求不高的情况，而且要求交点周围有定位特征明显的地物作参考。

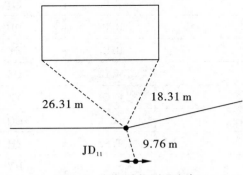

图8-2　根据地物测设交点

2.根据平面控制点和设计坐标测设交点

线路工程的平面控制点一般用导线的形式布设，经导线测量和计算后，导线上各控制点的坐标已知，可根据控制点坐标和交点设计坐标，用直角坐标法、极坐标法、角度交会法或距离交会法将其测设在地面上。

如图8-3所示，根据导线点4、5和交点9的坐标可以计算出导线边的方位角 $\theta_{4,5}$ 和导线点4点至交点9的平距 D 和方位角 θ，然后在导线点4上用极坐标法测设 JD$_9$。

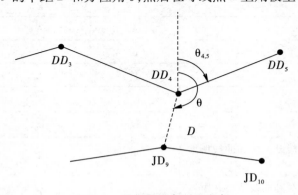

图8-3　利用导线点测设交点

根据设计坐标和平面控制点测设交点时，一般用全站仪施测，一方面可以达到很高的定位精度，并且施测方便、效率高，是目前线路工程中测设交点的主要方法。

3. 穿线法测设交点

如图 8-4(a)所示，首先在图上选定一个直线段上的一些点 P_1、P_2、P_3、P_4，根据相邻地物或导线点确定测设数据，然后用合适的方法在实地将这些点在地面上测定。由于测设数据和测设方法的误差，使这些点不严格在同一条直线上。此时用目估定线法或经纬仪视准法定出一条直线，使之与这些测设点尽可能靠近，该项工作称为穿线。

通过穿线可以得到中线直线段上的 A、B 两点。同样可以测设到中线另一直线段上的 C、D 两点。如图 8-4(b)所示，AB、CD 两线段的交点即为所求得交点 JD。

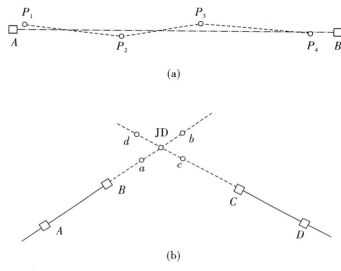

(a)

(b)

图 8-4　穿线法测设交点

（二）转点的测设

当相邻两交点间距离较远或互不通视时，需要在其连线上，测设一点或数点，以供测设交点、转折点、量距或延长直线时瞄准之用。这样的点称为转点（ZD）。

当两交点间距离较远但能够通视或已有转点需要加密时，可采用经纬仪视准法或正、倒镜分中法测设转点。

当相邻两交点不能通视时，可采用以下方法测设转点。

1. 两交点间设转点

如图 8-5 所示 JD_5、JD_6 为相邻而不通视的两交点，当在其中间设置转点时，可以采用第三章所述的过高地定线的方法。如要求精度较高时也可采用下述方法。

首先用过高地定线的方法或目估法初定一转点 ZD'，在 ZD' 点设置经纬仪，用正、倒镜分中法延长直线 JD_5-ZD' 至 JD_6'；设 JD_6 至 JD_6' 的距离为 f，若 f 在误差允许限值内，可将 ZD' 作为转点，若误差较大，必须进行调整。

用视距法测出 JD_5-ZD' 和 ZD'-JD_6' 的距离 a、b，则 ZD' 需横向移动的距离 e 为

$$e = \frac{a}{a+b}f \tag{8-1}$$

将 ZD′偏移距离 e 至 ZD,再将经纬仪移至 ZD,重复以上步骤,直至偏差 f 满足要求为止。

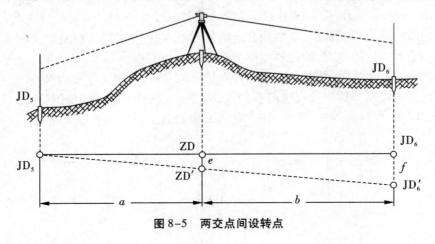

图 8-5 两交点间设转点

2. 延长线上设转点

如图 8-6 所示,JD_8、JD_9 为不通视两交点,可在其延长线上初定一点 ZD′,而后在该点安置经纬仪,用正、倒镜分中法确定直线 JD_8-ZD′在 JD_9 处的点 ZD_9′,设 JD_9 至 JD_9′的距离为 f,若 f 在误差允许限值内,可将 ZD′作为转点,若误差较大,必须进行调整。

调整方法同两交点间的转点设置,不过此时的偏移距离为

$$e = \frac{a}{a-b}f \qquad (8-2)$$

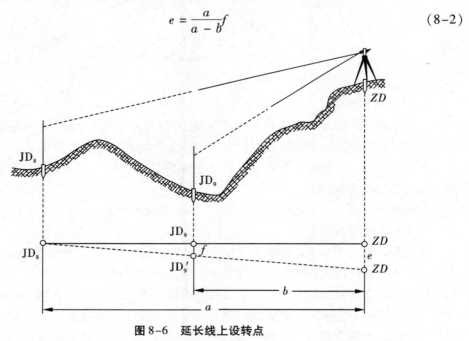

图 8-6 延长线上设转点

(三)转角测定

转角亦称偏角,即线路由一方向转到另一方向时,转变后方向与原方向延长线之间的

夹角,用△表示。转角(偏角)有左、右之分,如图8-7所示,当偏转后的方向位于原方向左侧时,为左偏角,记作$\triangle_L$;当偏转后的方向位于原方向右侧时,为右偏角,记作$\triangle_R$。

一般通过观测路线右侧的水平角β来计算偏角。观测时,将经纬仪安置在交点上,用测回法观测一个测回得水平角β。如$\beta>180°$时为左偏角,当$\beta<180°$时为右偏角。左偏角和右偏角的公式分别为

$$\triangle_L = \beta - 180° \tag{8-3}$$
$$\triangle_R = 180° - \beta \tag{8-4}$$

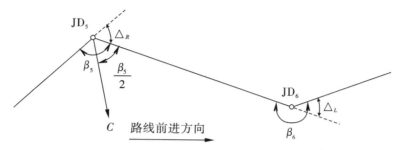

图8-7 路线转角定义

右角的观测通常用DJ_6经纬仪(或全站仪)测回法观测一个测回,两半测回角度之差误差值一般不超过±40″。

根据曲线测设的需要,在右角测定后,要求在不变动水平度盘位置的情况下,定出β角的分角线方向,如图8-7所示,并钉桩标志,以便将来测设曲线中点时使用。测设角度时,后视方向的水平度盘读数为a,前视方向的读数为b,分角线方向的水平度盘读数为c。因$\beta = a - b$,则

$$c = b + \frac{\beta}{2} \quad \text{或} \quad c = \frac{a+b}{2} \tag{8-5}$$

此外,在角度观测后,还须用测距仪或全站仪测定相邻交点间的距离,以供中桩测距人员检核之用。

(四)测设里程桩

用于标定线路中线位置的标志,称为中线桩,简称中桩。中桩标定线路的平面位置。此外,还需标注从线路起点至该中桩的水平距离。标注距离的中桩称为里程桩,故一般中桩又称为里程桩。

在中线上从起点开始,按规定每隔某一整数设一桩,称为整桩。根据不同的线路,整桩之间的距离也不同,一般为20 m、30 m、50 m等。在相邻整桩之间线路穿越的重要地物处(如铁路、公路、旧有管道等)及地面坡度变化处要增设加桩。如图8-8所示,每个桩的桩号表示该桩距路线起点的里程。如某加桩距路线起点的距离为1 234.56 m,则其桩号记为K1+234.56。桩号中"+"号前面为整千米数,"+"后面为米数。

加桩分为地形加桩、地物加桩、曲线加桩、关系加桩。

地形加桩是指沿中线地面起伏突变处、横向坡度变化处以及天然河沟处等所设置的

里程桩。地形加桩桩号精确到米。

地物加桩是指沿中线有人工构筑物的地方(如桥梁、涵洞处,路线与其他公路、铁路、渠道、高压线等交叉处,拆迁建筑物处,土壤地质变化处)加设的里程桩。地物加桩桩号精确到米或分米。对于人工构筑物,在书写里程时要加上工程名称,如图8-8(b)所示的"K4+752.8 涵"。

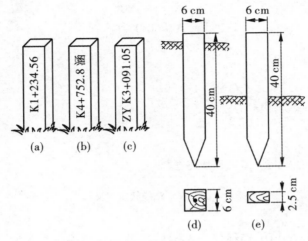

图8-8 里程桩

曲线加桩是指曲线上设置的主点桩,如圆曲线起点(简称直圆点 ZY)、圆曲线中点(简称曲中点 QZ)、圆曲线终点(简称圆直点 YZ)。曲线加桩一般要求计算至厘米。关系加桩是指路线上的转点(ZD)桩和交点(JD)桩。一般量至厘米。对于曲线加桩和关系加桩,在书写里程时,一般应先写其缩写名称,如图8-8(c)所示的"ZY K3+091.05"和"JD K8+598.52"等。

测设里程桩时,要按工程精度要求不同,采用经纬仪法或目测法确定中线方向,然后依次沿中线方向按设计间隔量距打桩。量距时可采用光电测距仪或经检定后的钢尺,精度要求较低时也可采用视距法。对于市政工程,线路中线桩位与曲线测设的精度要求,应符合表8-2的规定。

表8-2 线路中线桩位与曲线测设的限差

线段类别		主要线路	次要线路	山地线路
直线	纵向相对误差	1/2 000	1/1 000	1/500
	横向偏差/cm	2.5	5	10
曲线	纵向相对闭合差	1/2 000	1/1 000	1/500
	横向闭合差/cm	5	7.5	10

钉桩时,对于交点桩、转点桩、距路线起点每隔 500 m 处的整桩、重要地物加桩(如

桥、隧位置桩)以及曲线主点桩,均应打下断面为 $6\ cm \times 6\ cm$ 的方桩,见图 8-8(d),桩顶钉以中心钉,桩顶露出地面约 $2\ cm$,并在其旁边钉一指示桩,见图 8-8(e),为指示交点桩的板桩。交点桩的指示桩应钉在圆心和交点连线外离交点约 $20\ cm$ 处,书写桩号面应面向被指示桩。曲线主点的指示桩字面朝向圆心。其余里程桩一般使用板桩,一半露出地面,以便书写桩号,字面一律背向路线前进方向。

三、圆曲线的测设

当路线由一个方向转向另一个方向时,必须用平面曲线来连接。曲线的形式较多,如圆曲线、缓和曲线及回头曲线等,其中圆曲线是最基本的平面曲线,如图 8-9 所示。圆曲线半径根据地形条件和工程要求选定,由转角 $\triangle$ 和圆曲线半径 R,可以计算出图中其他各测设元素值。圆曲线的测设分两步进行,先测设曲线上起控制作用的主点(ZY、QZ、YZ),再依据主点测设曲线上每隔一定距离的里程桩,以详细标定曲线位置。

(一)圆曲线主点的测设

为了测设圆曲线的主点,要先计算出圆曲线的要素。

1. 圆曲线的主点

如图 8-9 所示,JD——交点,即两直线相交的点;ZY——直圆点,即圆曲线起点,指按线路前进方向由直线进入曲线的分界点;QZ——曲中点,为圆曲线的中点;YZ——圆直点,即圆曲线终点,指按线路前进方向由圆曲线进入直线的分界点。

ZY、QZ、YZ 三点称为圆曲线的主点。

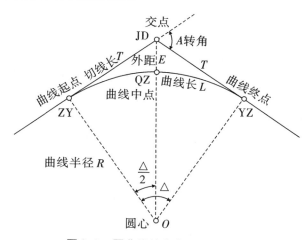

图 8-9　圆曲线的主点及测设元素

2. 圆曲线测设要素及其计算

如图 8-9 所示,

T——切线长,为交点至直圆点 ZY 或圆直点 YZ 的长度;

L——曲线长,即圆曲线的长度(自 ZY 经 QZ 至 YZ 的弧线长度);

E——外矢距,为交点 JD 至曲中点 QZ 的距离。

T、L、E 称为圆曲线要素,即主要的测设元素。

转向角△圆曲线的半径 R 为计算曲线要素的必要资料,是已知值。△可由外业直接测出,亦可由图纸上定线求得;R 为设计时采用的数据。

由图 8-9 可得圆曲线要素的计算公式为:

$$T = R \cdot \tan \frac{\triangle}{2} \tag{8-6}$$

$$L = R \cdot \triangle \cdot \frac{\pi}{180} \tag{8-7}$$

$$E = R\left(\sec \frac{\triangle}{2} - 1 \right) \tag{8-8}$$

式中,△以度(°)为单位。

3. 圆曲线主点桩号计算

圆曲线主点的桩号可根据交点桩号和圆曲线测设要素进行计算,由图 8-9 可得计算公式为

$$ZY = JD - T \tag{8-9}$$

$$QZ = ZY + \frac{L}{2} \tag{8-10}$$

$$YZ = QZ + \frac{L}{2} \tag{8-11}$$

为避免计算中的错误,可用下式进行校核

$$JD = YZ - T + J \tag{8-12}$$

式中,J 称为切曲差,主要用于计算校核。

$$J = 2T - L \tag{8-13}$$

例 8-1 已知圆曲线交点 JD 的桩号为 K8+176.56,转角 $\triangle_R = 42°36'$,设计圆曲线半径 $R = 150$ m,求圆曲线主点测设元素和主点桩号。

解:曲线主点测设元素计算

$$T = 150 \times \tan 21°18' = 58.48 \text{ m}$$

$$L = 150 \times 42.600° \times \frac{\pi}{180} = 111.53 \text{ m}$$

$$E = 150 \times (\sec 21°18' - 1) = 11.00 \text{ m}$$

$$J = 2 \times 58.48 - 111.53 = 5.43 \text{ m}$$

主点桩号计算

$$ZY = JD - T = K8 + 176.56 - 58.48 = K8 + 118.08$$

$$QZ = ZY + \frac{L}{2} = K8 + 118.08 + 55.76 = K8 + 173.84$$

$$YZ = QZ + \frac{L}{2} = K8 + 173.84 + 55.77 = K8 + 229.61$$

检核计算:

$$JD = YZ - T + J = K8 + 229.61 - 58.48 + 5.43 = K8 + 176.56$$

与交点原来桩号相等,证明计算正确。

4. 主点的测设

(1)用经纬仪和检定过的钢尺测设 如图 8-9 所示,于交点 JD 上安置经纬仪,后视相邻交点方向,自交点 JD 起沿该方向量取切线长 T,得曲线起点桩 ZY;经纬仪照准前视相邻交点或转点方向,自 JD 点沿视线方向量取切线长 T,打下曲线终点桩 YZ。然后仍前视曲线起点桩 ZY,测设出平分角值 ω

$$\omega = \left(\frac{180 - \triangle_R}{2} \right) \tag{8-14}$$

则望远镜视线方向即为指向圆心方向,沿此方向量出外矢距 E,打下曲线中点桩 QZ。

为保证主点的测设精度,以利曲线详细测设,切线长度应往返丈量,其相对较差不大于 1/2 000 时,取其平均位置。

(2)用全站仪按极坐标法测设 用全站仪测设线路主点时,一般采用极坐标法,具有速度快、精度高、现场条件适应性强的特点。测设时,安置全站仪于平面控制点或线路交点上,输入测站坐标和后视点坐标(或后视点方位角),再输入要测设的主点坐标,仪器即自动计算出测设角度和距离,据此进行主点现场测设。

(二)圆曲线的详细测设

当地形变化不大、曲线长度小于 40 m 时,测设曲线的三个主点已能满足设计和施工的需要。如果曲线较长,地形变化大,则除了测定三个主点以外,还需要按照一定的桩距,在曲线上测设整桩和加桩。测设曲线的整桩和加桩称为圆曲线的详细测设。《公路勘测规范》(JTJ 061—1999)规定的中线桩距见表 8-3。

表 8-3 中桩间距

直线/m		曲线/m			
平原微丘区	山岭重丘区	不设超高的曲线	$R>60$	$30<R<60$	$R<30$
≤50	≤25	25	20	10	5

注:表中 R 为曲线半径,以米计。

《公路勘测规范》规定,平曲线上中桩宜采用偏角法、切线支距法和极坐标法敷设。

1. 偏角法

偏角法是利用偏角(弦切角)和弦长来测设测设圆曲线的方法。偏角法实质上是一种方向距离交会法。

(1)测设数据计算 如图 8-10 所示,设 P_1 为曲线上的第一个整桩,它与曲线起点 YZ 间的弧长为 l',以后各段弧长均为 l_0,最后一个整桩与曲线终点 ZY 的弧长为 l'',l'、l_0、l'' 对应的圆心角分别为 φ'、φ_0、φ'',则 φ'、φ_0、φ'' 可按下列公式计算

$$\varphi' = \frac{l'}{R} \cdot \frac{180}{\pi} \tag{8-15}$$

$$\varphi_0 = \frac{l_0}{R} \cdot \frac{180}{\pi} \tag{8-16}$$

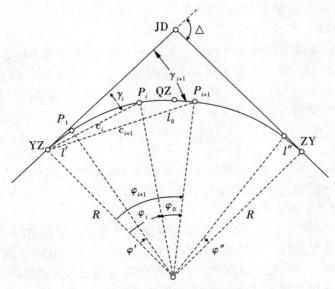

图 8-10 偏角法测设圆曲线

$$\varphi'' = \frac{l''}{R} \cdot \frac{180}{\pi} \tag{8-17}$$

圆曲线起点 YZ 至 P_i 点的弧长为 l_i，所对应的圆心角为 φ_i，则有

$$l_i = l' + (i-1)l_0 \tag{8-18}$$

$$\varphi_i = \varphi' + (i-1)\varphi_0 = \frac{l_i}{R} \cdot \frac{180}{\pi} \tag{8-19}$$

其中，弦切角 γ_i 为同弧所对的圆心角 φ_i 的一半，即

$$\gamma_i = \frac{\varphi_i}{2} \tag{8-20}$$

作为计算校核，所有的圆心角 φ 之和应等于交点的转角 $\triangle$，即

$$\varphi' + (n-1)\varphi_0 + \varphi'' = \Delta \tag{8-21}$$

曲线起点至任一细部点 P_i 的弦长为

$$c_i = 2R\sin\frac{\varphi_i}{2} = 2R\sin\gamma_i \tag{8-22}$$

例 8-2 圆曲线的交点桩号、转角和半径同例 8-1，整桩距为 $l=20$ m，按偏角法测设，试计算详细测设数据。

解：

1）由上例计算可知，ZY 点的里程为 K8+118.08，它最近的整桩里程为 K8+200，则首段零头弧长为

$$l' = 120 - 118.08 = 1.92 \text{ m}$$

由式（8-14）可得其对应的圆心角为

$$\varphi' = \frac{l'}{R} \cdot \frac{180}{\pi} = \frac{1.92}{150} \cdot \frac{180}{\pi} = 0°44'00''$$

ZY 的里程为 K8+229.61,它后面最近的整桩里程为 K8+240,则尾段零头弧长为

$$l'' = 240 - 229.61 = 10.39 \text{ m}$$

由式(8-16)可得其对应的圆心角为

$$\varphi'' = \frac{l''}{R} \cdot \frac{180}{\pi} = \frac{10.39}{150} \cdot \frac{180}{\pi} = 3°58'07''$$

由式(8-15)可得整弧长对应的圆心角为

$$\varphi_0 = \frac{l_0}{R} \cdot \frac{180}{\pi} = \frac{20}{150} \cdot \frac{180}{\pi} = 7°38'22''$$

2)由式(8-21)计算详细测设数据见表 8-4。

表 8-4 偏角法计算测设数据表

桩号	桩点至 ZY 的弧长 l_i /m	偏角值 γ_i	相邻桩间点弧长 /m	弦长 c_i /m
ZY K8+118.08	0.000	0°00'00''	0	0
K8+120	1.92	0°22'00''	1.92	1.92
K8+140	21.92	4°11'11''	20	21.90
K8+160	41.92	8°00'22''	20	41.78
QZ K8+173.84	55.76	10°38'58''	13.84	55.44
K8+180	61.92	11°49'33''	6.16	61.48
K8+200	81.92	15°38'44''	20	80.91
K8+220	101.92	19°27'55''	20	99.97
YZ K8+229.61	111.53	21°18'02''	9.61	108.98

(2)测设步骤

1)置经纬仪于 ZY 点,盘左以 0°00'00'' 后视 JD。

2)打开照准部并转动之,当水平度盘读数为 0°22'00'' 时制动照准部;然后由 ZY 点开始沿视线方向丈量 1.92 m,得 P_1 点,并打下木板桩。

3)松开照准部,继续转动,当度盘读数为 4°11'11'' 时制动照准部,由此方向测设弦长 21.9 m,定出 P_2 点;依次类推测设出 P_3、P_4、P_5、P_6 点。

4)测得 ZY' 点后,与主点 ZY 位置进行闭合校核。当闭合差合限时(见表 8-2),曲线点位一般不再作调整;若闭合差超限,则应查找原因并重测。

偏角法的优点是有闭合条件做校核,缺点是测设误差累积。

2. 切线支距法

切线支距法,实质为直角坐标法。它是以 ZY 或 YZ 为坐标原点,以 ZY(或 YZ)的切线为 x 轴,切线的垂线为 y 轴。x 轴指向 JD,y 轴指向圆心 O,如图 8-11。

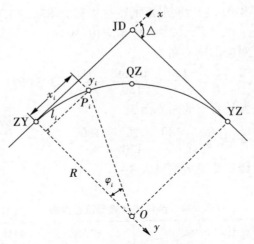

图 8-11　切线支距法测设圆曲线

（1）测设数据计算　如图 8-11 所示，设圆曲线半径为 R，ZY 点至前半条曲线上各里程桩上的 P_i 点的弧长为 l_i，其对应的圆心角为

$$\varphi_i = \frac{l_i}{R} \cdot \frac{180}{\pi} \tag{8-23}$$

该桩点的坐标为

$$x_i = R\sin \varphi_i \tag{8-24}$$

$$y_i = R(1 - \cos \varphi_i) \tag{8-25}$$

例 8-3　根据例 8-1 的曲线元素、桩号和桩距，按切线支距法计算各里程桩的点的坐标。

解：计算数据列表如表 8-5 所示。

表 8-5　切线支距法测设圆曲线坐标计算表

桩号	点号	弧长 l_i/ m	圆心角/ φ_i	支距坐标 x/ m	支距坐标 y/ m
ZY K8+118.08	1	0.000	0°00′00″	0	0
K8+120	2	1.92	0°44′00″	1.92	0.01
K8+140	3	21.92	8°22′22″	21.84	1.60
K8+160	4	41.92	16°00′44″	41.38	5.82
QZ K8+173.84		55.76	21°17′56″	54.48	10.25
K8+180	4	49.61	18°56′58″	48.71	8.13
K8+200	3	29.61	11°18′37″	29.42	2.91
K8+220	2	9.61	3°40′15″	9.60	0.31
YZK8+229.61	1	0.000	00°00′00″	0	0

（2）测设方法 切线支距法测设曲线时，为了避免支距过长，一般由 ZY 和 YZ 分别向 QZ 点施测，步骤如下：

1）从 ZY 或 YZ 点开始，用钢尺沿切线方向量取 $x_1,x_2,x_3,\cdots$ 纵距，得垂足点 $N_1,N_2,N_3,\cdots$ 而后用测钎在地面上做出标记，见图 8-12。

2）在垂足点上作切线的垂直线，分别沿垂直线方向用钢尺量出 $y_1,y_2,y_3,\cdots$ 等纵距，得出曲线细部点 $P_1,P_2,P_3,\cdots$。

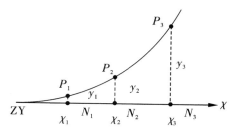

图 8-12 切线支距法测设圆曲线

用此法测设的 QZ 点应于曲线主点测设时所定的 QZ 点相符，作为检核。

切线支距法简单，各曲线点相互独立，无测量误差累积。但由于安置仪器次数多，速度较慢，同时检核条件较少，故一般适用于半径较大、y 值较小的平坦地区曲线测设。

3. 极坐标法

极坐标法适用于用全站仪测设圆曲线。仪器可安置在任意控制点上，测设的速度快、精度高。

极坐标的测设数据主要是计算圆曲线主点和细部点的坐标，然后根据控制点和细部点的坐标，反算出极坐标法的测设数据——测站至测设点的方位角和水平距离。

现在一般的全站仪都具有计算功能，因此只需直接将已知点、圆曲线主点及细部点的坐标输入仪器，不需要再反算。下面介绍细部点坐标的计算方法。

（1）圆曲线主点坐标计算 以图 8-13 所示为例，根据路线交点 JD 及转点 ZD_1、ZD_2 的坐标，反算出切线 $ZD_1\to JD$ 的方位角为 θ_1，按路线的转角 $\triangle$，推算出切线 $JD\to ZD_2$ 的方位角 $\theta_2=\theta_1+\triangle$，分角线 $JD\to QZ$ 的方位角 $\theta_3=\theta_1+90°+\dfrac{\triangle}{2}$，根据 JD 点的坐标及方位角 θ_1、θ_2、θ_3 和切线长 T、矢距 E，计算出 ZY 和 YZ 的坐标，其公式为

$$x_{ZY}=x_{JD}+T\cos\theta_1 \tag{8-26}$$

$$y_{ZY}=y_{JD}+T\sin\theta_1 \tag{8-27}$$

$$x_{YZ}=x_{JD}+T\cos\theta_2 \tag{8-28}$$

$$y_{YZ}=y_{JD}+T\sin\theta_2 \tag{8-29}$$

$$x_{QZ}=x_{JD}+E\cos\theta_3 \tag{8-30}$$

$$y_{QZ}=y_{JD}+E\sin\theta_3 \tag{8-31}$$

（2）圆曲线细部点坐标的计算 根据图中第一条切线的方位角 θ_1 及偏角 γ_i（$\gamma_i=\varphi_i/2$），可知圆曲线起点 ZY 至细部点 P_i 点的方位角 θ_{Pi}（$\theta_{Pi}=\theta_1+\gamma_i$），再根据弦长 c_i 和 ZY 的坐标计算细部点的坐标，其公式为

$$x_{Pi}=x_{ZY}+c_i\cos\theta_{Pi} \tag{8-32}$$

$$y_{Pi}=y_{ZY}+c_i\sin\theta_{Pi} \tag{8-33}$$

例 8-4 根据例 8-2 的曲线元素、桩号、桩距，用极坐标法计算各里程桩点的坐标。

解：首先按式 $\theta_{Pi}=\theta_1+\gamma_i$ 计算各细部点的方位角，然后按式（8-32）、式（8-33）分别计

算各点坐标,结果见表8-6。

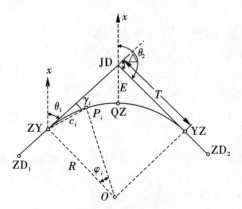

图 8-13 极坐标法测设圆曲线

表 8-6 极坐标法计算测设数据表

桩号	偏角值 γ_i	方位角 θ_{Pi}	弦长 c_i /m	坐　标	
				x/m	y/m
ZY K8+118.08	0°00′00″	73°28′12″	0	0.000	0.000
K8+120	0°22′00″	73°50′12″	1.92	0.534	1.844
K8+140	4°11′11″	82°39′23″	21.90	2.799	21.720
K8+160	8°00′22″	86°28′34″	41.78	2.568	41.701
QZ K8+173.84	10°38′58″	89°07′10″	55.44	0.852	55.433
K8+180	11°49′33″	90°17′45″	61.48	−0.317	61.479
K8+200	15°38′44″	94°06′56″	80.91	−5.807	80.701
K8+220	19°27′55″	97°56′07″	99.97	−13.801	99.013
YZK8+229.61	21°18′02″	99°46′14″	108.98	−18.494	107.399

任务二　纵横断面图的测绘

路线纵断面测量又称路线水准测量,其任务是测定中线上各里程桩的地面高程,绘制路线纵断面图,供路线纵坡设计使用。横断面测量是测定中线各里程桩两侧垂直于中线方向的地面各点距离和高程,绘制横断面图,供路线工程设计、计算土石方量及施工时放边桩使用。

一、纵断面图的测绘

线路纵断面测绘的任务是沿着地面上已经定出的线路测出所有中线桩的高程,并根据测得的高程和各桩的里程绘制线路的纵断面图,为线路纵断面设计服务,以确定线路的坡度、路基的标高和填挖高度以及沿线桥梁隧道的位置等。

线路纵断面测量从初测建立的水准基点起,用水准测量方法测量。线路纵断面图以线路的里程为横坐标,中桩的高程为纵坐标。横坐标的比例尺一般为 1∶10 000 或 1∶5 000,高程比例尺为 1∶1 000 或 1∶500。按线路前进方向自左向右绘制。

为了保证成果的精度和检核的需要,根据"由整体到局部"的测量原则,纵断面测量一般分两步进行:一是高程控制测量(也称基平测量),即沿路线方向设置水准点,使用水准测量的方法测量点位的高程;二是中桩高程测量(也称中平测量),即利用基平测量布设的水准点,分段进行附合水准测量,测定各里程桩的地面高程。

(一)基平测量

1. 水准点的布设

水准点是路线高程的控制点,勘测设计和施工阶段都要使用,有的甚至在竣工后也要使用。因此要根据不同的需要和用途,将布设的水准点分为永久水准点和临时水准点。

对于路线的起点、终点和需要长期观测高程的重点工程附近均应设置永久性水准点,一般地区应每隔 25～30 km 布设一点。永久性水准点要埋设标石,也可设在永久性建筑物上,或将金属标志嵌在基岩上。

临时水准点的布设密度,应根据地形的复杂程度以及工程的需要而定,例如市政工程一般每隔 300 m 左右设置一个。山岭重丘区可根据需要适当加密;大桥、隧道口及其他大型构造物两端,应增设水准点。临时水准点应选在地基稳固、易于联测及施工时不易被破坏的地方。

2. 基平测量方法

基平测量时,首先应将起始水准点与附近国家水准点进行联测,以获得绝对高程。同一条线路应采用同一个高程系统,不能采用同一系统时,应给定高程系统的转换关系。独立工程或三级以下道路联测有困难时,可采用假定高程。

基平测量一般应采用水准测量方法。在进行水准测量确有困难的山岭地带以及沼泽、水网地区,四、五等水准测量可用光电测距三角高程测量。对于一般市政工程的线路水准测量,可按介于四等水准与等外水准之间的精度要求施测,其主要技术要求应符合表8-7 的要求。

(二)中平测量

中平测量又名中桩抄平,指在基平测量后提供的水准点高程的基础上,测定各个中桩的高程。一般是以两个相邻水准点为一测段,从一个水准点出发,按普通水准测量的要求,测出该测段内所有中桩地面高程,最后附合到另一个水准点上。

表 8-7　市政线路水准测量和光电测距仪三角高程测量主要技术要求

线路水准测量	仪器类型		标尺类型	视线长度/m	观测方法	符合路线闭合差/mm
	DS₃水准仪		单面	100	单程后-前	$\leq \pm 30\sqrt{L}$
线路光电测距仪三角高程测量	竖直角对向观测测回数（DJ₂经纬仪）		垂直角较差与指标差较差	测距仪器、方向与测回数	对向观测高差较差/mm	符合路线闭合差/mm
	三丝法	中丝法				
	1	2	$\leq \pm 30''$	Ⅱ级、单程、1	$\leq \pm 60\sqrt{D}$	$\leq \pm 30\sqrt{L}$

注:表中 D 为测距边长度(km)，L 为水准路线长度(km)

　　测量时，在每一个测站上还需在一定距离上设置转点，每两转点间还需设置中间点；由于转点起传递高程作用，观测时应先观测转点，再观测中间点。转点尺应立在尺垫、稳定的桩顶或坚石上。转点读至毫米，视线长度一般不超过 150 m，中间点可读至厘米，视线长度也可适当延长，立尺于紧靠桩边的地面上。

　　如图 8-14 所示，水准仪置于 1 站，后视水准点 BM.1，前视转点 TP1，将观测结果分别记入表 8-8 中"后视"和"前视"读数栏内；然后观测 BM.1 与 TP1 间的各个中桩，将后视点 BM.1 上的水准尺依次立于 0+000，+050，…，+120 等各中桩地面上，将读数分别记入表 8-8 中的中视读数栏内。测站计算时，要先计算该站仪器的视线高程，再计算转点高程，然后计算各中桩高程，计算公式如下：

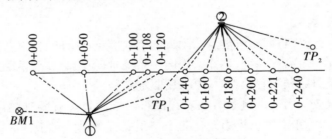

图 8-14　中平测量示意图

$$视线高程=后视点高程+后视读数 \tag{8-34}$$

$$转点高程=视线高程-前视读数 \tag{8-35}$$

$$中桩高程=视线高程-中视读数 \tag{8-36}$$

　　仪器搬至 2 站，后视转点 TP1，前视转点 TP2，然后观测竖立于各中桩地面点上的水准标尺。用同法继续向前观测，直至附合到水准点 BM.2，完成一测段的观测工作。

　　每一测段观测完后，应立即根据该测段的第二水准点的观测推算高程和已知高程计算高差闭合差 f_h，即

$$f_h=推算高程-已知高程 \tag{8-37}$$

若 $f_h \leqslant f_{h允} = \pm 50\sqrt{L}$ mm,则符合要求,可不进行闭合差的调整。

表 8-8　中平测量记录计算表

测站	点号	水准尺读数/m			仪器视线高程/m	高程 /m	备注
		后视	中视	前视			
1	BM.1	2.191				12.314	ZY$_1$
	0+000		1.62			12.89	
	+050		1.90			12.61	
	+100		0.62			13.89	
	+108		1.03			13.48	
	+120		0.91			13.60	
	TP$_1$			1.006		13.499	
2	TP$_1$	2.162			15.661	13.499	QZ$_1$
	+140		0.50			15.16	
	+160		0.52			15.14	
	+180		0.82			14.84	
	+200		1.20			14.46	
	+221		1.01			14.65	
	+240		1.06			14.60	
	TP$_2$			1.521		14.140	
3	TP$_2$	1.421			15.561	14.140	YZ$_1$
	+260		1.48			14.08	
	+280		1.55			14.01	
	+300		1.56			14.00	
	+320		1.57			13.99	
	+335		1.77			13.79	
	+350		1.97			13.59	
	TP$_3$			1.388		14.173	
4	TP$_3$	1.724			15.897	14.173	JD$_2$
	+384		1.58			14.32	
	+391		1.53			14.37	
	+400		1.57			14.33	
	BM.2			1.281		14.616	

本例中水准点 BM.2 的推算高程为 14.616 m,已知高程为 14.618 m,水准路线长度为 421 m,则闭合差为

$$f_h = 推算高程 - 已知高程 = 14.616 - 14.618 = -0.002 \text{ m}$$

闭合差限差为

$$f_{h允} = \pm 50\sqrt{L} = \pm 50\sqrt{0.421} = \pm 32.4 \text{ mm}$$

因 $f_h < f_{h允}$，故成果合格。

（三）纵断面图的绘制

纵断面图既表示中线方向的地面起伏，又可在其上进行纵坡设计，是线路设计和施工的重要资料。纵断面图以中桩的里程为横坐标、其高程为纵坐标进行绘制。常用的里程比例尺有 1:5 000、1:2 000、1:1 000 几种。为了明显地表示地面起伏，一般取高程比例尺是里程比例尺的 10~20 倍。纵断面图一般自左至右绘制在透明毫米方格纸的背面，这样，可防止用橡皮修改时把方格擦掉。图 8-15 为路线设计纵断面图，图的上半部，从左至右绘有贯穿全图的两条线，细折线表示中线方向的地面线，是根据中平测量的中桩地面高程绘制的；粗折线表示纵坡设计线。此外，上部还注有以下资料：

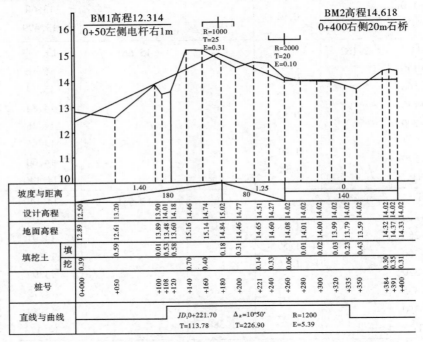

图 8-15 路线设计纵断面图

（1）水准点编号、高程和位置；竖曲线示意图及其曲线元素。

（2）桥梁的类型、孔径、跨数、长度、里程桩号和设计水位；涵洞的类型、孔径和里程桩号。

（3）其他道路、铁路交叉点的位置、里程桩号和有关说明等。

图 8-15 的下部几栏表格，注记以下有关测量和纵坡设计的资料。

（1）在图纸左面自下而上填写直线与曲线、桩号、填挖土、地面高程、设计高程、坡度和距离等栏，上部纵断面图上的高程按规定的比例尺注记，但先要确定起始高程（如图中 0+000 桩号的地面高程）在图上的位置，且参考其他中桩的地面高程，使绘出的地面线处于图上的适当位置。

（2）在"桩号"栏中，自左至右按规定的里程比例尺注上各中桩的桩号。

（3）在"地面高程"栏中，注上对应于各中桩桩号的地面高程，并在纵断面图上按各中桩的地面高程依次展绘其相应位置，用细直线连接各相邻点位，即得中线方向的地面线。

（4）在"直线与曲线"栏中，应按里程桩号标明路线的直线部分和曲线部分。曲线部分用直角折线表示，上凸表示路线右偏，下凹表示路线左偏；并注明交点编号及其桩号，注明 R、T、L、E 等曲线元素。

（5）在上部地面线部分进行纵坡设计。设计时，要考虑施工时土石方量最小、填挖方尽量平衡及小于限制坡度等道路有关技术规定。

（6）在坡度和距离一栏内，分别用斜线或水平线表示设计坡度的方向，线上方注记坡度数值（以百分比表示），下方注记坡长，水平线表示平坡。不同的坡段以竖线分开。某段的设计坡度值按下式计算：

$$设计坡度 = （终点设计高程 - 起点设计高程）/ 平距 \tag{8-38}$$

（7）在设计高程一栏内，分别填写相应中桩的设计路基高程。某点的设计高程按下式计算：

$$设计高程 = 起点高程 + 设计坡度 \times 起点至该点的平距 \tag{8-39}$$

二、横断面图的测绘

横断面是指沿垂直线路中线方向的地面断面线。横断面测量的任务是测出各中线桩处的横向地面起伏情况，并按一定比例尺给出横断面图。横断面图主要用于路基断面设计、土石方数量计算、路基施工放样等。

横断面施测的密度和宽度，应根据地形、地质情况和设计需要而定。

一般应在百米桩和线路纵、横向地形明显变化处及曲线控制桩处测绘横断面。在大桥桥头、隧道洞口、挡土墙重点工程地段及地质不良地段，横断面应适当加密。

横断面测绘宽度根据地面坡度、路基中心填挖高度、设计边坡及工程上的需要来决定，应满足路基、取土坑、弃土堆及排水沟设计的需要和施工放样的要求。一般在中线两侧各测 15 ～ 50 m，高程、距离的读数取位至 0.1 m，检测限差应符合《工程测量规范》（GB 20026—1993）中的规定，见表 8-9。

表 8-9　横断面测量的限差

线路名称	距离	高程
铁路、汽车专用公路	$\left(\dfrac{l}{100} + 0.1\right)$	$\left(\dfrac{h}{100} + \dfrac{l}{100} + 0.1\right)$
一般公路	$\left(\dfrac{l}{50} + 0.1\right)$	$\left(\dfrac{h}{50} + \dfrac{l}{100} + 0.1\right)$

注：①l 为测站至线路中桩的水平距离（m）；
②h 为测站至线路中桩的高差（m）。

（一）横断面方向的测量

由于横断面图测绘是测量中桩处垂直于中线的地面线高程，所以首先要测设横断面的方向,然后在这个方向上测定地面坡度变化点或特征点的距离和高差。

线路横断面方向在直线上应垂直线路中线;在曲线地段,则应与测点处的切线相垂直。

确定直线段横断面的方向,可以用经纬仪或方向架直接测定。若用方向架测定,可将方向架立于中线测点上,用一个方向瞄准中线上远定向标杆,则方向架瞄准的另一个方向就是横断面的方向,如图 8-16(b)。

圆曲线上的横断面方向应与中线在该桩的切线方向垂直,即指向圆心方向,可用求心方向架测设,见图 8-16(a)。若用求心方向架,则如图 8-17 所示,将方向架置于曲线起点 ZY 上,使其一个方向 $a-a'$ 照准交点 JD,与此垂直的另一方向 $b-b'$ 即为 ZY 的横断面方向。为测定曲线上点的横断面方向,转动定向杆 $c-c'$ 对准 P_i 点,拧紧固定螺旋,将方向架移至 P_i 点,用 $b-b'$ 对准 ZY 点,根据同弧段的两弦切角相等原理,定向杆 $c-c'$ 的方向及为该点的横断面方向。若用经纬仪标定方向,则应拨角 $90°±\delta$(δ 为后视点偏角)。

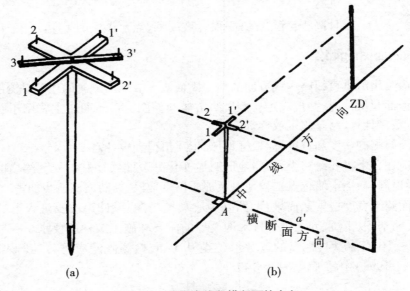

(a) (b)

图 8-16 确定直线段横断面的方向

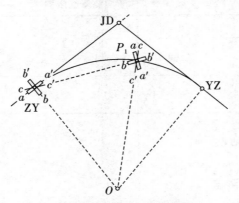

图 8-17 确定圆曲线上横断面的方向

（二）横断面的测量方法

横断面的测量方法很多,应根据地形条件、精度要求和设备条件来选择。常用的方法如下。

1. 标杆皮尺法

如图 8-18 所示,将标杆依次立于横断面方向上所选定的变坡点处,皮尺挨中桩地面拉平,量出至各变坡点的距离,皮尺截于标杆的高度即为两点间的高差。

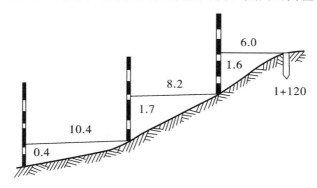

图 8-18 标杆皮尺法测量横断面

2. 经纬仪视距法

经纬仪安置在中线上,用视距测出横断面上各地形变化点的距离和高差。该法速度快、精度亦可满足路基设计要求,尤其在横向坡度较陡地区,优点更明显,是线路常用的横断面测量方法。

3. 经纬仪测距法

经纬仪安置在中线点上,在横断面上地形变化处立标杆。经纬仪照准标杆上仪器高标记读取竖直角,用皮尺量出斜距。根据竖直角和斜距,绘出横断面图。该法工效高且质量较好。

4. 水准仪皮尺法

水准仪法是用方向架定方向,用皮尺量距,用水准仪测高程,这种方法精度最高,仅适用于地形较平坦地段;但只安置一次仪器,可以测各个断面,如图 8-19。

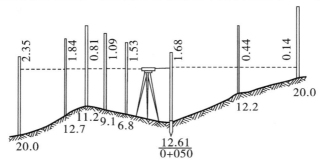

图 8-19 水准仪皮尺法测量横断面

5.全站仪法

用全站仪测量横断面,不仅速度快、精度高,测站上仪器可以测多个断面。值得注意的是,由于视线长,为防止各断面点互相混淆,应画草图,做好记录。

(三)横断面图的绘制

横断面图一般绘在毫米方格纸上,为便于线路断面设计和面积计算,其水平距离和高程采用相同比例尺,一般为1:100或1:200。

横断面图最好采取现场边测边绘的方法,这样既可省去记录,又可实地核对检查,避免错误。若用全站仪测量、自动记录,则可在室内通过计算绘制横断面图,大大提高工效。

根据横断面测量得到的各点间的平距和高差,在毫米方格纸上绘出各中桩的横断面图。

下面以道路横断面图的绘制为例予以说明。

如图8-20,绘图时,先注明桩号,标定中桩位置。由中桩开始,逐一将特征点画在图上,再直接连接相邻点,即绘出横断面的地面线。横断面图画好后,经路基设计,先在透明纸上按与横断面图相同的比例尺分别绘出路堑、路堤和半填半挖的路基设计线,称为标准断面图,然后按纵断面图上该中桩的设计高程把标准断面图套在实测的横断面图上。也可将路基断面设计线直接画在横断面图上,绘制成路基断面图,该项工作俗称"戴帽子"。图8-20粗实线所示为半填半挖的路基断面图。根据横断面的填、挖面积及相邻中桩的桩号,可以算出施工的土、石方量。

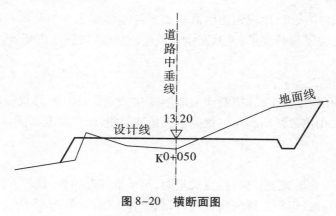

图8-20　横断面图

任务三　道路施工测量

道路施工测量的主要工作包括恢复道路中线,测设施工控制桩、路基边桩。

一、恢复中线测量

从道路勘测,经过工程设计到开始施工这段时间里,往往有一部分中线桩点被碰动或丢失。为了确保路线中线位置的正确无误,施工前,应进行一次复核测量,将已经丢失或碰动过的交点桩、里程桩等恢复和校正好,其方法与中线测量基本相同,只不过恢复中线测量是局部性的工作。

二、施工控制桩的测设

由于路线中线桩在施工中要被挖掉或堆埋,为了在施工中控制中线位置,需要在不易受施工破坏、便于引测、易于保存桩位的地方测设施工控制桩,其方法如下。

(一)平行线法

平行线法是在设计的路基宽度以外,测设两排平行于中线的施工控制桩,如图 8-21 所示。控制桩的间距一般取 10 ~ 20 m。平行线法多用于地势平坦、直线段较长的道路。

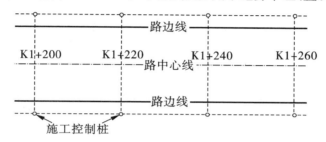

图 8-21　平行线法

(二)延长线法

延长线法是在道路转折处的延长线上,以及曲线中点至交点的延长线上测设施工控制桩,如图 8-22 所示。

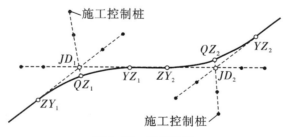

图 8-22　延长线法

每条延长线上应设置两个以上的控制桩,量出其间距及与交点的距离,做好记录,据此恢复中线交点。延长线法多用于地势起伏较大、直线段较短的道路。

三、路基边桩的测设

路基的形式主要有三种,即填方路基[称为路堤,如图 8-23(a)所示]、挖方路基[称为路堑,如图 8-23(b)所示]和半填半挖路基(如图 8-24 所示)。

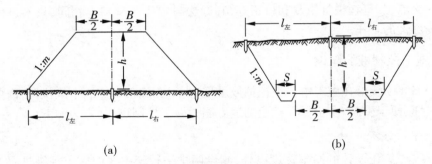

(a)   (b)

图 8-23　平坦地面的填、挖路基

路基边桩测设就是把设计路基的边坡与原地面相交的点测设出来,在地面上钉设木桩(称为边桩),作为路基测设的依据。边桩的测设方法如下。

(一)图解法

在线路工程设计时,地形横断面及设计标准断面都已绘制在横断面图上,边桩的位置可用图解法求得,即在横断面图上量取中线桩至边桩的距离,然后到实地在横断面方向上用卷尺量出其位置。

(二)解析法

解析法是通过计算求得中线桩至边桩的距离。在平地和山区计算和测设的方法不同。

1. 平坦地段,路堤和路堑边桩计算(图 8-23)

路堤边桩至中线桩的距离为

$$l_{左} = l_{右} = \frac{B}{2} + mh \tag{8-40}$$

路堑边桩至中线桩的距离为

$$l_{左} = l_{右} = \frac{B}{2} + mh + S \tag{8-41}$$

式中,B——路基设计宽度;

　　h——填土高度或挖土深度;

　　S——路堑边沟顶宽。

2. 山坡地段路基边桩测设

图 8-24 为倾斜地面路基横断面示意图,则由图可知左、右边桩距中桩的距离为

$$l_{左} = \frac{B}{2} + S + mh_{左} \tag{8-42}$$

$$l_{右} = \frac{B}{2} + S + mh_{右} \tag{8-43}$$

上式中,B、m、S 均为设计时确定,因此 $l_{左}$、$l_{右}$ 随 $h_{左}$、$h_{右}$ 而变,而 $h_{左}$、$h_{右}$ 为左、右边桩地面与路基设计高程的高差,由于边桩位置是待定的,故 $l_{左}$、$l_{右}$ 均不能事先确定。在实际测设工作中,是沿着横断面方向,采用逐渐趋近法测设边桩。如图 8-24 所示,设路基宽度

为 8 m,路堑边沟顶宽度为 2 m,中心桩挖深为 4 m,边坡坡度为 1∶1,测设步骤如下:

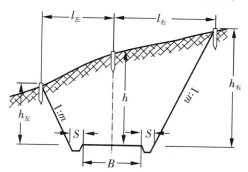

图 8-24 山坡地段路基边桩的测设

(1)估计边桩位置　根据地形情况,估计左边桩处地面比中桩地面低 1 m,即 $h_{左}=$ $(4-1)=3$ m,则代入式(8-40)得左边桩的近似距离

$$l_{左} = \frac{B}{2} + S + mh_{左} = \frac{8}{2} + 2 + 1 \times 3 = 9 \text{(m)}$$

在实地沿横断面方向往左侧量 9 m,在地面上定出 1 点。

(2)实测高差　用水准仪实测 1 点与中桩之高差为 1.5 m,则 1 点距中桩之平距应为

$$l_{左} = \frac{B}{2} + S + mh_{左} = \frac{8}{2} + 2 + 1 \times 2.5 = 8.5 \text{(m)}$$

此值比初次估算值小,故正确的边桩位置应在 1 点的内侧。

(3)重估边桩位置　正确的边桩位置应在距离中桩 8.5～9 m,重新估计边桩距离为 8.8 m,在地面上定出 2 点。

(4)重测高差　测出 2 点与中桩的实际高差为 1.2 m,则 2 点与中桩之平距应为

$$l_{左} = \frac{B}{2} + S + mh_{左} = \frac{8}{2} + 2 + 1 \times 2.8 = 8.8 \text{(m)}$$

此值与估计值相符,故 2 点即为左侧边桩位置。

四、竣工测量

在路基土石方工程完工之后,铺设之前应当进行线路竣工测量。它的任务是最后确定道路中线位置,作为铺设的依据;同时检查路基施工质量是否符合设计要求。它的内容包括中线测量、高程测量和横断面测量。

(一)中线测量

首先根据护桩将主要控制点恢复到路基上,进行道路中线贯通测量,在有桥梁、隧道等的地方应从桥梁、隧道的线路中线向两端引测贯通。贯通测量后的中线位置,应符合路基宽度和建筑物接近限界的要求;同时中线控制桩和交点桩应固桩。

对于曲线地段,应支出交点,重新测量转向角值;当新测角值与原来转向角之差在限值范围内时,仍采用原来的资料;测角精度与复测时相同。曲线的控制点应进行检查,曲线的切线长、外矢距等检查误差在 1/2 000 以内时,仍用原桩点;曲线横向闭合差不应大

于 5 cm。

中线上,直线地段每 50 m、曲线地般每 20 m 测设一桩;道岔中心、变坡点、桥涵中心等处均需钉设加桩。

(二) 高程测量

竣工测量时,应将水准点移设到稳固的建筑物上,或埋设永久性混凝土水准点;其间距不应大于 2 km;其精度与定测时要求相同;全线高程必须统一,消灭因采用不同高程基准而产生的"断高"。

中桩高程按复测方法进行,路基高程与设计高程之差不应超过 5 cm。

(三) 横断面测量

主要检查路基宽度,侧沟的深度,宽度与设计值之差不得大于 5 cm,若不符合要求且误差超限者应进行整修。

任务四　管道施工测量

在城市和工业建设中,要敷设许多地下管道,如给水、排水、天然气、暖气、电缆、输气和输油管道等。

管道工程测量是为各种管道的设计和施工服务的。它的任务有两个方面:一是为管道工程的设计提供地形图和断面图;二是按设计要求将管道位置标定于实地。其内容包括下列各项工作。

(1)准备资料:收集规划设计区域的 1∶10 000(或 1∶5 000)、1∶2 000(或 1∶1 000)地形图以及原有管道平面图、断面图等资料。

(2)图上定线:利用已有地形图,结合现场勘察,进行规划和图上定线。

(3)地形图测绘:根据初步规划的线路,实地测量管线附近的带状地形图,如该区域已有地形图,则需要根据实际情况对原有地形图进行修测。

(4)管道中线测量:根据设计要求,在地面上定出管道的中心线位置。

(5)纵横断面图测量:测绘管道中心线方向和垂直中心线方向的地面高低起伏情况。

(6)管道施工测量:根据设计要求,将管道敷设于实地所需进行的测量工作。

(7)管道竣工测量:将施工后的管道位置,通过测量绘制成图,以反映施工质量,并作为使用期间维修、管理以及今后管道扩建的依据。

测量工作必须采用城市或厂区的同一坐标和高程系统,严格按设计要求进行,并要做到"步步有校核",这样才能保证施工质量。

一、施工前的测量工作

(一)熟悉图纸和现场情况

施工前,要收集和熟悉管道的设计图纸,了解管道的性质和敷设方法对施工的要求,以及管道与其他建筑物的相互关系。认真核对设计图纸,了解精度要求和工程进度安排等。还要深入施工现场,熟悉地形,找出各桩点的位置。

（二）校核中线

若设计阶段在地面上标定的中线位置就是施工时所需要的中线位置,且各桩点完好,则仅需校核一次,不重新测设。若有部分桩点丢损或施工的中线位置有所变动,则应根据设计资料重新恢复旧点或按改线资料测设新点。在恢复中线时,应将检查井、支管等附属构筑物的位置同时定出。

（三）施工控制桩的测设

由于施工时中线上各桩要被挖掉,为便于恢复中线和附属构筑物的位置,应在不受施工干扰、引测方便、易于保存桩位的位置,测设施工控制桩。

施工控制桩分中线控制桩和附属挂构筑物控制桩两种,如图 8-25 所示。管道控制桩一般测设在管道起止点和各转折点处的中线延长线上,若管道直线段较长,可在中线一侧的管槽边线外测设一排与中线平行的控制桩;附属构筑物控制桩测设在管道中线的垂直线上,恢复附属构筑物的位置时,通过两控制桩拉细线,细线与中线的交点即是。

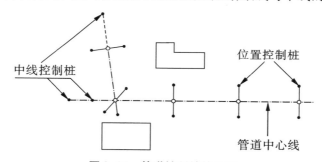

图 8-25　管道控制桩的位置

（四）加密水准点

为了在施工过程中便于引测高程,应根据设计阶段布设的水准点,于沿线附近每隔100～150 m 增设临时水准点。

二、管道施工测量

管道施工测量的主要工作是控制中线和高程。具体工作是:埋设坡度板、测设中线钉、测设坡度钉等。

（一）槽口放线

槽口放线是根据管径大小、埋设深度和土质情况,决定管槽开挖宽度,并在地面上敷设边桩,沿边桩拉线撒出灰线,作为开挖的边界线。

槽口开挖宽度,视管径大小、埋设深度以及土质情况确定。若地表横断面上坡度比较平缓时,槽口开挖宽度可用下式计算

$$D = d + 2mh \tag{8-44}$$

式中,D——槽口开挖宽度;

d——槽底宽度;

m ——管槽放坡系数；

h ——中线上的挖土深度。

(二)管道施工测量

管道的埋设要按照设计的管道中线和坡度进行,因此在施工前要测设施工测量标志。

1. 龙门板法

龙门板由坡度板和高程板组成,如图 8-26 所示。沿中线每隔 10 ~ 20 m 以及检查井处应设置龙门板。中线测设时,根据中线控制桩,用经纬仪将管道中线投测到坡度板上,并钉小钉标定其位置,此钉叫中线钉。各龙门板中线钉的连线标明了管道的中线方向。在连线上挂垂球,可将中线位置投测到管槽内,以控制管道中线。为了控制管槽开挖深度,应根据附近的水准点,用水准仪测出各坡度板顶的高程。根据管道设计的坡度,计算该处管道的设计高程。则坡度板顶与管道设计高程之差就是从坡度板顶向下开挖的深度,统称下反数。下反数往往不是一个整数,并且各坡度板的下反数都不一致,施工、检查很不方便。为使下反数成为一个整数 C,必须计算出每一坡度板顶向上或向下量的调整数 H_0。其公式为

$$H_0 = C - (H_1 - H_2) \tag{8-45}$$

式中,H_1 ——坡度板顶高程;

H_2 ——管底设计高程。

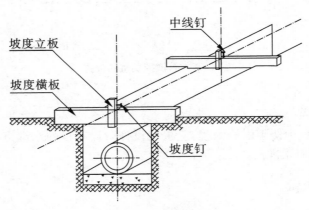

图 8-26 龙门板法

根据计算出的调整数 H_0,用一块适当长度的木板,在上面画两条平行线,其间隔等于 H_0。在一条线上钉一无头钉(称坡度钉),将另一条线与坡度板顶面对齐(要考虑 H_0 的正负以确定坡度钉高于或低于坡度板顶面),然后将木板钉牢在坡度板上,这块木板称高程板。在上面标注:管道里程桩号、坡度钉标高、下反数、坡度钉至基础面的高差、坡度钉至槽底的高差。相邻坡度钉的连线即与设计管底的坡度平行,且相差为选定的下反数 C。利用这条线来控制管道坡度和高程,便可随时检查槽底是否挖到设计高程。如挖深超过设计高程,绝不允许回填土,只能加厚垫层。现举例说明坡度钉设置的方法。如表 8-10,先将水准仪测出的各坡度板顶高程列入第 5 栏内。根据第 2 栏、第 3 栏计算出各坡度板

处的管底设计高程,列入第 4 栏内。如 0+000 高程为 42.800,坡度 3‰,0+000 至 0+010
之间距离为 10 m,则 0+010 的管底设计高程为

$$42.800+10i=42.800-0.030=42.770(\text{m})$$

用同样方法,可以计算出其他各处管底设计高程。第 6 栏为坡度板顶高程减去管底
设计高程,例如 0+000 为

$$H_1-H_2=45.437-42.800=2.637(\text{m})$$

其余类推。为了施工检查方便,选定下反数 C 为 2.500 m,列在第 7 栏内。第 8 栏是
每个坡度板顶向下量(负数)或向上量(正数)的调整数,如 0+000 调整数为

$$H_0=2.500-2.637=-0.137(\text{m})$$

图 8-26 就是 0+000 处管道高程施工测量的示意图。

高程板上的坡度钉是控制高程的标志,所以在坡度钉钉好后,应重新进行水准测量,
检查是否有误。施工中容易碰到龙门板,尤其在雨后,龙门板可能有下沉现象,因此还要
定期进行检查。

表 8-10 坡度钉测设手簿

板号	距离	设计坡度(i)	管底高程 H_1	板顶高程 H_2	H_1-H_2	选定下反数 C	调整数	坡度钉高程
1	2	3	4	5	6	7	8	9
0+000			42.800	45.437	2.637		-0.137	45.300
0+010	10		42.770	45.383	2.613		-0.113	45.270
0+020	10		42.740	45.364	2.624		-0.124	45.240
0+030	10	-3‰	42.710	45.315	2.605	2.500	-0.105	45.210
0+040	10		42.680	45.310	2.630		-0.130	45.180
0+050	10		42.650	45.246	2.596		-0.096	45.150
0+060	10		42.620	45.268	2.648		-0.148	45.120

2. 平行轴腰桩法

当现场条件不便采用龙门板时,对精度要求较低的管道,可用本法测设施工控制标
志。开工之前,在管道中线一侧或两侧设置一排平行于管道中线的轴线桩,桩位应落在开
挖槽边线以外,如图 8-27 所示。平行轴线离管道中线为 a,各桩间距以 10 ~ 20 m 为宜,
各检查井位也相应地在平行线上设桩。

为了控制管底高程,在槽沟坡上打一排与平行轴线桩相对应的桩,这排桩称为腰桩,
如图 8-27 所示。先选定腰桩到管底的下反数 h 为某一整数,并通过管底设计高程计算
出各腰桩的高程,然后再用水准仪测设各腰桩,并用小钉标出腰桩的高程位置。施工时只
需用水准尺量取小钉到槽底的距离,与下反数 h 比较,便可检查是否挖到管底设计高程。
此时各桩小钉的连线与设计坡度平行,并且小钉的高程与管底设计高程之差为一常数 h。

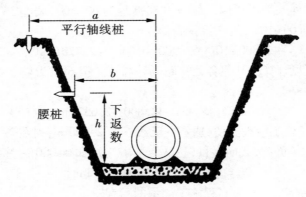

图 8-27 平行轴腰桩法

三、顶管施工测量

当地下管道需要穿越铁路、公路或重要建筑物时，为了保证正常的交通运输和避免重要建筑物拆迁，往往不允许从地表开挖沟槽，此时常采用顶管施工方法。这种方法是在管道一端或两端事先挖好工作坑，在坑内安装导轨，将管筒放在导轨上，用顶镐将管筒沿中线方向顶入土中，然后将管内的土方挖出来。因此，顶管施工测量主要是控制好顶管的中线方向和高程。

为了控制顶管的位置，施工前必须做好工作坑内顶管测量的准备工作。例如，设置顶管中线控制桩，用经纬仪将中线分别投测到前、后坑壁上，并用木桩 A、B 或打钉作标志，如图 8-28 所示；同时在坑内设置临时水准点并进行导轨的定位和安装测量等。准备工作结束后，便可进行施工，转入顶管过程中的中线测量和高程测量。

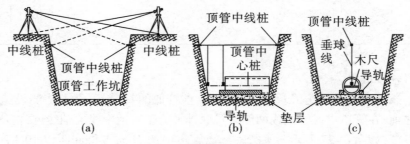

图 8-28 顶管中线测量

（一）中线测量

如图 8-28 所示，在进行顶管中线测量时，通过两坑壁顶管中线控制桩拉紧一条细线，线上挂两个垂球，垂球的连线即为管道中线的控制方向。这时在管道内前端，用水准器放平一中线木尺，木尺长度等于或略小于管径，读数刻划以中央为零点向两端增加。如果两垂球连线通过木尺零点，则表明顶管在中线上。若左右误差超过 1.5 cm，则需要进行中线校正。

(二)高程测量

在工作坑内安置水准仪,以临时水准点为后视点,在管内待测点上竖一根小于管径的标尺为前视点,将所测得的高程与设计高程进行比较,其差值超过 1 cm 时,就需要进行校正。

在顶管过程中,为了保证施工质量,每顶进 0.5 m,就需要进行一次中线测量和高程测量。距离小于 50 m 的顶管,可按上述方法进行测设。当距离较长时,应分段施工,可每隔 100 m 设置一个工作坑,采用对顶的施工方法,在贯通面上管子错口不得超过 3 cm。若有条件,在顶管施工过程中,可采用激光经纬仪和激光水准仪进行导向,可加快施工进度,保证施工质量,见图 8-29。

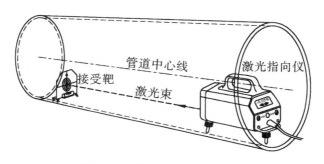

图 8-29　激光指向仪测量高程

四、管道工程竣工测量

管道工程竣工资料是验收和评价工程质量、交付使用后的管理和维修、管线的改建及扩建、城市的规划设计与其他工程施工等的重要文件。由于管道工程大多属于隐蔽工程,其竣工资料尤为必要,应及时在回填土前进行编绘或实地测绘。

地下管道竣工测量,应测出管道起点、终点、转折点、分支点、变径点、变坡点及主要附属构筑物的位置和高程,直线段一般每隔 150 m 选测一点,变径处还应注明管径与材料。

地下管线竣工测量精度,用解析法测量,其点位允许误差为 ±100 mm,高程允许误差为 ±40 mm。直埋电缆细部点点位允许误差为 ±200 mm,高程允许误差为 ±60 mm。用图解法测绘管线点,其图上允许误差为 ±0.7 mm。

管道竣工测量采用导线为平面控制;管道点坐标宜用导线串测或极坐标法施测。采用极坐标法时,极角用 DJ_6 经纬仪观测一测回。钢尺量距边长不宜超过后视边长的 2 倍,最长边在 200 m 以内;用测距仪测边长不宜超过后视边长的 3 倍,最长边在 500 m 以内。使用全站仪进行管道竣工测量将会提高效率。

任务五　桥梁工程测量

桥梁工程施工测量的任务是根据桥梁设计的要求和施工详图,遵循从整体到局部的原则,先进行控制测量,再进行细部放样测量。将桥梁构造物的平面和高程位置在实地放样出来,及时为不同的施工阶段提供准确的设计位置和尺寸,并检查其施工质量。

桥梁施工阶段的测量工作首先是通过平面控制网的测量,求出桥梁轴线的长度、方向和放样桥墩中心位置的数据,通过水准测量,建立桥梁墩台施工放样的高程控制;其次,当桥梁构造物的主要轴线(如桥梁中线、墩台纵横轴线等)放样出来后,按主要轴线进行构造物轮廓特征点的细部放样和进行施工观测;最后还要进行竣工测量以及桥梁墩台的沉降位移观测。

一、施工控制测量

(一)平面控制测量

为了按规定精度求出桥轴线的长度和测设墩台的位置,通常需要建立桥梁控制网。其传统的方法是采用三角网、测边网及边角网等形式。测角网、测边网及边角网只是观测要素不同,而观测方法及布设形式是相同的。桥位控制网布设形式如图8-30(a)(b)(c)所示,其中图(a)为双三角形,图(b)为四边形,图(c)为较大河流上采用的双四边形。

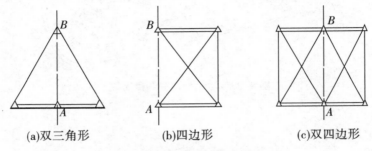

(a)双三角形   (b)四边形   (c)双四边形

图8-30　桥位平面控制网布设形式

桥位三角网布设时应满足如下要求。

(1)满足三角点选点的一般要求。

(2)控制点要选在不被水淹、不受施工干扰的地方。

(3)桥轴线应与基线一端连接且尽可能正交。

(4)基线长度一般不小于桥轴线长度的0.7倍,困难地段不小于0.5倍。

桥位平面控制网桥位三角网的主要技术要求应符合表8-11的规定。

表8-11　桥位三角网主要技术指标

等级	桥轴线长度/m	测角中误差/″	桥轴线相对中误差	基线相对中误差	三角形最大闭合差/″
五	501～1 000	±5.0	1/20 000	1/40 000	±15.0
六	201～500	±10.0	1/10 000	1/20 000	±30.0
七	≤200	±20.0	1/5 000	1/10 000	±60.0

桥位三角网基线观测采用精密量距的方法或测距仪测距的方法,三角网水平角观测采用方向观测法。

(二)高程控制

桥位的高程控制,是指在路线上通过水准测量的方法设立一系列水准点,以指导桥梁施工。在由河的一岸到另一岸时,由于过河路线较长,两岸水准点的高程应采用跨河水准测量的方法建立。桥梁在施工过程中,还必须加设施工水准点。所有桥址高程水准点不论是基本水准点还是施工水准点,都应根据其稳定性和应用情况定期检测,以保证施工高程放样测量和以后桥梁墩台变形观测的精度。检测间隔期一般在标石建立初期应短一些,随着标石稳定性逐步提高,间隔期亦逐步加长。桥址高程控制测量采用的高程基准必须与其连接的两端路线所采用的高程基准完全一致,一般多采用国家高程基准。跨河水准跨越的宽度大于300 m时,必须参照《国家水准测量规范》,采用精密水准仪观测。

过河水准测量采用两台水准仪同时对向观测,两岸测站点和立尺点布设形式,如图8-31所示,图中 A、B 为立尺点,C、D 为测站点,要求 AD 和 BC 的距离基本相等,AC 与 BD 的距离也基本相等,AC 且和 BD 不小于 10 m。

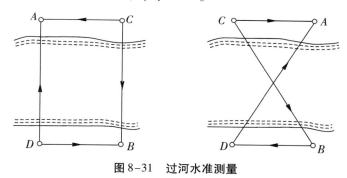

图8-31　过河水准测量

二、桥梁墩台定位测量

在桥梁墩台施工测量中,最主要的工作是准确地定出桥梁墩台的中心位置及墩台的纵横轴线。测设墩台中心位置的工作称为墩台施工定位。墩台定位通常都要以桥轴线两岸的控制点及平面控制点为依据,因而要保证墩台定位的精度,首先要保证桥轴线及平面控制网有足够的精度。

墩台定位所依据的资料为桥轴线控制桩的里程和墩台中心的设计里程,若为曲线桥梁,其墩台中心有的位于路线中线上,有的位于路线中线外侧,因此还需要考虑设计资料、曲线要素及主点里程等。

直线桥梁的墩台中心均位于桥轴线方向上,如图8-32所示,已知桥轴线控制桩 A、B 及各墩台中心的里程,由相邻两点的里程相减,即可求得其间的距离。墩台定位的方法,视河宽、水深及墩、台位置的情况而异。根据条件一般可采用直接丈量法、交会法或全站仪法。

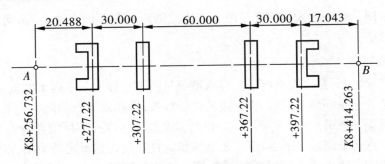

图8-32　桥梁墩台平面图

(一)直接丈量法

当桥梁墩台位于无水河滩上,或水面较窄时,可以用钢尺或测距仪直接丈量出墩台的位置。使用的钢尺需经检定,丈量方法与精密量距法相同。由于是测设已知的长度,所以应根据地形条件将其换算为应设置的斜距,并应进行尺长、温度和倾斜改正。

为保证测设精度,施加的拉力应与检定标尺时的拉力相同,同时丈量的方向不应偏离桥轴线的方向。在测设出的点位上要用大木桩进行标志,在桩上应钉一小钉,并在终端与桥轴线上的控制桩进行校核,也可以从中间向两端测设。

按照这种顺序,容易保证每一跨都满足精度要求。只有在不得已时,才从桥轴线两端的控制桩向中间测设,这样容易将误差积累在中间衔接的一跨上,因而一定要对衔接的一跨设法进行校核。直接丈量定位,其距离必须丈量两次以上作为校核。当校核结果证明定位误差不超过 1.5 ~ 2 cm 时,则认为满足要求。

用电磁波测距法测设时应根据当时测出的气象参数和测设的距离求出气象改正值。对全站仪可将气象参数输入仪器。为保证测设点位准确,常采用换站法进行校核,即将仪器搬到另一测站重新测设,两次测设的点位之差应满足有关精度要求。

(二)交会法

如果桥墩所在的位置河水较深,无法直接丈量,也不便于架设反射棱镜时,则可用方向交会法测设桥梁墩台的中心。

如图 8-33 所示,是利用已有的平面控制点及墩位的已知坐标,计算出在控制点上应测设的角 α、β,将 DJ$_2$ 或 DJ$_1$ 型三台经纬仪分别安置在控制点 A、B、D 上,从三个方向(其中 DE 为桥轴线方向)交会得出。交会的误差三角形在桥轴线上的距离 C_2C_3,对于墩底定位不宜超过 25 mm,对于墩顶定位不宜超过 15 mm。再由 C_1 向桥轴线作垂线 C_1C,C 点即为桥墩中心。

为了保证墩位的精度,交会角应接近于 90°,但由于各个桥墩位置有远有近,因此交会时不能将仪器始终固定在两个控制点上,而有必要对控制点进行选择。为了获得适当的交会角,不一定要在同岸交会,而应充分利用两岸交会,选择最为有利的观测条件。

在桥墩的施工过程中,随着工程的进展,需要多次交会出桥墩的中心位置。为了简化工作,可把交会方向延伸到对岸,用规牌加以固定。这样在以后交会墩位时,只要照准对岸的规牌即可。为避免混淆,应在相应的规牌上标示出桥墩的编号。

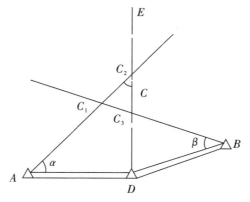

图 8-33 方向交会法测设桥梁墩台的中心

（三）全站仪定位法

用全站仪进行桥梁墩台定位，简便、快速、精确，只要在墩台中心处可以安置反射棱镜，而且仪器与棱镜能够通视，即使其间有水流障碍亦可进行。

在使用全站仪并在被测设的点位上可以安置棱镜的条件下，若用极坐标法放样桥墩中心位置，可以将仪器放于任何控制点上，按计算的放样标定要素即水平角度和距离测设点位。测设时最好将仪器置于桥轴线的一个控制桩上，瞄准另一控制桩，此时望远镜所指方向为桥轴线方向。在此方向上移动棱镜，通过放样模式，定出各墩台中心位置。这样测设可有效地控制横向误差。

若在桥轴线控制桩上测设有障碍，可将仪器置于任何一个控制点上，利用墩台中心的坐标进行测设。为了确保测设点位的准确，测后应将仪器迁至另一控制点上，按上述程序测设一次，以进行校核。只有两次测设的位置满足限差要求才能停止。

在测设前应注意将所使用的棱镜常数和当地的气象、温度和气压参数输入仪器，全站仪自动对所测距离进行修正。

三、桥梁墩台施工测量

在完成墩台的平面定位后，还应建立桥梁施工的高程控制网，作为墩台施工高程放样的基础。

桥墩主要由基础、墩身及墩帽三部分组成。它的细部放样是在实地标定好的墩位中心和桥墩纵横轴线的基础上，根据施工的需要，按照设计图自上而下，分阶段地将桥墩各部分尺寸放样到施工作业面上。

（一）墩台的高程测量

1. 水准网布设

当桥长在 200 m 以内时，可在河两岸各设置一个水准点。当桥长超过 200 m 时，由于两岸联测起来比较困难，当水准点高程发生变化时不易复查，因此每岸至少应设置两个水准点。水准点应设在距桥中线 50～100 m 范围内，选择坚实、稳固、能够长久保留、便于引测使用的地方,且不易受施工和交通的干扰。相邻水准点之间的距离小于 500 m。

为了施工使用方便,可设立若干工作水准点,其位置以方便施工测设为准。但在整个施工期间,应定期复核工作水准点的高程,以确定其是否受到施工的影响或破坏。此外,对桥墩较高、两岸陡峭的情况,应在不同高度设置水准点,以便于桥墩高程放样。

2. 水准网联测

桥梁高程控制网的起算高程数据,由桥址附近的国家水准点和路线水准点引入,其目的是保证桥梁高程控制网与路线采用同一高程系统,从而取得统一的高程基准。但联测的精度可略低于桥梁高程控制网的精度,它不会影响桥梁各部分高程放样的相对精度,因此,桥梁高程控制网是个自由网。

3. 水准网测量

水准测量作业之前,应按照国家水准测量规范的规定,对用于作业的水准仪和水准尺进行检验与校正;水准测量的实施方法及限差要求亦按规范规定进行。

水准网的平差根据具体情况可采用多边形平差法、间接观测平差以及条件观测平差。一般情况下,由于桥梁水准网形简单,通常只有一个闭合环,平差计算比较简单。

(二)墩台轴线测设

在墩台施工前,需要根据已测设出的墩台中心位置,测设墩台的纵横轴线,作为放样墩台细部的依据。墩台纵轴线是指过墩台中心,垂直于路线方向的轴线;墩台横轴线是指过墩台中心,与路线方向一致的轴线。

在直线形桥上,墩台的横轴线与桥轴线重合,且所有墩台均一致,因而就可以利用桥轴线两端的控制桩标定横轴线方向,不再另行测设。

墩台的纵轴线与横轴线垂直。在测设纵轴线时,在墩台中心点上安置经纬仪,以桥轴线方向为准测设 900,即为纵轴线方向。由于在施工过程中经常需要恢复墩台的纵横轴线位置,因此需要用标桩将其准确地标定在地面上,这些标桩称为护桩,如图 8-34 所示。

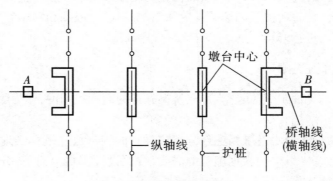

图 8-34 墩台轴线及护桩

为了消除仪器误差的影响,需要用盘左、盘右测设两次,取其平均位置。在测设出的轴线方向上,应在桥轴线两侧各设置两三个护桩,确保在个别护桩损坏后也能及时恢复。当墩台施工到一定高度时,将影响两侧护桩的通视,这时利用桥轴线同一侧的护桩即可恢复纵轴位置。护桩的位置应选在离开施工场地一定距离,通视良好,地质稳定的地方,桩标一般采用木桩或混凝土桩。

位于水中的桥墩,即不能安置仪器,也不能设护桩,可在初步定出的墩位处筑岛或建围堰,然后用方向交会法或其他方法精确测设墩位并设置轴线。若在深水大河上修建桥墩,一般采用沉井基础,此时常采用前方交会进行定位,在沉井落入河床之前,应不断地进行观测,确保沉井位于设计位置上。利用光电测距仪进行测设时,可采用极坐标法进行定位。

（三）基础施工放样

桥梁基础形式有明挖基础、管状基础、沉井基础等,以下主要讨论明挖基础的施工放样。

明挖基础适合在地面无水的地基上施工,先挖基坑,再在坑内砌筑块材基础,如图8-35所示。若在水面以下采用明挖基础,则要先建立围堰,将水排出后再施工。

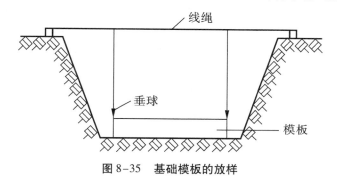

图8-35　基础模板的放样

根据墩台中心点位及纵横轴线,按设计的平面形状测设出基础轮廓线控制点。然后进行基础开挖工作,当基坑开挖至坑底的设计高程时,应对坑底进行平整清理,进而安装模板,浇筑基础及墩身。

在进行基础及墩身的模板放样时,可将经纬仪安置在墩台中心线的一个护桩上,瞄准另一较远的护桩定向,这时仪器的视线即为中心线方向。安装时调整模板位置,使其中点与视线重合,则模板已正确就位。

如图8-35所示,当模板的高度低于地面时,可用仪器在邻近基坑的位置,放出中心线上的两点。在这两点上挂线,用垂球将中线向下投测,引导模板的安装。在模板安装后,应检验模板内壁长、宽及与纵横轴线之间的关系尺寸,以及模板内壁的垂直度等。

基础和墩身模板的高程一般用水准测量的方法放样,当模板低于或高于地面很多时,无法用水准尺直接放样时,则用水准仪在某一适当位置先测设一高程点,然后再用钢尺垂直丈量,定出放样的高程位置。

（四）墩身施工测量

基础施工完毕后,需要利用控制点重新交会出墩中心点。然后,在墩中心点安置经纬仪放出纵横轴线,同时根据岸上水准基点,检查基础顶面高程。根据纵横轴线即可放样承台、墩身的外轮廓线。

随着桥墩砌筑(浇筑)的升高,可用较重的垂球将标定的纵横轴线转移到上一段,每升高 3~6 m 须利用三角点检查一次桥墩中心和纵横轴线。

桥墩砌筑(浇筑)至离帽底约 30 cm 时,再测出墩台中心及纵横轴线,据此竖立顶帽模板、安装锚栓孔、安插钢筋等。在浇筑墩帽前,必须对桥墩的中线、高程、拱座斜面及其他各部分尺寸进行复核,准确地放出墩帽的中心线。灌注墩帽至顶部时,应埋入中心标志及水准点各 1~2 个。墩帽顶面水准点应从岸上水准点测定其高程,以作为安装桥梁上部结构的依据。

项 目 小 结

在道路工程及给水管、排水管、电力线、通信线和工业管道等线路工程的勘测设计和施工阶段所进行的测量工作称为线路工程测量。因工程情况和施工方法不同,各种线路工程的测量内容也不同。

线路中线测量的主要工作有测设中线交点和转点、量距和钉桩、测量转点上的转角、测设曲线等。线路圆曲线的测设分两步进行,即先测设曲线上起控制作用的主点,再依据主点测设曲线上每隔一定距离的里程桩以详细标定曲线位置。纵横断面测量一般也分两步进行,一是高程控制测量(也称基平测量),再是中桩高程测量(也称中平测量);横断面图的测量方法很多,应根据地形条件、精度要求和设备条件来选择。

道路施工测量的主要工作包括恢复中线测量,测设施工控制桩、路基边桩和竣工测量等内容;管道施工测量包括施工前的准备、管道施工测量、顶管施工测量和竣工测量等内容。

通过本章学习,要求了解线路工程测量的工作内容、纵横断面图的测绘、道路和管道施工测量的内容;掌握中线的交点和转角的测设、圆曲线主点的测设和详细测设。

思 考 题

(1)线路工程的测量工作主要内容有哪些?

(2)线路中线测量的主要工作有哪些?

(3)线路的加桩包括哪些?

(4)圆曲线的主点和测设元素是什么?

(5)《公路勘测规范》规定,平曲线上中桩宜采用的敷设方法有哪些?

(6)路线纵断面测量的任务是什么?

(7)横断面的测量常用的方法有哪些?

(8)道路施工测量的主要工作包括哪些?

(9)管道工程测量的工作内容有哪些?

(10)桥梁墩台定位方法及步骤是什么?

习　题

（1）如图 8-3 所示，设导线点 DD_4 的坐标为（200.000，400.000），导线点 DD_5 的坐标为（600.000，800.000），线路中线交点 JD_9 的坐标为（400.000，600.000），在导线点 DD_4 设站，按极坐标法测设交点 JD_9，试计算测设角度及距离，并说明测设步骤。

（2）在某线路有一圆曲线，已知交点的桩号为 K1+600 m，转角为 $60°00'00''$，设计圆曲线半径 $R=200$ m，求曲线测设元素及主点桩号。

实训题

线路中平测量

一、目的与要求

1. 熟悉中平测量的方法。

2. 学会中平测量的记录及成果计算。

二、仪器与工具

1. 水准仪 1 台、水准尺 2 根、尺垫 2 个、钢尺 1 卷、测钎一束、花杆 3 根、木桩若干。

2. 自备：计算器、铅笔、小刀、计算用纸。

三、实训步骤与方法

1. 选择长约 500 m 的起伏线段，在路线起终点附近分别选定一个水准点 BM_1，BM_2，假定水准点 BM_1 的高程，用基平测量的方法测定两水准点间的高差并计算 BM_2 的高程（此项工作可利用相关实训的成果或在实训前由教师进行）。

2. 按 20 m 的桩距设置中桩，在桩位处钉木桩或插测钎，并标注桩号（若时间较紧，此项工作也可在实训前由教师组织部分学生进行）。

3. 在测段始点附近的水准点 BM_1 上竖立水准尺，统筹考虑整个测设过程，选定前视转点 ZD_1 并竖立水准尺。

4. 如图 8-36，在距 BM_1、ZD_1 大致等远的地方安置经纬仪，先读取后视点 BM_1 上水准尺上的读数并记入后视栏；在读取前视点 ZD_1 上水准尺上的读数，将此记录暂记入备注栏中适当的位置以防忘记，依次在本站各中桩处的地面上竖立水准尺并读取读数（可读至cm），将各读数记入中视栏；最后记录前视点 ZD_1 并将 ZD_1 的读数记入前视栏。

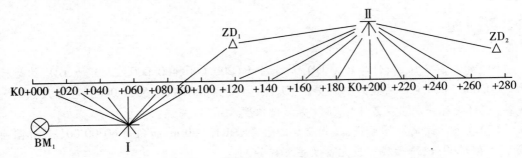

图 8-36 实训图

5. 选定 ZD_2 并竖立水准尺,在距 ZD_1、ZD_2 大致相等的地方安置经纬仪,先读取后视点 ZD_1 上水准尺的读数并记入后视栏;在读取前视点 ZD_2 上水准尺的读数,将此读数暂记入备注栏中适当的位置以防忘记;依次在本站各中桩处的地面上竖立水准尺并读取读数(一般可读至 cm),将各读数记入后视点 ZD_2 并将 ZD_2 的读数记入前视栏。

6. 用上法观测所有中桩并测至路段终点附近的水准点 BM_2。

7. 计算中平测量测出的两水准点间的高差,并于两水准点间的已知高差进行附合,看是否满足精度要求:h 中 = 后视读数-前视读数。

8. 计算各中桩的地面高程

$$视线高程=后视点高程-后视读数$$
$$前视点高程=视线高程-前视读数$$
$$中桩地面高程=视线高程-中视读数$$

四、注意事项

1. 在各中桩处立尺时,水准尺不能放在桩顶,而应紧靠木桩放在地面上。

2. 转点应选在坚实、凸起的地点或稳固的桩顶,当选在一般的地面上时应置尺垫。

3. 前后视读数须读至 mm,中视读数一般可读至 cm。

4. 转点和测站点的选择要统筹考虑,不能顾此失彼。

5. 视线长一般不宜大于 100 m。

6. 中平与基平符合时,容许闭合差 $f_{h容}=\pm 50L^{1/2}$,L 为两水准点间的水准路线长度(以 km 为单位)。

五、上交资料

每人上交中平测量记录表一份(表 8-12)。

表 8-12 线路中平测量记录、计算表

桩号： 仪器： 日期： 年 月 日 气候：

点号	后视读数/m	中视读数/m	前视读数/m	高差/m		改正数/mm	改正后高差/m	高程/m
				+	−			

$W =$ $W_{容许} =$ $V_i =$

测量人： 记录人： 复核人：

续表 8-12 线路中平测量记录、计算表

桩号：　　　　　仪器：　　　　　日期：　　　年　　月　　日　　　　　气候：

点号	后视读数/m	中视读数/m	前视读数/m	高差/m		改正数/mm	改正后高差/m	高程/m
				+	−			

$W =$　　　　　$W_{容许} =$　　　　　$V_i =$

测量人：　　　　　记录人：　　　　　复核人：

续表 8-12 线路中平测量记录、计算表

桩号： 仪器： 日期： 年 月 日 气候：

点号	后视读数/m	中视读数/m	前视读数/m	高差/m		改正数/mm	改正后高差/m	高程/m
				+	−			

$W =$ $W_{容许} =$ $V_i =$

测量人： 记录人： 复核人：

绘制纵断面图,确定填方段、挖方段

一、目的与要求

1. 根据所测资料绘制纵断面图。

2. 熟悉线路设计标高及设计坡度的测设方法。

二、仪器与工具

铅笔、橡皮、小刀、计算器、图纸、直尺。

三、实训方法与步骤

1. 在米格纸上,建立平面直角坐标系。

纵断面图应能反映地面变化情况,在施工过程中能真实可用。纵坐标与横坐标的比例尺一般采用纵 1:200,横 1:2 000。

2. 在里程栏填写线路的里程,沿着线路的前进方向连续标出百米桩,及平曲线的主点里程点、20 m 桩等加密点的里程也要标出位置。

3. 在地面高程栏填写地面标高,将②中的各点的原始地面高程按纵向比例尺标在坐标系上,并将各点用折线相连。(将地面标高标在相应栏内,对应里程和加桩的位置)

4. 在设计高程栏填写路肩设计标高,由线路设计坡度和里程计算得出。(本次实训中由教师根据测量资料给出)

5. 在地质特征栏中填写土壤类型,根据当地地质情况进行描述。

6. 在线路平面图栏中画出表示线路平面形状的路线平面图,其中中央实线表示路中线,曲线用上下凸出的中心线表示,上凸是右转,下凸是左转,斜线是缓和曲线,直线是圆曲线。

四、注意事项

1. 在绘图之前考虑图幅的布置,保证图面饱满。

2. 要保持图纸清洁,尽量少画无用的线条。

3. 图上应标出桥梁、涵洞的位置。

4. 在图中应标明曲线资料。

五、上交资料

线路纵断面图 1 张。

横断面测量

一、目的与要求

1. 掌握横断面测量的基本方法。

2. 根据测量成果绘制线路基本方法。

二、仪器与工具

经纬仪 1 台、水准尺 1 把、花杆 1 根,计算器、铅笔、小刀、计算用纸、米格线。

三、实训方法与步骤

1. 依次将经纬仪安置在线路中线上。

2. 瞄准点 1,拨 90°,得出线路及法线方向,即横断面方向。

3.视距法测出横断面方向上各地面变坡点、至中桩的水平距离与高差。

4.绘制横断面图,以中桩为原点,沿断面方向分左、右侧,根据测点的高差和距离确定测点位置;连接相连测点,绘出地面线。

四、注意事项

1.地形特征点处应加桩测横断面。

2.曲线段应注意横断面方向的确定。

五、提交资料

1.横断面测量资料(表 8-13)。

2.横断面图 1 张。

表 8-13　横断面测量记录、计算表

日　期:　　年　　月　　日　　　　　仪器:　　　　　　　　　　　气候:

左　侧	桩　号	右　侧

测量人:　　　　　记录人:　　　　　　复核人:

项目九 建筑物变形观测和竣工平面图编绘

知识目标 了解变形观测的内容、方法、成果资料整理；了解竣工测量的方法和内容；了解竣工平面图编绘的依据、内容和方法。

能力目标 能够使用仪器完成沉降、倾斜等变形及竣工图的观测，并总结成果。

任务一 建筑物变形观测概述

在建筑物的施工过程中，建筑物对地基所产生的荷载不断增加，建筑物下部构件所受的荷载也不断增加，这就使得地基基础和建筑物的其他部位产生沉降、倾斜、挠度、裂缝和位移的变形现象。这些变形在一定限度内，可视为正常现象，不会影响建筑的正常使用，但超过某一规定的限度就会影响建筑物的正常使用，严重的还会危及建筑物的结构安全。因此，为了保证建筑物的安全使用，就有必要研究建筑物变形的原因和规律，为建筑物的设计、施工、管理和科学研究提供可靠的资料，这就要求在建筑物的施工和使用管理期间要进行变形观测，以获得建筑实际的变形数值，据此判断建筑的结构安全性和适用性。

变形主要是指建筑物的沉降、倾斜、挠度、裂缝以及位移等，相应的变形观测也就是对建筑物的沉降、倾斜、挠度、裂缝以及位移等变形进行测量。建筑物变形观测的任务就是周期性地对设置在建筑物上的观测点进行重复观测，求得观测点位置的变化量。建筑物的变形主要是由于自然条件及其变化所引起的，例如建筑物地基的工程地质、水文地质、土壤的物理性质、大气温度、风振动、地震以及建筑物本身的荷载、材料等。

《工程测量规范》（GB50026—2007）中将变形观测按不同的工程要求分为 4 个等级，如表 9-1 所示。

表 9-1　变形测量的等级划分及精度要求

变形测量等级	垂直位移测量		水平位移测量	适用范围
	变形点的高程中误差/mm	相邻变形点的高差中误差/mm	变形点的点位中误差/mm	
一级	0.3	0.1	1.5	变形特别敏感的高层建筑、高耸构筑物、工业建筑、重点古建筑、大型坝体、精密工程设施、特大型桥梁、大型直立岩体、大型坝区地壳变形监测等
二级	0.5	0.3	3.0	变形比较敏感的高层建筑、高耸构筑物、工业建筑、古建筑、特大型和大型桥梁、大中型坝体、直立岩体、高边坡、垂直工程设施、重大地下工程、危害性较大的滑坡监测等
三级	1.0	0.5	6.0	一般性的高层建筑、多层建筑、工业建筑、高价构筑物、直立岩体、高边坡深基坑、一般地下工程、危害性一般的滑坡监测、大型桥梁等
四级	2.0	1.0	12.0	观测精度要求较低的建(构)筑物、隧道滑坡监测、中小型桥梁等

变形观测的精度要求取决于该建筑物预计的允许变形值的大小和进行观测的目的。如观测的目的是为了确保建筑物的安全,使变形值不超过某一允许的数值,则观测的中误差应小于允许变形值的 1/10～1/20。例如,设计部门允许某大楼顶点的允许偏移值为 120 mm,以其 1/20 作为观测中误差,则观测精度为 $m = \pm 6$ mm。如果观测的目的是为了研究其变形过程,则中误差应比这个数小得多。通常从实用的目的出发,对建筑物的观测应能反映 1～2 mm 的沉降量。

观测的频率取决于变形值的大小和变形速度,以及观测目的。通常要求观测的次数既能反映出变化的过程,又不遗漏变化的时刻。一般在施工过程中观测频率应大些,周期可以是 3 天、7 天、15 天等,到了竣工投产以后频率可小一些,一般有 1 个月、2 个月、3 个月、半年及 1 年等周期。除了按周期观测以外,在遇到特殊情况时,有时还要进行临时观测。

任务二　建筑物的沉降观测

在建筑物的施工过程中,随着上部结构的逐渐完成,地基荷载逐步增加,将使建筑物产生下沉现象,这就要求应定期地对建筑物上设置的沉降观测点进行水准测量,测得在不同观测时间内高程变化值,分析这些变化值的变化规律,从而确定建筑物的下沉量及下沉规律,这就是建筑物的沉降观测。建筑物沉降观测是用水准测量的方法,周期性地观测建筑物上的沉降观测点和水准基点之间的高差变化值。

一、水准基点和沉降观测点的布设

(一)水准点的布设

水准基点是沉降观测的基准点,因此它的构造与埋设必须保证稳定不变和长久保存的要求。所以布设时应满足以下要求。

(1)为了便于校核,保证水准基点高程的正确性,每一测区的水准基点不应少于3个。

(2)水准基点必须设置在建筑物或构筑物基础沉降影响范围以外,并且避开交通管线、机械振动区以及容易破坏标石的地方,埋设深度至少应在冰冻线以下0.5 m。

(3)水准基点和沉降观测点之间的距离应适中,相距太远会影响观测精度,一般应在20~100 m范围内。

城市地区的沉降观测水准基点可用二等水准与城市水准点联测,也可以采用假定高程。

(二)沉降观测点的布设

沉降观测点的布设应能全面反映建筑物的地基变形特征,并结合地质情况以及建筑结构特点确定。观测点宜选择在下列位置进行布设。

(1)建筑物的四角、大转角处及沿外墙每10~15 m处或每隔2~3根柱基上。

(2)高低层建筑物、新旧建筑物、纵横墙等交接处的两侧。

(3)建筑物裂缝和沉降缝两侧、基础埋深相差悬殊处、人工地基与天然地基接壤处、不同结构的分界处以及填挖方分界处。

(4)宽度大于等于15 m或小于15 m而地质复杂以及膨胀土地区的建筑物,在承重内隔墙中部设内墙点,在室内地面中心及四周设地面点。

(5)邻近堆置重物处、受震动有显著影响的部位及基础下的暗沟处。

(6)框架结构建筑物的每个或部分柱基上或纵横轴线交点上。

(7)片筏基础、箱形基础底板或接近基础的结构部分之四角处及其中部位置。

(8)重型设备基础和动力设备基础的四角、基础形式或埋深改变处以及地质条件变化处两侧。

(9)电视塔、烟囱、水塔、油罐、高炉等高耸建筑物,沿周边在与基础轴线相交的对称位置上布点,点数不少于4个。

如图9-1所示为沉降观测点的埋设形式。

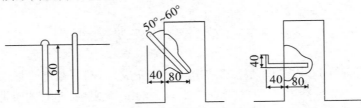

图9-1 沉降观测点的埋设形式

沉降观测的标志可根据不同的建筑结构类型和建筑材料,采用墙(柱)标志、基础标志和隐蔽式标志(用于宾馆等高级建筑物)等形式。各类标志的立尺部位应加工成半球形或有明显的突出点,并涂上防腐剂。标志的埋设位置应避开如雨水管、窗台线、暖气片、暖水管、电气开关等有碍设标与观测的障碍物,并应视立尺需要离开墙(柱)面和地面一定距离。

二、建筑物的沉降观测

(一)沉降观测周期

建筑物沉降观测的时间和次数应根据工程的性质、施工进度、地基地质情况及基础荷载的变化情况而定。

(1)当埋设的沉降观测点稳固后,在建筑物主体开工之前,进行第一次观测。

(2)在建(构)筑物主体施工过程中,一般每建 1~2 层观测一次。施工过程中如暂时停工,在停工时及重新开工时应各观测一次。停工期间,可每隔 2~3 个月观测 1 次。

(3)在观测过程中,如果出现基础附近地面荷载突然增减、基础四周大量积水、长时间连续降雨等情况,应及时增加观测次数。当建筑物突然发生大量沉降、不均匀沉降或严重裂缝时,应立即进行逐日或几天一次的连续观测。

(4)建筑物使用阶段的观测次数,应视地基土类型和沉降速度大小而定。除有特殊要求外,一般情况下,可在第一年观测 3~4 次,第二年观测 2~3 次,第三年后每年 1 次,直至稳定为止,一般认为半年内沉降量不超过 1 mm 时沉降趋于稳定。

(二)沉降观测方法

在进行沉降观测前,应首先把水准基点布设成闭合水准路线或附合水准路线,以便检查水准基点的高程是否发生变化,在保证水准基点高程没有变化的情况下,再进行沉降观测。

对于建筑物比较少或者测区较小的地方,可以将水位基点和沉降观测点组合成单一层次的闭合水准路线或附合水准路线形式;对于建筑物比较多或测区较大的地方,可以先将水准基点组成高程控制网,然后再把沉降观测点和水准基点组成扩展网,高程控制网一般组合成闭合水准路线形式或者附合水准路线形式。

进行沉降观测时先后视水准基点,接着依次前视各沉降观测点,最后再次后视该水准基点。一般对于高层建筑物的沉降观测应采用 DS_1 精度水准仪,按国家二等水准测量方法进行,其水准路线的闭合差不应超过 $\pm 1.0\sqrt{n}$ mm(n 为测站数),同一后视点两次之差不应超过 ± 1 mm;对于多层建筑物的沉降观测,可采用 DS_3 水准仪,用普通水准测量的方法进行,其水准路线的闭合差不应超过 $\pm 2.0\sqrt{n}$ mm(n 为测站数),同一后视点两次后视读数之差不应超过 ± 2 mm。

沉降观测是一项长期、连续的工作,为保证观测成果的正确性,在进行沉降观测时还应注意以下两个方面。

(1)在沉降观测之前,应对所使用的水准仪、水准尺进行严格的检验和校正,在观测期间也应定期地检查。

（2）尽量保证水准基点和沉降观测点稳定；所用仪器、设备固定；观测人员固定；观测时的环境条件基本一致；观测路线、观测程序和方法固定。

（三）沉降观测的成果整理

（1）整理原始记录 每次观测结束后应检查记录的数据和计算是否正确，精度是否合格，然后调整高差闭合差，推算出各沉降观测点的高程，并填入表9-2所示的"沉降观测记录表"中。

（2）计算沉降量 计算内容和方法如下。

1）计算各沉降观测点的本次沉降量：沉降观测点的本次沉降量＝本次观测所得的高程－上次观测所得的高程。

2）计算累积沉降量：累积沉降量＝本次沉降量＋上次累积沉降量。

将计算出来的各沉降观测点的本次沉降量、累积沉降量和观测日期、荷载等情况填入表9-2中。

表9-2 沉降观测记录表

工程名称： 记录： 计算： 校核：

观测次数	观测时间	各观测点的沉降情况							施工进展情况	荷载情况（t/m²）
		1			2			3		
		高程/m	本次沉降/mm	累积沉降/mm	高程/m	本次沉降/mm	累积沉降/mm	…		
1										
2										
3										
4										
5										
6										
7										
8										

（3）绘制沉降曲线 为了预估下一次观测点沉降的大约数值和沉降过程是否趋于稳定或已经稳定，可分别绘制时间-沉降量关系曲线，以及时间-荷载关系曲线。如图9-2所示。

绘图的方法如下：

1）绘制时间 t 与沉降量 s 的关系曲线 首先，以沉降量 s 为纵轴，以时间 t 为横轴，组成直角坐标系。然后,以每次累积沉降量为纵坐标,以每次观测日期为横坐标,标出沉降观测点的位置。最后,用曲线将标出的各点联结起来,并在曲线的一端注明沉降观测点号码,这样就绘制出了如图 9-2 所示的时间-沉降量关系曲线。

2)绘制时间与荷载关系曲线　首先,以荷载 p 为纵轴,以时间 t 为横轴,组成直角坐标系。再根据每次观测时间和相应的荷载标出各点,将各点联结起来,即可绘制出图 9-2 所示的时间-荷载关系曲线。

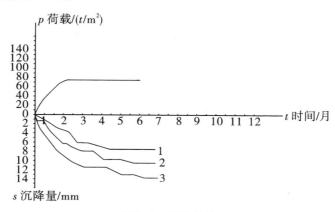

图 9-2　沉降曲线

任务三　建筑物的倾斜观测

建筑物在施工和使用过程中由于某些因素的影响,可能会使建筑物的基础产生不均匀沉降,这会导致建筑物的上部主体结构产生倾斜,当倾斜严重时就会影响建筑物的安全使用,对于这种情况应该进行倾斜观测。

一、一般建筑物的倾斜观测

建筑物主体的倾斜观测通常采用经纬仪投影法。如图 9-3 所示,根据建筑物的设计,其顶部观测点 A 点与底部观测点 B 点应该在同一竖直线上,当建筑物发生倾斜时,顶部观测点 A 相对于底部观测点 B 有一个偏移值 ΔD,根据建筑物的高度 H,就可以算出建筑物主体的倾斜度,即

$$i = \tan \alpha = \frac{\Delta D}{H} \tag{9-1}$$

式中,i——建筑物主体的倾斜度;

$\quad\Delta D$——建筑物顶部观测点相对于底部观测点的偏移值,m;

$\quad H$——建筑物的高度,m;

$\quad\alpha$——倾斜角(°)。

由图 9-3 可知,倾斜观测主要是测定建筑物顶部观测点相对于底部观测点的偏移值 ΔD。具体观测方法如下:

如图9-3所示,将经纬仪安置在固定测站上,进行严格的对中、整平,用盘左、盘右分别瞄准建筑物顶部的观测点 A,向下投影取其中点 B',量出与底部观测点 B 之间的偏移量 ΔD_1;用同样的方法,在与原观测墙面约成90°的方向上,测出 P' 点与底部观测点 P 之间的偏移量 ΔD_2,然后用矢量相加的方法,计算出该建筑物的总偏移量 ΔD,即

$$\Delta D = \sqrt{\Delta D_1^2 + \Delta D_2^2} \tag{9-2}$$

根据总偏移值 ΔD 和建筑物的高度 H 用式(9-1)即可计算出建筑物的倾斜度 i。

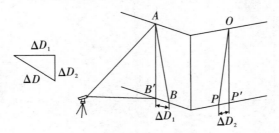

图9-3　一般建筑物的倾斜观测

二、圆形建(构)筑物主体的倾斜观测

对于圆形建(构)筑物如水塔、烟囱、电视塔的倾斜观测,是在互相垂直的两个方向上,测定其顶部中心与底部中心的偏移值 ΔD,然后再用公式(9-1)计算出倾斜度。

下面介绍烟囱主体倾斜的观测方法。

如图9-4所示,在烟囱底部相互垂直的方向上各放一根标尺,在标尺中垂线方向上安置经纬仪,使经纬仪到烟囱的距离约为烟囱高度的1.5倍。用望远镜将烟囱顶部边缘两点 A、B 及底部边缘两点 P、Q 分别投到标尺上,得计数 x_1、x_2 和 x'_1、x'_2,则烟囱顶部中心对底部中心在 x 方向上的偏移值 Δx 为

$$\Delta x = \frac{(x_1 + x'_1)}{2} - \frac{(x_2 + x'_2)}{2} \tag{9-3}$$

用同样的方法,可测得在 y 方向上,烟囱顶部中心对底部中心的偏移值 Δy 为

$$\Delta y = \frac{(y_1 + y'_1)}{2} - \frac{(y_2 + y'_2)}{2} \tag{9-4}$$

则烟囱顶部中心对底部中心的总偏移值 ΔD 为

$$\Delta D = \sqrt{(\Delta x)^2 + (\Delta y)^2} \tag{9-5}$$

根据总偏移值 ΔD 和圆形建(构)筑物的高度 H 用式(9-1)即可计算出其倾斜度 i。

任务四　建筑物的裂缝和位移观测

裂缝是在建筑物不均匀沉降情况下产生的不容许应力及变形的结果。当建筑物出现裂缝时,为了安全应立即进行裂缝观测。

如图9-4所示,用两块大小不同的矩形薄白铁板,分别钉在裂缝两侧,作为观测标

志,标志的方向应垂直于裂缝。固定时,使内外两块白铁板的边缘相互平行。将两铁板的端线相互投到另一块的表面上。用红漆画成两个">"标记。如裂缝继续发展,则铁板端线与三角形边线逐渐离开,定期分别量取两组端线与边线之间的距离,取其平均值,即为裂缝扩大的宽度,连同观测时间一并记入手簿内。此外,还应观测裂缝的走向和长度等项目。

对于重要的裂缝,以及大面积的多条裂缝,应在固定距离及高度设站,进行近景摄影测量。通过对不同的时期摄影照片的量测,可以确定裂缝变化的方向及尺寸。

位移观测是平面控制点测定建筑物的平面位置随时间而移动的大小和方向。有时只要求测定建筑物在某特定方向上的位移量,例如大坝在水平方向上的位移量。观测时,可在垂直于移动方向上建立一条基线,在建筑物上埋设一些观测标志,定期测量各标志偏离基准线的距离就可以了解建筑物随时间位移的情况。图9-5是用导线测量法查明工业厂房的位移情况。A、B 为施工中平面控制点,C 为在墙上设立的观测标志,用经纬仪测量 $\angle BAC = \beta$,视线方向大致垂直于厂房位移的方向。若厂房有平面位移 CC',则测得 $\angle BAC' = \beta'$,设 $\Delta\beta = \beta' - \beta$,则位移量 CC' 按下式计算

$$CC' = AC\frac{\Delta\beta}{\rho''} \tag{9-6}$$

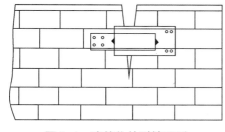

图9-4　建筑物的裂缝观测

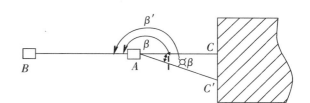

图9-5　建筑物的位移观测

任务五　竣工总平面图的编绘

一、编制竣工总平面图的目的

由于施工过程中的设计变更、施工原因和建筑物的变形等原因,使得建筑物的竣工位置往往与原设计位置不完全相符,为了更确切地反映工程竣工后的实际状况,为工程验收和以后的使用、维修、管理、扩建、改建以及事故处理提供依据,需要开展竣工测量和编绘竣工总平面图。竣工总平面图一般应包括坐标系统、竣工建筑物的位置和周围地形、主要地物点的解析数据,此外还应附必要的验收数据、说明、变更设计书及有关附图等资料。竣工总平面图的编绘包括竣工测量和资料编绘两方面内容。

二、竣工测量

竣工测量是在建筑物竣工验收时进行的工作。在每一个单项工程完成后,都要由施

工单位进行竣工测量,并提出该工程的竣工测量成果,作为编绘竣工总平面图的依据。

（一）竣工测量的内容

竣工测量与地形图测量的方法相似,不同之处主要是竣工测量要测定许多细部点的坐标和高程,因此图根点的布设密度要大一些细部点的测量精度要精确至厘米。竣工测量的内容主要有以下几点。

（1）工业厂房及一般建筑物的测量内容　各房角坐标、几何尺寸、地坪及房角标高、各种管线进出口的位置和高程。并附注房屋结构层数、面积和竣工时间。

（2）地下管线的测量内容　测定检修井、转折点、起止点的坐标,井盖井底、沟槽和管顶等的高程,并附注管道及检修井的编号、名称、管径、管材、间距、坡度和流向。

（3）架空管线的测量内容　测定转折点、结点、交叉点和支点的坐标,支架间距,基础标高等。

（4）特种构筑物的测量内容　测定沉淀池、烟囱、煤气罐等及其附属构筑物的外形和四角坐标,圆形构筑物的中心坐标,基础面标高,烟囱高度和沉淀池深度等。

（5）交通线路的测量内容　测定线路起止点、交叉点和转折点的坐标,曲线元素,路面人行道,绿化带界线等。

（6）室外场地测量的内容　测定围墙拐角点的坐标等。

（二）竣工测量的方法与特点

竣工测量的基本测量方法与地形测量相似,区别在于以下几点。

（1）图根控制点的密度　一般竣工测量图根控制点的密度大于地形测量图根控制点的密度。

（2）碎部点的实测　地形测量一般采用视距测量的方法,测定碎部点的平面位置和高程;而竣工测量一般采用经纬仪测角、钢尺量距的极坐标法测定碎部点的平面位置,采用水准仪或经纬仪视线水平的原理测定碎部点的高程;亦可用全站仪或 RTK 进行测绘。

（3）测量精度　竣工测量的测量精度要高于地形测量的测量精度。地形测量的测量精度要求满足图解精度,而竣工测量的测量精度一般要满足解析精度,应精确至厘米。

（4）测绘内容　竣工测量的内容比地形测量的内容更丰富。竣工测量不仅测地面的地物和地貌,还要测地下各种隐蔽工程,如上、下水及热力管线等。

三、竣工总平面图的编绘

（一）竣工总平面图的编绘依据

（1）设计总平面图,单位工程平面图,纵、横断面图,施工图及施工说明。

（2）施工放样成果,施工检查成果及竣工测量成果。

（3）更改设计的图纸、数据、资料。

（二）竣工总平面图的编绘方法

（1）在图纸上绘制坐标方格网。绘制坐标方格网的方法、精度要求与地形测量绘制坐标方格网的方法、精度要求相同。

（2）展绘控制点。坐标方格网画好后,将施工控制点按坐标值展绘在图纸上。展点对所邻近的方格而言,其容许误差为±0.3 mm。

（3）展绘设计总平面图。对按设计坐标进行定位的工程,应以测量定位资料为依据,按设计坐标(或相对尺寸)和标高展绘。对原设计进行变更的工程,应根据设计变更资料展绘。对有竣工测量资料的工程,若竣工测量成果与设计值之差,不超过所规定的定位容许误差时,按设计值展绘;否则,按竣工测量资料展绘。

另外,在编绘竣工总平面图的符号时应与原设计图的符号一致。原设计图没有的图例符号,可使用新的图例符号,但应符合现行总平面设计的有关规定。在竣工总平面上一般要用不同的颜色表示不同的工程对象。

竣工总平面图编绘完成后,应经原设计及施工单位技术负责人审核、会签。

■ 项目小结

建筑物的变形观测主要就是对建筑物以及地基所产生的沉降、倾斜、挠度、裂缝、位移等变形现象进行的测量工作。建筑物变形观测的任务就是周期性地对设置在建筑物上的观测点进行重复观测,求得观测点位置的变化量。

定期地对建筑物上设置的沉降观测点进行水准测量,测得其与水准基点之间的高差变化值,分析这些变化值的变化规律,从而确定建筑物的下沉量及下沉规律,这就是建筑物的沉降观测。建筑物沉降观测是用水准测量的方法,周期性地观测建筑物上的沉降观测点和水准基点之间的高差变化值。

建筑物主体的倾斜观测通常采用经纬仪投影法。对于圆形建(构)筑物如水塔、烟囱、电视塔的倾斜观测,是在互相垂直的两个方向上,测定其顶部中心与底部中心的偏移值 ΔD,然后再用公式

$$i = \tan \alpha = \frac{\Delta D}{H}$$

计算出倾斜度。

裂缝是在建筑物不均匀沉降情况下产生的不容许应力及变形的结果。当建筑物出现裂缝时,为了安全应立即进行裂缝观测。

竣工总平面图一般应包括坐标系统、竣工建筑物的位置和周围地形、主要地物点的解析数据,此外还应附必要的验收数据、说明、变更设计书及有关附图等资料。竣工总平面图的编绘包括竣工测量和资料编绘两方面内容。

■ 思考题

（1）变形观测包括哪些内容?

（2）建筑物为什么要进行沉降观测? 沉降观测时沉降点应该如何布置?

（3）建筑物倾斜观测、位移观测具体怎样操作?

（4）怎样进行建筑物的裂缝观测? 试绘图说明。

（5）为什么要编绘竣工总平面图？

习 题

某烟囱经检测其顶部中心在两个互相垂直方向上各偏离底部中心 26 mm、63 mm，设烟囱的高度为 60 m，试求烟囱的总倾斜度及其倾斜方向的倾斜角。

实 训 题

（一）工程概况

郑州市南四环至郑州南站城郊铁路工程一期工程土建施工共分 9 个标段，其中 06 标段范围：郑港三街站、郑港三街站～郑港四路站、郑港四路站、郑港四路站～郑港六路。具体施工情况如表 9-3 所示。

表 9-3 施工项目范围一览表

工程部位	工程名称	结构形式	长度（延米）	施工方法
郑港三街站	车站	地下两层两跨框架结构	215	明挖顺筑法
郑港三街站～郑港四路站	盾构段	盾构隧道	1207.4	盾构法
郑港四路站	车站	地下两层两跨框架结构	199.6	明挖顺筑法
郑港四路站～郑港六路区间	盾构段	盾构隧道	728.92	盾构法

郑港三街站为郑州市南四环至郑州南站城郊铁路工程的第二座全地下标准车站，车站中心里程为 K52+741.284。该站位于郑港三路与郑港三街交叉口下方，沿郑港三路呈东西向布置。郑港三街站两端区间均为盾构区间，车站西端盾构接收，东端盾构始发。

本站为标准地下两层岛式车站，有效站台长度 120 m，站台宽度 12 m，车站站台中心里程 K52+741.284，车站设计起点里程 K52+657.684，设计终点里程 K52+872.684，全长 215.0 m。

车站标准宽度 20.7 m，盾构段宽度 24.6 m，标准段基坑深约 16.41 m，盾构段基坑深约 17.95 m，覆土 3 m。标准段结构形式为地下两层单柱双跨框架结构，采用明挖法施工。维护结构采用钻孔灌注桩+内支撑支护，桩间网喷混凝土。

如图 9-6 所示。

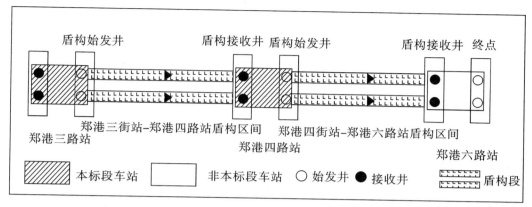

图9-6 本标段平面示意图

（二）监测内容与方法

1. 地表沉降监测

（1）测点布置原则 基准点布置原则：一般设立于距基坑100 m之外的稳定区域，鉴于基准点是位移监测的起算点，因此要注意保持基准点之间的图形结构，以保证足够的精度。工作基点设于基坑附近相对稳定的位置，以点位稳固，方便由基准点向工作基点引测，并便于使用其测量各监测点为原则，根据现场实际情况选定。

监测点的布置原则：基坑四周沉降监测点第一排距离基坑边2 m，第二排距离基坑边6 m，第三排距根据现场情况距基坑8 m，第六排距基坑90 m。本站共布置13个断面，编号为DB-01～DB-13。

（2）测点制作要求

1）基准点及工作基点的埋设 基准点布设于隧道开挖影响区外，一般为开挖边界100 m之外。优先考虑设立在基础好、沉降稳定、便于施测、便于保存、稳固的永久性建筑物上，也可以埋设于在变形影响区域外的原状土层上。工作点的选取应视观测点与基岩基准点的距离而定，初步确定为每个基准点联测3个工作点。基准点埋设方式如图9-7、图9-8所示。

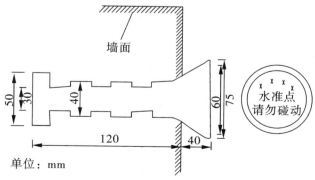

单位：mm

图9-7 墙角精密水准点埋设示意图

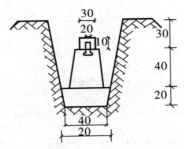

图9-8 地面基准点埋设示意图

基准点与工作基点的埋设要牢固可靠,如果采用标准地表桩,必须将其埋入原状土,并做好井圈和井盖。在坚硬的道面上埋设地表桩,应凿出道面和路基,将地表桩埋入原状土,或钻孔打入1 m以上的螺纹钢筋做地表观测桩,并同时打入保护钢管套。

基准点与工作基点可视现场情况使用施工单位或其他已有的精密水准点。

基准点与工作基点可与桩顶沉降共用。为保护测点不受碾压影响,道路及沉降测点标志采用窨井测点形式,采用人工开挖或钻具成孔的方式进行埋设。

2)埋设技术要求 道路、地表沉降监测测点应埋设平整,防止由于高低不平影响人员及车辆通行,同时,测点埋设稳固,做好清晰标记,方便保存。

(3)观测方法

1)观测方法及仪器 水准网观测采用几何水准测量方法,使用 Trimble DINI12 电子水准仪进行观测,采用电子水准仪自带记录程序,记录外业观测数据文件。仪器型号及主要技术指标见表9-4。

现场观测如图9-10所示。

表9-4 水准网观测仪器及主要技术指标

序号	仪器名称及型号	仪器照片	主要技术指标
1	Trimble DINI12 配套 LD12 铟钢尺		每公里往返测高程中误差 ≤0.3 mm

图9-10 现场观测实景图

2）数据观测技术要求　基准网观测按《工程测量规范》（GB 50026—2007）二等垂直位移监测网技术要求观测，其主要技术要求见表9-5。

表9-5　垂直位移基准网观测主要技术指标及要求

序号	项目	限差
1	相邻基准点高差中误差	0.5 mm
2	每站高差中误差	0.15 mm
3	往返较差及环线闭合差	$\pm 0.3\sqrt{n}$ mm（n 为测站数）
4	检测已测高差较差	$\pm 0.4\sqrt{n}$ mm（n 为测站数）
5	视线长度	30 m
6	前后视的距离较差	0.5 m
7	任一测站前后视距差累计	1.5 m
8	视线离地面最低高度	0.5 m

监测点按《工程测量规范》（GB 50026—2007）三等垂直位移监测网技术要求观测，主要技术指标及要求见表9-6。

表9-6　监测点观测主要技术指标及要求

序号	项目	限差
1	监测点与相邻基准点高差中误差	1.0 mm
2	每站高差中误差	0.30 mm
3	往返较差及环线闭合差	$\pm 0.6\sqrt{n}$ mm（n 为测站数）
4	检测已测高差较差	$\pm 0.8\sqrt{n}$ mm（n 为测站数）
5	视线长度	50 m
6	前后视的距离较差	2.0 m
7	任一测站前后视距差累计	3 m
8	视线离地面最低高度	0.3 m

观测采用闭合水准路线时可以只观测单程，采用附合水准路线形式必须进行往返观测，取两次观测高差中数进行平差。观测顺序：往测为后、前、前、后，返测为前、后、后、前。

根据使用仪器 Trimble DINI12 的精度是每千米偶然中误差为 0.3 mm，同时考虑本工程监测点是按照三等垂直位移监测精度进行观测，其视线长度≤50 m，一般附合路线线路长约 1 km，则在该路线上的测站数为

$$n = \frac{S_\text{线}}{S_\text{线}} = \frac{1\,000}{2 \times 50} = 10 \text{ 站}$$

各测站高程中误差为

$$m_{站} = \frac{m_{偶}}{\sqrt{n}} = \frac{0.3}{\sqrt{10}} = 0.04 \text{ mm}$$

在本线路中最弱点将是第 5 站,即 $n=5$,其单向观测最高程中误差为

$$m_{最弱点(单向)} = m_{站} \times \sqrt{5} = 0.04 \times 2.23 = 0.09 \text{ mm}$$

当采用往返观测时,最弱点高程中误差为

$$m_{最弱点(往返)} = \frac{m_{最弱点(单向)}}{\sqrt{2}} = \frac{0.04}{\sqrt{2}} = 0.06 \text{ mm}$$

可以看出,采用该仪器按本观测方案可以达到垂直变形监测要求。

观测注意事项如下:①对使用的电子水准仪、条码水准尺应在项目开始前和结束后进行检验,项目进行中也应定期进行检验,当观测成果异常,经分析与仪器有关时,应及时对仪器进行检验与校正;②观测应做到三固定,即固定人员、固定仪器、固定测站;③观测前应正确设定记录文件的存贮位置、方式,对电子水准仪的各项控制限差参数进行检查设定,确保附合观测要求;④应在标尺分划线成像稳定的条件下进行观测;⑤仪器温度与外界温度一致时才能开始观测;⑥数字水准仪应避免望远镜直对太阳,避免视线被遮挡,仪器应在生产厂家规定的范围内工作,震动源造成的震动消失后,才能启动测量键,当地面震动较大时,应随时增加重复测量次数;⑦每测段往测和返测的测站数均应为偶数,否则应加入标尺零点差改正;⑧由往测转向返测时,两标尺应互换位置,并应重新整置仪器;⑨完成闭合或附合路线时,应注意电子记录的闭合或附合差情况,确认合格后方可完成测量工作,否则应查找原因直至返工重测合格。

(4)数据处理及分析

1)数据传输及平差计算　观测记录采用电子水准仪自带记录程序进行,观测完成后形成原始电子观测文件,通过数据传输处理软件传输至计算机,检查合格后使用专用水准网平差软件进行严密平差,得出各点高程值。

平差计算要求如下:①应使用稳定的基准点为起算,并检核独立闭合差及与 2 个以上的基准点相互附合差满足精度要求条件,确保起算数据的准确;②使用商用华星测量控制网平差软件,平差前应检核观测数据,观测数据准确可靠,检核合格后按严密平差的方法进行计算;③平差后数据取位应精确到 0.1 mm。

通过变形观测点各期高程值计算各期阶段沉降量、阶段变形速率、累计沉降量等数据。

2)变形数据分析　观测点稳定性分析原则如下:①观测点的稳定性分析基于稳定的基准点作为基准点而进行的平差计算成果;②相邻两期观测点的变动分析通过比较相邻两期的最大变形量与最大测量误差(取两倍中误差)来进行,当变形量小于最大误差时,可认为该观测点在这两个周期内没有变动或变动不显著;③对多期变形观测成果,当相邻周期变形量小,但多期呈现出明显的变化趋势时,应视为有变动。

监测点预警判断分析原则如下:①将阶段变形速率及累计变形量与控制标准进行比较,判断警戒状态情况;②如数据显示达到警戒标准时,应结合巡视信息,综合分析施工进度、施工措施情况,查看附近支护围护结构稳定性、地表表观变化情况,进行综合判断;

③当分析确认有异常情况时,应立即通知有关各方采取措施。

2.桩顶水平位移监测

(1)测点布置原则　基准点一般设立于距基坑100 m之外的稳定区域,鉴于基准点是位移监测的起算点,因此要注意保持基准点之间的图形结构,以保证足够的精度。工作基点设于基坑附近相对稳定的位置,以点位稳固,方便由基准点向工作基点引测,并便于使用其测量各监测点为原则,根据现场实际情况选定。

监测点的布置原则:沿车站纵向约40 m一个测点。郑港三街段共布置14个测点,编号为ZQS-1~ZQS-14,具体布设位置详见附图。

(2)测点埋设

1)基点及测点埋设方法　现场监测基准点采用强制归心的水泥观测墩,顶面长宽各0.4 m,地下部分埋深大于1.2 m,地面部分高1.0 m;监测点埋设时先在圈梁、围护桩或地下连续墙的顶部用冲击钻钻出深约10 cm的孔,再把强制归心监测标志放入孔内,缝隙用锚固剂填充。埋设形式如图9-11~图9-13。

2)埋设技术要求　测点标志埋设时应注意保证与测点间的通视,保证强制对中标志顶面的水平,测点埋设完毕后,应进行必要的保护、防锈处理,并作明显标记。

监测点标志使用预制强制归心标志,可与桩顶沉降点制作成同一标志。

图9-11　监测基准点实景图

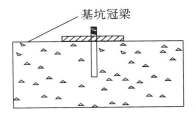

图9-12　监测点埋设示意图

图9-13　监测点埋设实景图

（3）观测方法

1）基准点及工作基点观测　根据基坑周边环境情况，水平位移基准点及监测控制点组成附合、闭合导线或导线网，参考图9-14观测方案。水平位移基准点及工作基点必须使用强制对中装置。

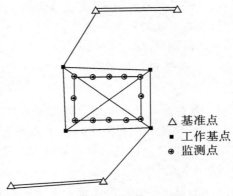

△ 基准点
■ 工作基点
⊙ 监测点

图 9-14　基准点及工作基点布置示意图

基准网测量采用1″级全站仪，测距精度 1 mm+1ppm。可按下式估算导线相邻点的相对点位中误差

$$\left.\begin{array}{l} m_t = \pm \dfrac{1}{T} \cdot S \\[3mm] m_u = \pm \dfrac{m_\beta}{\rho''} \cdot S \end{array}\right\} \tag{9-7}$$

其中 S 为导线平均边长，m_β 为测角中误差（″），$\dfrac{1}{T}$ 为测距相对中误差（mm）。取导线平均边长 60 m，测角中误差 1.41″，测距中误差使用 TC1800 进行 6 测回观测，可达 0.5 mm，于是得到导线相邻点的相对点位中误差 M_{ij} 为 0.64 mm。

$$M_{IJ} = \pm \sqrt{M_T^2 + M_U^2} = 0.64 \text{ mm} \tag{9-8}$$

水平位移监测控制点的测量选用Ⅰ级全站仪导线测量的方法，按国标"精密工程测量规范"的四等三角测量技术要求施测。其主要技术要求如下：

①水平角观测采用方向观测法，6 测回观测，方向数多于 3 个时应归零。方向数为 2 个时，应在观测总测回中以奇数测回和偶数测回分别观测导线前进方向的左角和右角，左角、右角平均值之和，与 360° 的差值不大于 ±4.88″。

②半测回归零数 ≤±4″；一测回中 2 倍照准差变动范围 ≤8″；同一方向各测回较差 ≤ ±4″.

③观测时为了减少望远镜调焦误差对水平角的影响，每一方向的读数正倒镜不调焦完成.

④方位角闭合差 ≤±2.5″×$\sqrt{n}$（n 为测站数）。

⑤测距应往返观测各两测回，并进行温度、气压、投影改正。

根据场地的稳定条件,应定期对基准网进行检核,一般每 3 个月检查 1 次,发现工作基点相对关系发生变化时应及时进行基准网复测。

2)监测点观测 由于施工场地内环境条件一般较差,考虑现场情况,监测点水平位移观测一般采用极坐标法,使用工作基点为起算点,采用极坐标法测定各监测点坐标,计算围护桩顶测点的变形量。

极坐标法进行监测点观测,测量方法与导线测量相同,在选定的工作基点上安置全站仪,精确整平对中,瞄准另一个工作基点作为起始方向,并用其他工作基点作检核,按测回法依次测定各监测点与测站连线的角度、距离,计算监测点坐标,根据各测次与初始值的坐标,计算桩顶水平位移矢量。

极坐标法进行监测点水平位移监测中误差为:$m = \pm \sqrt{2\,m_{ij}^{2}} = \pm 0.8$ mm,满足精度要求。

(4)数据处理及分析

1)数据传输及平差计算 观测记录采用全站仪多测回测角测量记录程序进行,观测时可完成各项限差指标控制,观测完成后形成电子原始观测文件,通过数据传输处理软件传输至计算机,使用控制网平差软件进行严密平差,得出各点坐标。

平差计算要求如下:①平差前对控制点稳定性进行检验,对各期相邻控制点间的夹角、距离进行比较,确保起算数据的可靠;②使用华星测量控制网平差软按严密平差的方法进行计算;③平差后数据取位应精确到 0.1 mm。

通过各期变形观测点二维平面坐标值,计算投影至垂直于基坑方向的矢量位移,并计算各期阶段变形量、阶段变形速率、累计变形量等数据。

2)变形数据分析 观测点稳定性分析原则如下:①观测点的稳定性分析基于稳定的基准点作为基准点而进行的平差计算成果;②相邻两期观测点的变动分析通过比较相邻两期的最大变形量与最大测量误差(取两倍中误差)来进行,当变形量小于最大误差时,可认为该观测点在这两个周期内没有变动或变动不显著;③对多期变形观测成果,当相邻周期变形量小,但多期呈现出明显的变化趋势时,应视为有变动。

监测点预警判断分析原则如下:①将阶段变形速率及累计变形量与控制标准进行比较,如阶段变形速率或累计变形值小于预警值,则为正常状态,如阶段变形速率或累计变形值大于预警值而小于报警值则为预警状态,如阶段变形速率或累计变形值大于报警值而小于控制值则为报警态,如阶段变形速率或累计变形值大于控制值则为控制状态。②如数据显示达到警戒标准时,应结合巡视信息,综合分析施工进度、施工措施情况、基坑围护结构稳定性、周边环境稳定性状态,进行综合判断;③分析确认有异常情况时,应立即通知有关各方。

3.桩顶垂直位移监测

(1)测点布置原则 基准点布设于隧道开挖影响区外,一般为开挖边界 100 m 之外,根据现场情况,以点位稳固,便于测量为原则选定。

监测点的布置原则:沿车站纵向约 20 m 一个测点。郑港三街站共布置 24 个测点,编号为 ZQC-1 ~ ZQC-24,具体布设位置详见附图。

(2)测点制作要求

1)基准点及工作基点的埋设　基准点及工作基点的埋设与地表沉降监测的基准点及工作基点共用。

基准点与工作基点可视现场情况使用施工单位或其他已有的精密水准点。

2)监测点的埋设　监测点埋设时,先在围护桩或梁的顶部用冲击钻钻出深约 10 cm 的孔,再把监测标志放入孔内,缝隙用锚固剂填充。监测点材料用直径 12 mm 以上的圆头钢棒,长度约 10 cm,埋设时用冲击钻钻孔,清水冲洗干净,并灌入水泥浆,如图 9-15 所示。

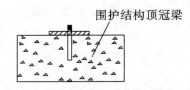

图 9-15　桩顶沉降监测点埋设示意图

（3）观测方法

观测方法与地表沉降监测的观测方法相同。

4. 桩体水平位移监测

（1）测点布置原则　监测点的布置原则:沿基坑纵向约 40 m 一个测点。明挖段共布置 14 个测点,编号为 ZQT-1～ZQT-14,具体布设位置详见附图。

（2）测点埋设要求　围护桩体水平位移监测,采用测斜仪进行测量。测斜仪器由测斜管(软质)、测斜探头、数字式测读仪三部分组成。埋设时将测斜管在现场组装后绑扎固定在桩钢筋笼上,管底与钢筋笼底部持平或略低于钢筋底部,顶部到达地面(或导墙内),管身每 1.5 m 绑扎 1 次。测斜管随钢筋笼一起下到孔槽内,并将其浇筑在混凝土中,浇筑之前应封好管底底盖并在测斜管内注满清水,防止测斜管在浇筑混凝土时浮起,并防止水泥浆渗入管内,测斜管内有四条十字形对称分布的凹型导槽,作为测斜仪滑轮上下滑行轨道,测量时,使测斜探头的导向滚轮卡在测斜管内壁的导槽中,沿槽滚动将测斜探头放入测斜管,并由引出的导线将测斜管的倾斜角值显示在测读仪上。

埋设过程中要避免管子的旋转,在管节连接时必须将上、下管节的滑槽严格对准,以免导槽不畅通。埋设就位时使测斜管的一对凹槽垂直于测量面(即平行于位移方向)。测斜管固定完毕或混凝土浇筑完毕后,用清水将测斜管内冲洗干净。由于测斜仪的探头是贵重仪器,在未确认导槽畅通可用时,先用探头模型放入测斜管内,沿导槽上下滑行一遍,待检查导槽是正常可用时,放可用实际探头进行测试。埋设好测斜管后,需测量测斜管十字导槽的方位、管口坐标及高程,要及时做好保护工作,如测斜管外局部设置金属套管保护,测斜管管口处砌筑窨井,并加盖。如图 9-16 所示

（3）观测方法及观测技术要求

1)初始值测定　测斜管应在测试前 5 天装设完毕,在 3～5 天内用测斜仪对同一测斜管作 3 次重复测量,判明处于稳定状态后,以 3 次测量的算术平均值作为侧向位移计算的基准值。

图 9-16　测斜管埋设现场实景

2）观测技术要求　测斜探头放入测斜管底应等候 5 min，以便探头适应管内水温，观测时应注意仪器探头和电缆线的密封性，以防探头数据传输部分进水。测斜观测时每 0.5 m 标记一定要卡在相同位置，每次读数一定要等候电压值稳定才能读数，确保读数准确性。如图 9-17 所示。

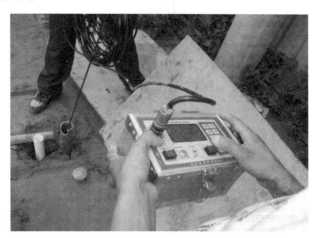

图 9-17　测斜管现场实测图

（4）数据处理及分析　首先，必须设定好基准点，围护桩桩体变形观测的基准点一般设在测斜管的底部。当被测桩体产生变形时，测斜管轴线产生挠度，用测斜仪确定测斜管轴线各段的倾角，便可计算出桩体的水平位移。如图 9-18 所示。设基准点为 O 点，坐标为 (X_O, Y_O)，于是测斜管轴线各测点的平面坐标由下列两式确定：

$$X_j = X_O + \sum_{i=1}^{j} L \sin \alpha_{xi} = X_O + L \cdot f \cdot \sum_{i=1}^{j} \Delta \varepsilon_{xi} \quad (9-9)$$

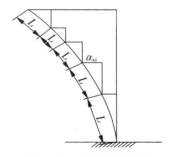

图 9-18　测斜观测分析

$$Y_j = Y_O + \sum_{i=1}^{j} L\sin\alpha_{yi} = Y_O + L \cdot f \cdot \sum_{i=1}^{j} \Delta\varepsilon_{yi} \tag{9-10}$$

式中，i——测点序号，$i = 1,2,\cdots,j$；

　　　L——测斜仪标距或测点间距，m；

　　　f——测斜仪率定常数；

　　　$\Delta\varepsilon_{xi}$——X方向第i段正、反测应变读数差之半；

　　　$\Delta\varepsilon_{yi}$——Y方向第i段正、反测应变读数差之半。

为消除量测装置零漂移引起的误差，每一测段两个方向的倾角都应进行正、反两次量测，即

$$\Delta\varepsilon_{xi} = \frac{(\varepsilon_x^+)_i - (\varepsilon_x^-)_i}{2} \tag{9-11}$$

$$\Delta\varepsilon_{yi} = \frac{(\varepsilon_y^+)_i - (\varepsilon_y^-)_i}{2} \tag{9-12}$$

当$\Delta\varepsilon_{xi}$或$\Delta\varepsilon_{yi} > 0$时，表示向$X$轴或$Y$轴正向倾斜，当$\Delta\varepsilon_{xi}$或$\Delta\varepsilon_{yi} < 0$时，表示向$X$轴或$Y$轴负向倾斜，由上式可计算出测斜管轴线各测点水平位置，比较不同测次各测点水平坐标，便可知道桩体的水平位移量。

（三）请依据此工程编写一份监测报告

参考文献

[1]李生平.建筑工程测量[M].北京:高等教育出版社,2003.

[2]李生平.建筑工程测量[M].2版.武汉:武汉工业大学出版社,2006.

[3]冯大福,等.建筑工程测量[M].天津:天津大学出版社,2010.

[4]陈涛,等.园林测量[M].郑州:黄河水利出版社,2010.

[5]赵长安.测量基础[M].哈尔滨:哈尔滨地图出版社,2007.

[6]杨瑞芳,等.建筑工程测量[M].郑州:郑州大学出版社,2011.

[7]徐绍铨.GPS测量原理与应用[M].武汉:武汉工业大学出版社,2003.

[8]周建郑.建筑工程测量[M].2版.北京:中国建筑工业出版社,2008.

[9]覃辉.土木工程测量[M].上海:同济大学出版社,2006.

[10]中国有色金属总公司.GB 50026—2007 工程测量规范[S].北京:中国建筑工业出版社,2008.

[11]国家测绘局测绘标准化研究所.GB/T 12898—2009 国家三、四等水准测量规范[S].北京:中国标准出版社,2009.